流行韩式毛衣汇编

1888

洋洋 选编

辽宁科学技术出版社

·沈阳·

清纯淑女装

搭配指数：★ ★ ★ ★ ★

　　大翻领展示自由的清纯气息，适合搭配连身长裙。雪花状的花纹，有学生气息。

适合人群：
　　适合年轻的喜欢休闲风格的女士。

适合体型：
　　高挑体型，微胖体型，苗条体型。

适合肤色：
　　各种肤色。

宫廷纽扣开衫

　　帅气的纽扣设计，活泼的红色，适合年轻有活力的女士。

小圆翻领衫

　　宽大的设计，适合偏胖的女士，可以遮住多余的赘肉。

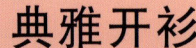 典雅开衫

　　素雅的颜色，适合成熟典雅的女士，可以搭配紧身长裤或裙装。

6

张扬个性长外套

搭配指数：★★★★★
　　粗毛线加上大翻领，有自由自在的感觉。在冬天可以很好地保暖。可以搭配紧身的毛衫和牛仔裤。
适合风格：
　　喜欢休闲风格的女士。
适合体型：
　　高挑体型，微胖体型，苗条体型。
适合肤色：
　　各种肤色。

5

大口袋开衫

适合喜欢舒适休闲风格又怕冷的女士。

大开口领开衫

横条纹，不太适合偏丰满的女士。

8

7

大开口领开衫

适合成熟女士的颜色。可以搭配牛仔裤。

时尚带帽长外套

搭配指数：★ ★ ★ ★ ★

白色也是"万能色"，无论从色彩搭配，还是从款式搭配，都可以领略到着装者很强的审美观，充分表现出了自身的深厚内涵。

适合人群：

长发披肩、追求素雅、有高贵气质的女士。男款为追求时尚，引领潮流人士的首选。

适合体型：

高挑体型，微胖体型，苗条体型。

适合肤色：

各种肤色。

小圆领外套

舒适的代表，可以开衫穿，搭配紧身的内搭裤。

小圆翻领外套

适合搭配牛仔裤。

万能搭长外套

14

13

搭配指数： ★ ★ ★ ★ ★

　　浅浅的白色，适合任何风格的搭配。与裙子、裤子都很搭配。

适合人群：

　　长发披肩、追求素雅、有高贵气质的女士。

适合体型：

　　高挑体型，苗条体型。

适合肤色：

　　各种肤色。

15

小麻花纹开衫

合学生装打扮。

清纯的颜色。适

计，大纽扣的特别设

可爱球球开衫

适合喜欢可爱风格的女生。

16

活泼开衫

　　活泼的颜色，可搭配比开衫短一点的连身裙或短裤。适合秋天穿着。

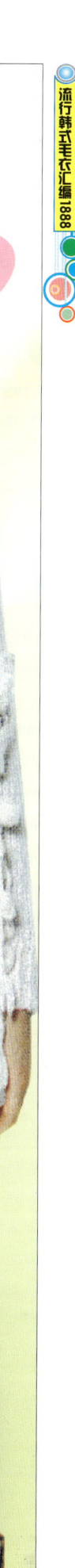

简洁长外套

搭配指数：★★★★★

非常简洁的款式，适合在里面搭配紧身的毛衫，配上长裤。为了不乏时尚感，一定要搭配点亮丽的饰品。

适合人群：
成熟稳重的女士。

适合体型：
高挑体型，微胖体型，苗条体型。

适合肤色：
各种肤色。

大翻领开衫
适合有学生气质的女孩，可以搭配深色花纹连身裙。

童趣花纹开衫
圆圆的花瓣领口，可爱的花纹。

小圆翻领外套
更适合那些生活浪漫洒脱的人。

22

淑女大翻领长外套

搭配指数：★ ★ ★ ★ ★

　　扭花花纹，让一切简洁的设计充满了惊喜。可搭配背心连衣裙或长裤。

适合人群：

　　喜欢休闲风格的年轻女士。

适合体型：

　　高挑体型，微胖体型，苗条体型。

适合肤色：

　　各种肤色。

21

成熟翻领外套

　　适合成熟的女士，可以直接搭配长裤。

23

24

小圆翻领外套

　　红色小翻领，直接搭配牛仔裤是最好的。

大开口领开衫

　　没有花纹的百搭款。

简洁轻薄长外套

搭配指数：★★★★★

　　不是厚重的款式，很轻薄。适合在春天和秋天穿着。在外套外面搭配宽宽的皮带，增添了时尚感。

适合人群：
　　年轻小腹微胖的女士。

适合体型：
　　高挑体型，微胖体型，苗条体型。

适合肤色：
　　各种肤色。

26

27

25

披肩开衫

更适合那些生活浪漫洒脱的人。

简洁开衫

简单的百搭款式。

28

鲜艳开衫

适合有学生气质的女生。

30

厚重型长外套

搭配指数：★★★★★

　　设计简洁、比较厚重的毛衫，使人在冬天不再怕冷。适合搭配长裤。

适合人群：

　　各年龄层次的女士均可。

适合体型：

　　高挑体型，微胖体型，苗条体型。

适合肤色：

　　各种肤色。

29

31

无袖简单外套

　　适合搭配深色的紧身长袖毛衫，下身可以搭配半裙。

大翻领开衫

　　披肩一样的设计，大方简洁。

32

高贵开衫

　　墨绿色显得非常高贵，腰部的系带设计非常精致。

弧线领口长外套

搭配指数：★★★★★

粗毛线给人温暖的感觉，弧线领口和花纹在简单中给人以别致的感觉。

适合人群：

成熟稳重的女士。

适合体型：

高挑体型，微胖体型，苗条体型。

适合肤色：

各种肤色。

带帽有扣毛衫

颜色比较沉重，适合成熟稳重的女士。

小荷叶边开衫

适合喜欢淑女打扮的女士。

小圆领开衫

适合成熟、性格开朗的女士。

33

34

35

36

38

菱形花纹开衫

典雅端庄的风格，适合搭配长裤。

简洁亮丽衫

搭配指数：★★★★★
　　蓝宝石的色彩给人神秘、高贵的感觉，适合搭配紧身的连身裙，带点小小的性感。
适合人群：
　　喜欢成熟高贵打扮的女士。
适合体型：
　　高挑体型，微胖体型，苗条体型。
适合肤色：
　　各种肤色。

37

39

带毛领开衫

高贵的毛领设计，雍容华贵，适合搭配长裤。

40

淑女开衫

镂空的花纹带点性感，袖口的设计非常女性化，适合搭配裙装。

清纯简结的外套

41

42

清雅圆领开衫

比较薄的一款，适合春天和秋天微微凉快的时候穿着。

43

44

别致领口开衫

用两种树叶的花纹设计纽扣，大胆又个性。

搭配指数：★ ★ ★ ★ ★

特别之处在于领口的设计，可爱不失活力。

适合人群：

任何风格的女士。

适合体型：

高挑体型，苗条体型。

适合肤色：

各种肤色。

复古纽扣开衫

复古的纽扣设计，以花朵为造型，非常别致。

46

45

时尚休闲开衫

搭配指数：★★★★★

明亮的紫色，比较有活力。简洁的设计，可以搭配夸张的腰带，时尚又可爱，谁不想要呢？

适合人群：
时尚年轻的女士。

适合体型：
高挑体型，微胖体型，苗条体型。

适合肤色：
白皙的肤色。

47

大开口领开衫

高贵简洁的设计，适合成熟的女士。

48

小圆翻领开衫

适合成熟的女士，可搭配西装长裤。

素雅镂空花开衫

适合搭配在紧身毛衫外面，起装饰的作用。

简洁舒适长外套

49

50

成熟无扣衫

适合春天、秋天穿着。要搭配深色T恤在里面哦。

51

波浪纹开衫

适合成熟却不失活泼性格的女士。

淑女开衫

要简单淑女风格，就穿这个啦！

52

搭配指数：★★★★★
灰色也是比较百搭的颜色。比较薄，所以可以搭配在毛呢大衣外面。
适合人群：
长发披肩、追求素雅、有高贵气质的女士。
适合体型：
高挑体型，微胖体型，苗条体型。
适合肤色：
各种肤色。

流行韩式毛衣汇编1888

54

简洁可爱开衫

可爱的颜色，没有多余繁杂的设计，可以搭配浅色的下装。

迷人粉色长外套

搭配指数：★ ★ ★ ★ ★
最可爱的粉红色哦，适合喜欢可爱打扮的女生。搭配可爱的裙装，谁能比？
适合人群：
年轻可爱的女生。
适合体型：
高挑体型，微胖体型，苗条体型。
适合肤色：
白皙肤色。

55

53

镂空钩花开衫

适合春天的颜色，可搭配素雅的连身裙。

56

绣花款开衫

适合成熟、喜欢淡雅的女士。

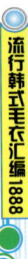

简约可人长外套

57

58

搭配指数：★★★★★
　　比较长的款式，适合搭配紧身的内搭裤哦。
适合人群：
　　年轻高挑的女士。
适合体型：
　　高挑体型，微胖体型，苗条体型。
适合肤色：
　　各种肤色。

59

简洁翻领开衫

适合喜欢简单款式的女士。

大袖口外套

大大的袖口，类似蝙蝠袖，下摆是收紧的款式。

素雅带帽外套

比较休闲的打扮。适合搭配牛仔裤。

60

特色时尚长外套

62

搭配指数： ★★★★★

可爱的带球花纹造型，率性可爱的装扮。不能保暖，不过起了很好的装饰效果。

适合人群：

年轻、喜欢休闲打扮的女士。

适合体型：

高挑体型，微胖体型，苗条体型。

适合肤色：

各种肤色。

61

韩式宽领宽袖

韩式的装扮，可搭配短裙。

扭花带帽外套

大方简洁的款式，适合成熟的女士，也适合年轻的女生。

泡泡花纹外套

泡泡花纹适合喜欢可爱风格的女士，可以搭配格子的百褶裙。

63

64

67

随意圆领外套

简洁的百搭款。

68

简洁高领外套

简洁的高领造型，
可以搭配任何服装。

小高领外套

适合搭配紧身的
内搭裤。

66

高领外套

适合喜欢舒适休闲、
优雅时尚的女士。

69

65

蝴蝶结口袋衫

搭配指数：★★★★★
　　可爱的口袋带有可收缩的系带，粉粉的
色彩更是增添了可爱的效果。
适合人群：
　　年轻、喜欢可爱打扮的女孩。
适合体型：
　　高挑体型，微胖体型，苗条体型。
适合肤色：各种肤色。

不等式简约外套

搭配指数： ★ ★ ★ ★ ★

毛茸茸的感觉非常暖和，亮丽的颜色让你活泼可爱。可搭配浅色的裙装或裤装。

适合人群：
喜欢可爱打扮的女生。

适合体型：
高挑体型，苗条体型。

适合肤色：
白皙肤色。

70

流苏领口外套

潇洒，有风度。适合搭配牛仔裤。

71

绘画图案开衫

扬个性的穿着。张个性的涂鸦，张扬个性的穿着。

72

73

花纹开衫

肩部的朵朵小花设计充满活力，让人感受到春天的到来。适合开衫穿，搭配紧身牛仔裤。

清纯时尚长外套

75

搭配指数：★ ★ ★ ★ ★
　　百搭的白色，非常简洁的设计，别致的口袋，平淡中添加小小的趣味。
适合人群：
　　任何风格的女士。
适合体型：
　　高挑体型，苗条体型。
适合肤色：
　　红润肤色。

74

76

小高领外套

　　适合成熟的女士，可直接搭配紧身毛衫和及膝裙。

大开口领开衫

　　更适合那些对生活要求严谨的人们。

77

菱形花高领开衫

　　更适合那些生活浪漫洒脱的人。

个性奔放型外套

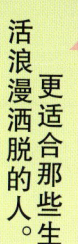

79

搭配指数：★★★★★

　　没有大红的艳丽，没有橘色的活泼。西瓜红只是带有点点的可爱。适合搭配休闲的牛仔裙。

适合人群：
　　年轻可爱的女孩。

适合体型：
　　高挑体型，微胖体型，苗条体型。

适合肤色：
　　白皙肤色。

78

大翻领开衫

　　更适合那些生活浪漫洒脱的人。

立领开衫

　　袖口和下摆都收紧，可以隐藏那些多余的肉肉，搭配牛仔裤吧。

80

81

红色小圆领开衫

　　鲜亮的红色，突出了张扬的个性色彩。

雅致休闲外套

搭配指数： ★★★★★

设计宽松，给人以随意、亲切的感觉。适合搭配短款的牛仔裤或牛仔裙，最好是比较紧身的款。

适合人群：
喜欢休闲风格，比较随意的女士。

适合体型：
高挑体型，微胖体型，苗条体型。

适合肤色：
各种肤色。

82

83

84

85

菱形花开衫

别致的花纹，大气，大方。

粉红可爱开衫

大大的纽扣增添了可爱的气息，就搭配浅色的雪纺裙吧。

大开口领开衫

带点肉粉色，非常衬托肤色。

87

月牙扣长外套

86

搭配指数：★ ★ ★ ★ ★
　　又是一款随意休闲风格的外套，特别处在于月牙形的纽扣，有学生气息。适合搭配牛仔裤。
适合人群：
　　较年轻的追逐自由的女士。
适合体型：
　　高挑体型，微胖体型，苗条体型。
适合肤色：
　　各种肤色。

88

绣花拉链衫

现了毛衫的风格。的花朵，恰到好处地表淡淡的粉加上点缀

89

星星带帽外套

　　年轻的"美眉"，搭配牛仔裤吧。

小翻领开衫

　　适合喜欢简单的女士，可搭配长裤哦。

自由时尚型外套

搭配指数： ★ ★ ★ ★ ★

软软的短外套，可搭配可爱的短裙。和衬衫。

适合人群：
较年轻的追逐自由的女士。

适合体型：
高挑体型，微胖体型，苗条体型。

适合肤色：
各种肤色。

91

V领开衫

适合成熟的女士，非常典雅，适合搭配半裙和吊带。

92

90

大开口领开衫

青春洋溢，搭配上可爱的短裙吧。

93

知性钩花开衫

适合成熟知性的女士，可搭配西装长裤。

94

钩花小坎肩+吊带衫

优雅的花纹和款式，淡淡的蓝色，适合搭在小吊带外面。

96

别致休闲外套

搭配指数： ★★★★
　　超大宽松的造型完全掩藏了腰部的赘肉，搭配牛仔裤显得随意自如。
适合人群：
　　较年轻的追逐自由的女士。
适合体型：
　　高挑体型，微胖体型，娇小体型。
适合肤色：
　　各种肤色。

95

97

钩花翻领外套

　　特别的钩花，使平凡中带点精致。不太适合偏丰满的女士。

98

大开口领系带开衫

致典雅。适合喜欢精致的女士。细致的花纹，精

　　超级可爱百搭的款式，为了展现可爱风格，最好搭配裙装。

大开口领开衫

超淑女外套

搭配指数：★ ★ ★ ★

　　小巧可爱的造型，适合搭配可爱的短裙。配上珍珠的项链，可爱又高贵。

　　适合人群：
　　喜欢淑女风格打扮的女士。
　　适合体型：
　　高挑体型，娇小体型。
　　适合肤色：
　　各种肤色。

100

101

99

102

大开口领开衫

　　简洁的设计是喜欢简单的女士的最爱。

精致大开口领开衫

　　精致的钩花花纹透露出贵气。可搭配同色系的雪纺裙。

波浪纹开衫 ➤

　　浪漫的纹路。适合淑女型的女士，可搭配同色系的连身裙在里面。

104

带帽雅致外套

搭配指数：★ ★ ★ ★ ★

　　简单的设计，一定要搭配点有趣的配饰哦。比如围巾，项链等。

适合人群：

　　较年轻的追逐自由的女士。

适合体型：

　　高挑体型，微胖体型，苗条体型。

适合肤色：

　　各种肤色。

垂坠感外套

　　有垂坠感的领子，可以展现性感的锁骨。

105

103

V形花纹坎肩

用来遮挡宽宽的肩部，与吊带是绝佳的搭配。

106

大翻领开衫

这款比较适合窄肩膀的人，因为毛线的厚度比较有膨胀感觉。

修身短外套

搭配指数：★★★★

　　修身的造型把腰部的肉肉隐藏起来啦。拉高了腰线，使腿更显修长。

适合人群：
　　年轻时尚的女孩。

适合体型：
　　高挑体型，微胖体型，娇小体型。

适合肤色：
　　各种肤色。

108

小圆领开衫

　　花朵造型让比较沉重的颜色增加童趣。适合搭配牛仔裤。

107

109

菱形网纹衫

　　网格的设计有着端庄气质，适合成熟的女性。可搭配及膝半裙。

110

花朵开衫

　　适合成熟的女士，搭配长喇叭裤。

镂空花短外套

搭配指数：★★★★

超大宽松的造型完全掩藏了腰部的赘肉，搭配牛仔裤显得随意自如。

适合人群：

比较随性、个性温柔的女士。

适合体型：

高挑体型，微胖体型，娇小体型。

适合肤色：

各种肤色。

112

111

113

114

圆领开衫

适合偏胖的女士。

花纹比较密集，

大开口领开衫

得非常活泼。

的，

不过圆形的花纹显

虽然花纹都是一样

小开衫

素色典雅的开衫，适合在里面搭配浅色的小吊带。

115

收腰小外套

搭配指数：★★★★
　　百搭的款式，无论是裤子还是裙子，都适合搭配。
适合人群：
　　适合年轻崇尚自由的女士。
适合体型：
　　高挑体型，娇小体型。
适合肤色：
　　皮肤白皙和红润的女性。

116

大开口领短衫

　　适合搭配连身裙在里面，短衫可以很好地衬托腰身。

扇形翻领衫

女性。更适合白领

117

118

大红扇形衫

　　更适合那些对生活要求严谨的人们。

极富活力小外套

120

119

搭配指数： ★★★★
　　百搭的款式，无论是裤子还是裙子，都适合搭配。
适合人群：
　　较年轻的追逐自由的女士。
适合体型：
　　高挑体型，娇小体型。
适合肤色：
　　白皙和红润的肤色。

花朵形开衫

　　清爽典雅，适合成熟的女士，搭配紧身高领的内搭。

121

春天小花开衫

　　粉色的小花，带着春天的气息。

122

春天小花开衫

　　小花儿，可爱不失柔美。

活泼时尚超短外套

123

搭配指数：★★★★
　　可以遮住宽大的肩部，蓝黄相间的亮丽颜色，适合搭配有可爱图案的T恤在里面。
适合人群：
　　青春活泼的女孩。
适合体型：
　　高挑体型，娇小体型。
适合肤色：
　　各种肤色。

125

气质型开衫

美丽又宽松的造型，显得楚楚动人。

带帽条纹外套

　　五颜六色、活泼纽扣的特别设计非常有趣，直接搭配牛仔裤吧。

126

小圆领开衫

　　适合成熟的女士，可搭配长裤。

128

大开口领开衫

对生活要求严谨的人们。更适合那些的人们。

舒适自然外套

搭配指数：★ ★ ★ ★ ★

　　贴身设计，让腰部两旁的赘肉隐藏，起到了很好的修饰作用，适合搭配长裤或衬衫。

适合人群：
　　喜欢简洁的男士。

适合体型：
　　高挑体型，微胖体型。

适合肤色：
　　任何肤色。

127

130

竖条纹开衫

褐色比较成熟，加了彩色的条纹，增添了活泼气息。可搭配牛仔裤。

129

加入了皮革，让平凡的粗针衫有种贵气的感觉，可搭配长裤。

皮革混搭领开衫

休闲简约短外套

131

搭配指数： ★ ★ ★ ★ ★

全身都是竖条纹，有塑身的效果，适合搭配时尚的T恤和牛仔裤。

适合人群：
年轻的追逐时尚的男士。

适合体型：
高挑体型，微胖体型。

适合肤色：
任何肤色。

简洁开衫

适合喜欢简洁的男士。可搭配牛仔裤或西装裤。

132

133

精致花纹外套

两边的条纹让人有收缩的视觉错觉，适合成熟的男士，可搭配长裤。

134

粉色小圆领外套

适合比较时尚的男士，可搭配直管牛仔裤。

136

135

雪花纹青春时尚衫

搭配指数： ★★★★★

修身的造型，雪花纹路显示了青春洋溢的气质。搭配深色T恤在里面，下身搭配牛仔裤。

适合人群：
追逐时尚的男士。

适合体型：
高挑体型，微胖体型。

适合肤色：
任何肤色。

小圆领外套

比较严谨的风格，有精致的绣花，适合沉稳有亲和力的男士。

137

大开口领开衫

贵气的设计，又很舒适，适合成熟的男士，可搭配长裤。

138

休闲带帽外套

适合喜欢简单、爱好运动的男士。可搭配牛仔裤。

139

自然简洁短袖衫

140

搭配指数： ★★★★★
　　非常简洁，但是不简单的设计，在领口处故意设计了两个系带，低调的时尚。适合搭配短裙或短裤。

适合人群：
　　较年轻的追逐自由的女士。

适合体型：
　　高挑体型，微胖体型，苗条体型。

适合肤色：
　　各种肤色。

141

精致可爱外套

　　类似裙装的样式，非常可爱别致，可搭配紧身的小脚裤。

142

枣红开衫

效果，随意的修身地隐藏了恰到好处赘肉。

　　淡雅清纯，适合搭配牛仔裤或浅色的短裙。

收腰背心

144

粉色小圆领外套

糖果蓝非常可爱，搭配蝴蝶结腰带很让人喜爱，可搭配浅色飘逸的裙装。

145

糖果绿和小公主袖，活泼可爱，适合搭配浅色的飘逸裙装。

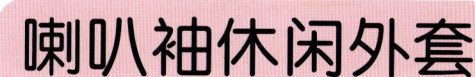

粉绿开衫

喇叭袖休闲外套

搭配指数：★★★★★

喇叭袖很别致，下摆处也有喇叭的效果。不适合臀部比较宽大的女士。

适合人群：

年轻可爱、淑女风格的女士。

适合体型：

高挑体型。

适合肤色：

白皙肤色。

146

小圆领开衫

类似披肩的样式，可以遮住肩膀，下摆也收紧了，可以隐藏腰部的肉肉。可搭配短裙。

143

清纯迷人长外套

搭配指数：★★★★★
　　特别的菱形花纹，充满学生气息。适合搭配格子纹百褶裙，青春无极限。
适合人群：
　　年轻有青春气息的女孩。
适合体型：
　　高挑体型，微胖体型，苗条体型。
适合肤色：
　　各种肤色。

148

147

黑色酷装

大气帅气的风衣样式，除了搭配帅气的牛仔裤还适合什么搭配呢？

149

暖暖的皮毛连体外套

加上了皮毛，让服装富贵气，适合穿长裤。

150

带帽收腰外套

高贵典雅，腰部的系带有收腰的作用，可搭配牛仔长裤。

152
大翻领外套

收紧了下摆处，让臀部的赘肉无法显现。

153

舒适简约外套

搭配指数：★ ★ ★ ★ ★

超大宽松的造型，完全掩藏了腰部的赘肉，搭配牛仔裤显得青春运动、活力四射。

适合人群：

较年轻的追逐自由的女士。

适合体型：

高挑体型，微胖体型。

适合肤色：

白皙肤色。

151

小圆翻领外套

简单的小圆领适合搭配任何服装。

浪漫领口外套

领口超大的翻领。有垂坠感，有波浪一样的飘逸感，适合搭配飘逸的雪纺裙。

154

155

156

渐变开衫

时尚的色彩，适合年轻时尚的女士，可搭配小脚牛仔裤、流行高跟鞋。

157

小翻领外套

淡雅精致，适合搭配牛仔长裤。

适合成熟的女士，可搭配长裤。

小圆翻领外套

158

搭配指数：★★★★★
　　细小花纹非常秀气，虽然是休闲款式，却不失女性的柔美，适合搭配休闲的长裤或柔美的裙装。
适合人群：
　　较年轻的追逐自由的女士。
适合体型：
　　高挑体型，微胖体型。
适合肤色：
　　白皙肤色。

秀气逼人长外套

160

159

雅致翻领套头装

搭配指数：★★★★

　　超级宽大的设计，把所有的赘肉都隐藏了，搭配腰带可以将你的腰身修饰得更好。

适合人群：

　　较年轻的追逐自由的女士。

适合体型：

　　高挑体型，微胖体型，娇小体型。

适合肤色：

　　各种肤色。

161

小开口套头装

更适合那些享受生活、崇尚自由的人们。

162

高领套头装

　　适合成熟开朗的女士，可搭配西装长裤。

高领套头装

　　有了它冬天不再怕冷了，过一个暖暖的冬天。

163

七分袖套头装

搭配指数：★★★★
　　宽大的设计隐藏了身上的赘肉，七分袖的设计又非常有时尚感。可搭配飘逸的裙装或是牛仔长裤。
适合人群：
　　喜欢淡雅的女士。
适合体型：
　　高挑体型，微胖体型，娇小体型。
适合肤色：
　　各种肤色。

164

165

卡通套头装

适合年轻的女孩，可搭配棉质的长裤。

卡通套头装

适合年纪能的女孩，可搭配棉质的长裤。

166

云朵图案装

设计到臀部以下，有遮挡臀部的效果。

168

个性小圆领套头装

一字领口，有可爱的珠珠。下面添加了些民族风情。

修身个性套头装

搭配指数：★ ★ ★ ★
超大宽松的造型完全掩藏了腰部的赘肉，搭配牛仔裤显得随意自如。
适合人群：
任何风格的女士。
适合体型：
高挑体型，微胖体型，娇小体型。
适合肤色：
各种肤色。

169

小圆领套头装

斜条纹让身材更显纤细，可搭配长裤。

167

170

小圆翻领套头装

更适合那些生活浪漫洒脱的人。

简约横条纹套头装

171

172

搭配指数： ★★★★
　　横条纹有膨胀的效果，所以不是特别适合偏胖的女士。
适合人群：
　　较年轻的随性的女士。
适合体型：
　　高挑体型，微胖体型，娇小体型。
适合肤色：
　　各种肤色。

173

桃心领套头装

可以搭配在外套里面，单穿也可以。

174

小圆翻领套头装

可以搭配在外套里面。

小圆高领套头装 →

可以搭配在外套里面，起到内搭的作用。

178

小圆翻领套头装

简单不单调，领口处的花纹增添了可爱的气息。

179

177

清雅小圆领套头装

两边对称的素雅小花添加了春的气息。

成熟套头装

士，适合喜欢简单的女士，可搭配长西装裤。

176

175

搭配指数：★★★★
　　非常简单、非常百搭的款式，可搭配在任何外套里面。
适合人群：
　　任何风格的男士、女士。
适合体型：
　　高挑体型，微胖体型，娇小体型。
适合肤色：
　　各种肤色。

简约浪漫情侣装

45

舒适简洁长套头装

搭配指数：★★★★

　　超大宽松的造型完全掩藏了腰部的赘肉，搭配牛仔裤显得随意自如。可搭配在任何外套里面。

适合人群：
　　任何风格的女士。

适合体型：
　　高挑体型，微胖体型，娇小体型。

适合肤色：
　　各种肤色。

180

181

182

成熟花纹套头装

适合成熟个性张扬的女士。

小圆领套头装

以搭配牛仔裤。简洁的花纹可

183

卡通翻领套头装

更适合充满青春活力的女孩。

185

184

186

187

运动风套头装

搭配指数：★★★★
比较合身，亮丽的色彩非常活泼。可搭配有色彩的牛仔裤或者运动款的长裤。

适合人群：
喜欢运动风格的女士。

适合体型：
高挑体型，微胖体型，娇小体型。

适合肤色：
白皙肤色。

小圆翻领套头装

浪漫的紫色，可搭配简洁的牛仔裤。

小圆翻领套头装

适合比较严谨的女士

浪漫套头装

精致的花纹，可以搭配在吊带裙外面，再增加必要的配饰最好。

宽大领口个性套头装

188

搭配指数：★★★★
　　宽大的领口可以露出性感的脖子和锁骨，搭配民族风长裙有特别的情调。
适合人群：
　　喜欢民族风的女士。
适合体型：
　　高挑体型，微胖体型，娇小体型。
适合肤色：
　　各种肤色。

189

性感装饰装
更适合那些生活浪漫洒脱的人。

190

镂空花套头衫
可爱的粉色，在里面要搭上吊带哦。

191

小圆领装
适合成熟严谨的女士。

192

小圆翻领装
适合打底穿着。

194

193

绣花民族风套头装

搭配指数：★★★★
　　繁复的绣花更显精致。
民族风有异国的情调，适
合搭配个性短裙。
适合人群：
　　有个性的女士。
适合体型：
　　高挑体型，微胖体型，
娇小体型。
适合肤色：
　　各种肤色。

195

小毛球翻领装

比红色稍浅一点的
短裙，配上及膝袜。

适合搭配颜色

花边下摆装

　　简单的条纹衫，在下
摆处设计了花边，更能体
现淑女风格。

196

网眼花纹装

　　花朵造型适合喜欢
浪漫的女士，可搭配紧
身的内搭裤。

可爱个性套头装

搭配指数：★ ★ ★ ★
　　可爱的草莓图案，还等什么，马上穿上它吧！
适合人群：
　　年轻可爱的女士。
适合体型：
　　高挑体型，微胖体型，娇小体型。
适合肤色：
　　各种肤色。

199

200

系带圆领装

怀旧的女士，可以搭配休闲长裤。
适合拥有浪漫情

V领套头装

士，可搭配牛仔裤。
适合成熟的女

浪漫尖领装

　　别致的领口设计，点缀了花朵。

202

小圆翻领装

类似披肩的设计，随性大气，可搭配紧身的内搭裤。

超性感套头装

搭配指数：★ ★ ★ ★

露出性感的肩部，采用粗毛线编织。性感不失温暖，搭配可爱的短裙，青春无敌。

适合人群：

年轻有活力的女士。

适合体型：

高挑体型，娇小体型。

适合肤色：

各种肤色。

203

小圆领装

适合搭配在外套里面。

201

V领套头装

适合喜欢简单款式的女士，可搭配在外套里面。

204

高贵简洁套头装

搭配指数： ★★★★

简单明了，可搭配任何服装。配上闪亮的配饰，非常高贵。搭配紧身的牛仔裤最好。

适合人群：

年轻的追逐时尚的女士。

适合体型：

高挑体型，微胖体型，娇小体型。

适合肤色：

各种肤色。

205

206

207

208

灯笼袖套头衫

适合讲究生活品质的女士。

V领套头装

式的外套。可搭配任何款

一字领装

可以搭配休闲的牛仔裤。

52

210

简约超短套头装

搭配指数：★★★★

超短的款式，可穿在任何外套里面提高女士的腰线，让身体修长。

适合人群：
年轻时尚的女士。

适合体型：
高挑体型，娇小体型。

适合肤色：
各种肤色。

209

211

中间的麻花纹非常别致。

麻花纹圆领装

舒适小圆领装

适合喜欢舒适服装的女士们。

212

简洁小圆领装

适合喜欢简洁的女士，可搭配在任何外套里面。

213

雅致淑女高领装

搭配指数：★★★★

可以搭配在任何外套里面，下摆的蕾丝花边增添了女人味儿。

适合人群：

任何风格的女士。

适合体型：

高挑体型，微胖体型，娇小体型。

适合肤色：

各种肤色。

214

别致领口套头装

适合注重细节的成熟女士。

215

麻花高领装

百搭款，作为内搭。

216

简洁小圆领装

适合喜欢简单的女士，可搭配任意外套和棉质长裤。

流行韩式毛衣汇编1888

54

218

斜肩个性十足套头装

搭配指数：★ ★ ★ ★

斜肩的设计让性感自然地流露出来。与紧身牛仔裤是最好的搭配。

适合人群：

可爱或性感的女士。

适合体型：

高挑体型，娇小体型。

适合肤色：

各种肤色。

别致竖领装

适合那些生活浪漫洒脱的人。

219

小圆翻领装

细致的花纹，适合随性的女士。

217

小圆翻领装

扭花造型，着重腰带的设计。下身可搭配紧身的内搭长裤。

220

221

舒适百搭情侣装

222

223

搭配指数： ★★★★

非常运动的百搭款，适合搭配任意的服装，穿里面穿外面都可以。

适合人群：

较年轻的运动型的男士、女士。

适合体型：

高挑体型，娇小体型。

适合肤色：

各种肤色。

亮蓝套头装

适合活泼的年轻女士。

224

小圆领装

可搭配浅色外套，也可单穿，配牛仔裤。

227

小圆翻领装

作为内搭的款式。

228

小圆翻领装

士。可搭配长西裤。适合成熟的女

226

典雅圆领装

更适合那些生活浪漫洒脱的人。

225

超清纯套头装

搭配指数：★★★★

比较修身的款式，白色本来就是百搭的颜色，这样简洁的设计更适合搭配各种款式的衣服。

适合人群：

任何风格的女士。

适合体型：

高挑体型，微胖体型，娇小体型。

适合肤色：

各种肤色。

个性网眼套头装

搭配指数：★ ★ ★ ★

　　超级个性的款式，在胸口处有着似破洞的设计，具有摇滚风格。搭配紧身牛仔裤是最佳的选择。

适合人群：

　　喜欢个性，有摇滚风格的女士。

适合体型：

　　高挑体型，娇小体型。

适合肤色：

　　各种肤色。

230

普通圆领装

　　锁状纹路有膨胀的效果，建议偏瘦的成熟女士穿着。

229

231

亮丽简约装

更适合那些生活浪漫洒脱的人。

232

小圆翻领装

保暖的最佳选择。寒冷的冬天里

234

简洁浪漫套头装

搭配指数：★ ★ ★ ★

浪漫的粉色，搭配白色的短裙更显可爱清纯。

适合人群：

较年轻可爱的女士。

适合体型：

高挑体型，微胖体型，娇小体型。

适合肤色：

白皙肤色。

粉色浪漫装

更适合那些生活浪漫洒脱的人。

圆领短款套头装

235

不太适合小腹偏胖的女士。

236

233

个性翻领装

适合崇尚个性的女士，适合搭配个性的长裤。

简洁百搭套头装

搭配指数： ★★★★

　　百搭的款式，可以随意地搭配任何款式，但在颜色上应避免同样亮丽的颜色。

适合人群：
　　年轻有活力的女士。

适合体型：
　　高挑体型，微胖体型，娇小体型。

适合肤色：
　　白皙肤色。

238

237

239

钩花圆领装

适合典雅的女士，宽松的造型可以很好地修身。

小开口套头装

更适合那些享受生活、崇尚自由的人们。

240

小开口套头装

可搭配同样浅色的服装。

修身短袖装

搭配指数：★★★★

一定搭配紧身的T恤或者是衬衣。下身可以直接搭配连裤袜。

适合人群：

较年轻的追逐自由的女士。

适合体型：

高挑体型，微胖体型，娇小体型。

适合肤色：

各种肤色。

241

242

243

随性的女士。适合比较

镂空翻领装

浪漫花朵装

浪漫的花朵，当然搭配飘逸的裙装。

244

小圆翻领装

适合热情的女士，可搭配长裤。

亮丽休闲套头装

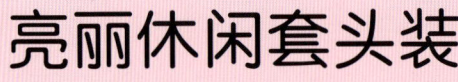

245

搭配指数：★ ★ ★ ★

　　比较修身的款式，要搭配深色的外套。下身也要搭配深色的裙装。

适合人群：

　　较年轻活泼的女士

适合体型：

　　高挑体型，微胖体型，娇小体型。

适合肤色：

　　各种肤色。

246

简洁小圆领装

两边对称的花纹更显清新自然。

247

墨绿小圆领装

适合喜欢休闲风格的女士。

248

淑女圆领装

衣领的蕾丝花边凸显了淑女气质。闪亮的丝线增添了贵族气息。

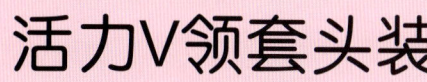

活力V领套头装

搭配指数： ★ ★ ★ ★

充满活力的颜色，给人带来春天的气息，适合搭配质地薄一些的短裙。

适合人群：

年轻有活力的女士。

适合体型：

高挑体型，微胖体型，娇小体型。

适合肤色：

各种肤色。

250

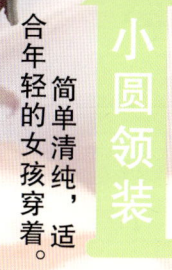

小圆领装

简单清纯，适合年轻的女孩穿着。

249

251

深V领套头装

适合成熟有韵味的女士穿着。

粉色小圆领装

甜美的粉色。直接搭配修身的牛仔裤即可。

252

简约时尚套头装、开衫

搭配指数：★ ★ ★ ★
　　超大宽松的造型完全掩藏了腰部的赘肉，搭配牛仔裤显得随意自如。
适合人群：
　　较年轻的追逐简洁款的女士。
适合体型：
　　高挑体型，微胖体型，娇小体型。
适合肤色：
　　各种肤色。

253

254

255

小球圆领装

厚实的毛衫，让冬天不再寒冷。

小圆高领装

简洁百搭的高领衫。

256

流行韩式毛衣汇编1888

短袖圆领衫

清新典雅的风格，
适合喜欢淡雅的成熟
女士穿着。

259

258

圆领背心

更适合那些生
活浪漫洒脱的人。

小圆领长衫

清雅别致。

部位设计的花纹

根据不同的

260

257

活力四射气质背心

搭配指数：★★★★
　　修身的款式充满学生气息，可以搭
配格子的短裙或长裤。
适合人群：
　　较年轻喜欢学生风格的女士。
适合体型：
　　高挑体型，娇小体型。
适合肤色：
　　各种肤色。

短袖简洁套头衫

261

262

搭配指数：★★★★

　　短袖，短衫。可以凸显女士的修长腿型，拉长下身的比例。适合搭配素色的衬衣和紧身的牛仔裤。

适合人群：

　　年轻时尚的女士。

适合体型：

　　高挑体型，娇小体型。

适合肤色：

　　各种肤色。

263

264

典雅圆领长衫

胸前的麻花纹路，让简洁的款式变得精致起来。

色彩背心

亮丽的色彩，适合活泼的女士，可以搭配裙装或小喇叭裤。

尖领背心

更适合那些享受生活、崇尚自由的人们。

266

自然舒适短袖套头衫

搭配指数：★★★★
超大宽松的造型完全掩藏了腰部的赘肉，搭配牛仔裤显得随意自如。
适合人群：
较年轻休闲的女士。
适合体型：
高挑体型，微胖体型，娇小体型。
适合肤色：
各种肤色。

265

粉红小圆领套头衫

适合春天穿的衣衫。比较薄，里面可以不用搭其他衣服。

267

钩花裙边长衫

适合在里面配内搭的吊带裙。

268

精致钩花背心

非常细致的钩花，展现出女人的柔美，适合搭配小吊带穿着。

修身个性小坎肩

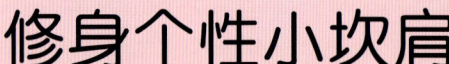

搭配指数： ★ ★ ★ ★

　　拉高腰部的线条，搭配紧身的牛仔裤，更显腿部的修长。

适合人群：

　　较年轻的追逐时尚的女士。

适合体型：

　　高挑体型，娇小体型。

适合肤色：

　　各种肤色。

269

270

271

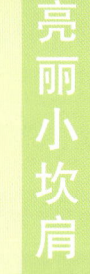

亮丽小坎肩

　　亮丽的颜色适合搭配浅色或深色的吊带，不适合搭配亮丽的颜色。

花边小坎肩

　　虽然也是蓝色，但是因为有花边的效果，让衣服更显柔和。

272

简洁坎肩

　　比较简单的款式，适合喜欢简洁款的女士。

275

别致披肩

严肃的颜色，类似球状的花纹又带点活泼，可搭配长裤。

高贵迷人披肩

搭配指数：★★★★
此款具有修身的效果，搭配牛仔裤显得活泼美丽。
适合人群：
非常随性的女士。
适合体型：
高挑体型，微胖体型，娇小体型。
适合肤色：
各种肤色。

274

大开口套头披肩

更适合那些享受生活、崇尚自由的人们。

276

别致披肩

严肃的颜色，类似球状的花纹又带点活泼，可搭配长裤。

273

个性十足大披肩

搭配指数： ★ ★ ★ ★

粗犷与柔和的混搭，具有视觉上的冲击力。适合搭配高跟鞋。

适合人群：
较年轻的追逐自由的女士。

适合体型：
高挑体型，微胖体型，娇小体型。

适合肤色：
各种肤色。

277

278

可爱的钩花披肩

外面，搭配在浅色T恤起到很好的装饰效果。

279

280

斜肩披肩

然风格的女士。有波西米亚的适合喜欢自

大开口套头披肩

更适合那些享受生活、崇尚自由的人们。

极具特色大披肩

282

281

搭配指数：★★★★
　　此款具有修身的效果，有印第安异国情调。
适合人群：
　　年轻、喜欢民族风格的女士。
适合体型：
　　高挑体型，微胖体型，娇小体型。
适合肤色：
　　白皙肤色。

异国风格披肩

有印第安异国情调。

浪漫披肩

适合走淑女路线的女士，可搭配长裤。

283

284

别致披肩

可爱的球状花纹，可搭配长裤。

超简洁披肩

285

286

搭配指数：★★★★

此款是有很好装饰效果的披肩，可以搭配亮色的毛衫。

适合人群：

年轻时尚的女士。

适合体型：

高挑体型，微胖体型，娇小体型。

适合肤色：

各种肤色。

287

宫廷风披肩

让人想起了华丽的宫廷风，一定搭配简洁的下装。复杂精致的花纹

荷叶边披肩

高贵时尚的公主披肩，适合搭配紧身牛仔裤。

288

玫瑰花披肩

浪漫的玫瑰花点缀，有绿草丛中一点红的感觉，适合搭配深色的服装在里面。

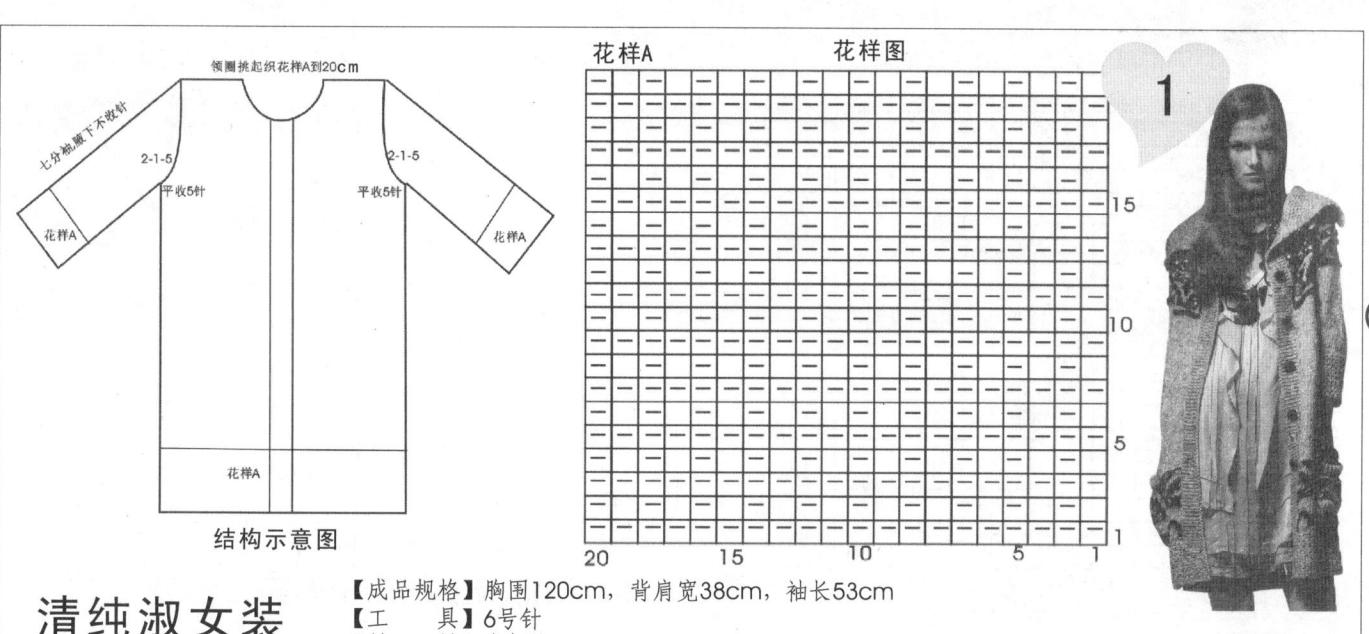

领圈挑起织花样A到20cm

七分袖瘦下不收针

2-1-5   平收5针   花样A

花样A   2-1-5   平收5针   花样A

花样A

结构示意图

花样A   花样图

20   15   10   5   1

15

10

5

清纯淑女装

【成品规格】胸围120cm，背肩宽38cm，袖长53cm
【工　　具】6号针
【材　　料】中粗线

实物图

2

实物图

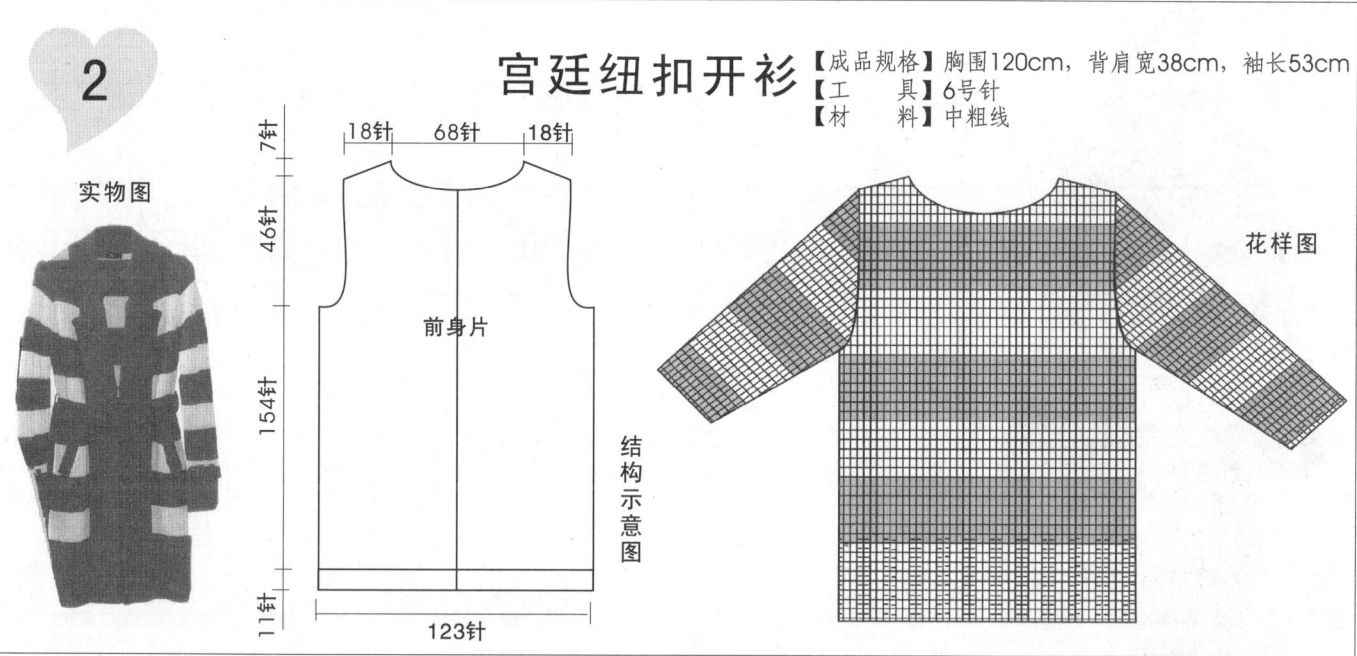

宫廷纽扣开衫

【成品规格】胸围120cm，背肩宽38cm，袖长53cm
【工　　具】6号针
【材　　料】中粗线

18针   68针   18针

7针

46针

前身片

154针

11针

123针

花样图

结构示意图

花样图

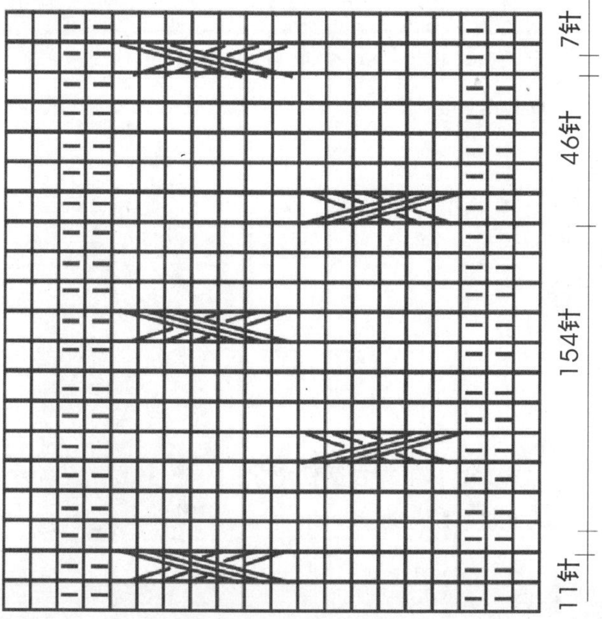

7针

46针

154针

11针

结构示意图

18针   68针   18针

前身片

123针

实物图

3

小圆翻领衫

【成品规格】胸围120cm，背肩宽
38cm，袖长53cm
【工　　具】6号针
【材　　料】中粗线

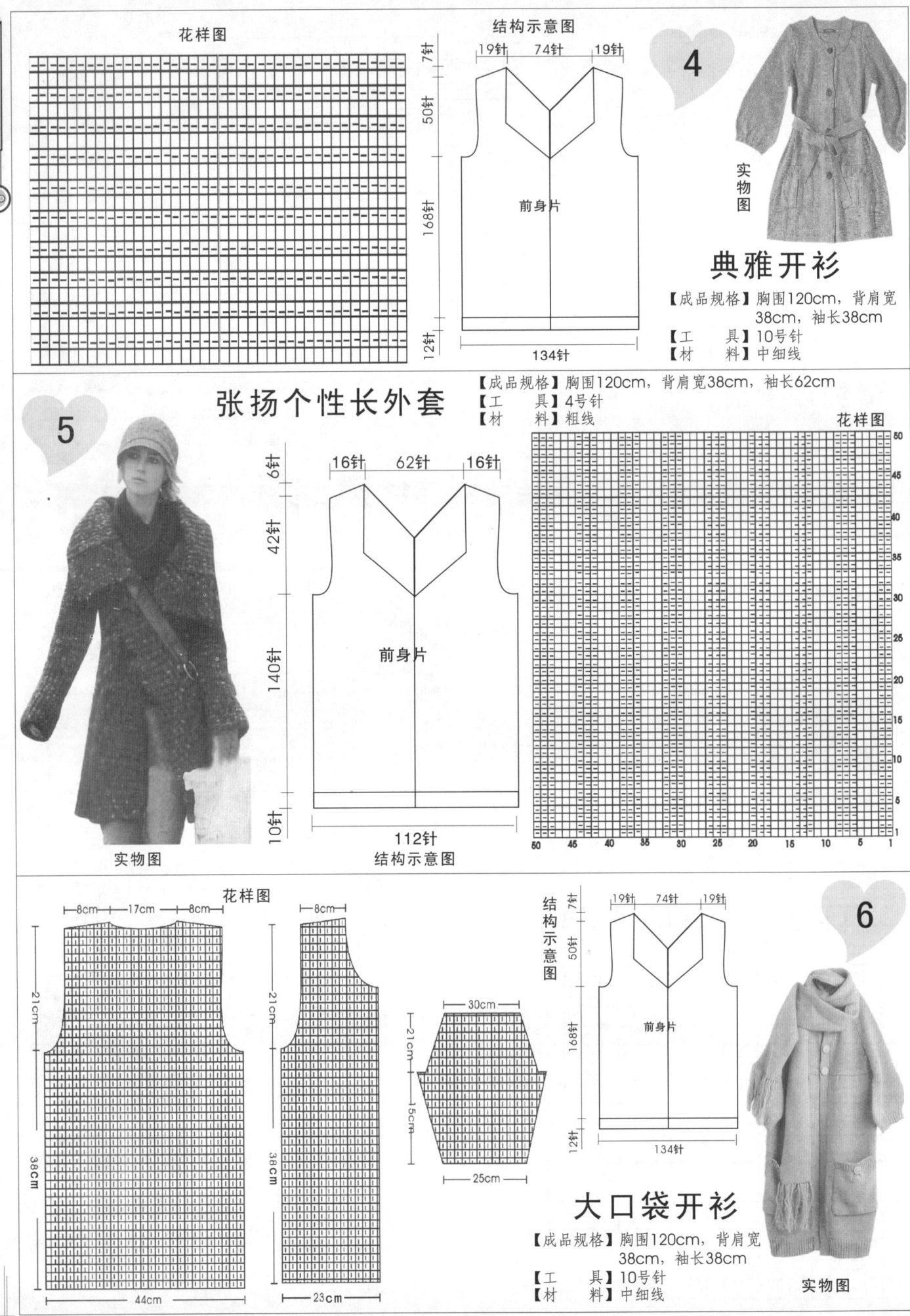

花样图

结构示意图

19针 74针 19针

7行

50行

168行

前身片

12针

134针

实物图

典雅开衫

【成品规格】胸围120cm，背肩宽
38cm，袖长38cm
【工　　具】10号针
【材　　料】中细线

【成品规格】胸围120cm，背肩宽38cm，袖长62cm
【工　　具】4号针
【材　　料】粗线

5

张扬个性长外套

花样图

16针 62针 16针

64行

42行

140行

前身片

10行

112针

结构示意图

实物图

50
45
40
35
30
25
20
15
10
5
1

50 45 40 35 30 25 20 15 10 5 1

花样图

8cm 17cm 8cm

8cm

21cm

21cm

38cm

38cm

21cm

30cm

21cm

5cm

25cm

44cm

23cm

结构示意图

19针 74针 19针

7行

50行

168行

前身片

12针

134针

6

大口袋开衫

【成品规格】胸围120cm，背肩宽
38cm，袖长38cm
【工　　具】10号针
【材　　料】中细线

实物图

流行韩式毛衣汇编1888

时尚带帽长外套（女款）

【成品规格】胸围120cm，背肩宽38cm，袖长62cm
【工　具】6号针
【材　料】中粗线

花样图

9

18针　68针　18针

前身片

123针

结构示意图

实物图

7针
4针
154针
11针

【成品规格】胸围120cm，
背肩宽38cm，袖长62cm
【工　具】10号针
【材　料】中细线

7

大开口领开衫

结构示意图

7针
48针
19针　74针　19针

前身片

144针

12针
134针

实物图

花样图

5cm　23cm　5cm

领圈挑起
织双罗纹
至20cm

21cm

27.5cm

44cm

结构示意图

21针　81针　21针

8针
52针
156针
13针

前身片

146针

实物图

30cm

21cm

28cm

25cm

花样图

8

大开口领开衫

【成品规格】胸围120cm，背肩宽
38cm，袖长53cm
【工　具】10号针
【材　料】细线

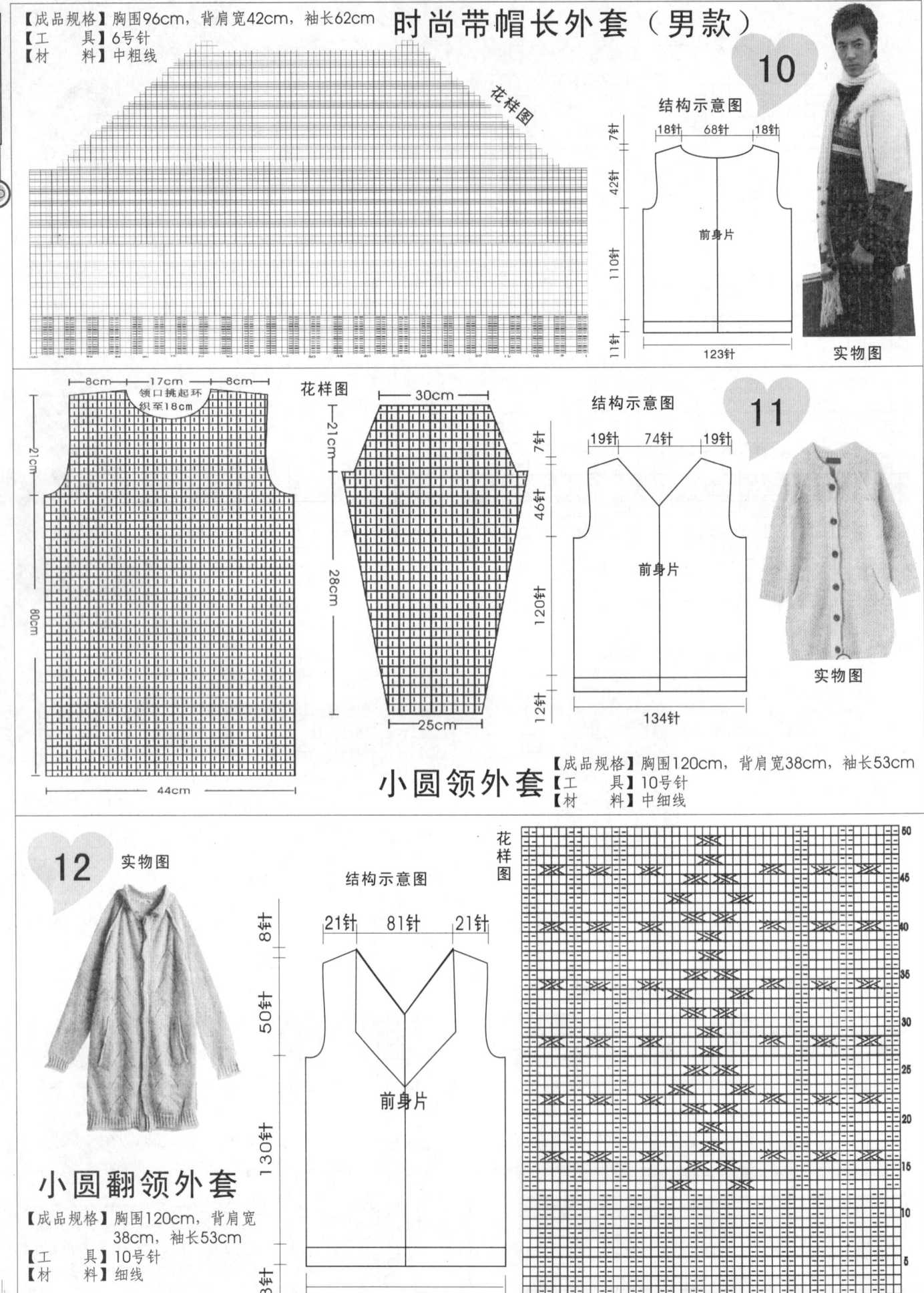

【成品规格】胸围96cm，背肩宽42cm，袖长62cm
【工　具】6号针
【材　料】中粗线

时尚带帽长外套（男款）

10

花样图

结构示意图

18针　68针　18针
7针
42针
110针
前身片
11针

123针

实物图

11

8cm　17cm　8cm
领口挑起环
织至18cm
21cm
80cm

44cm

花样图

30cm
21cm
46针
28cm
25cm

结构示意图

19针　74针　19针
7针
46针
120针
前身片
12针

134针

实物图

小圆领外套

【成品规格】胸围120cm，背肩宽38cm，袖长53cm
【工　具】10号针
【材　料】中细线

12　实物图

结构示意图

21针　81针　21针
8针
50针
前身片
130针
13针

146针

花样图

小圆翻领外套

【成品规格】胸围120cm，背肩宽
38cm，袖长53cm
【工　具】10号针
【材　料】细线

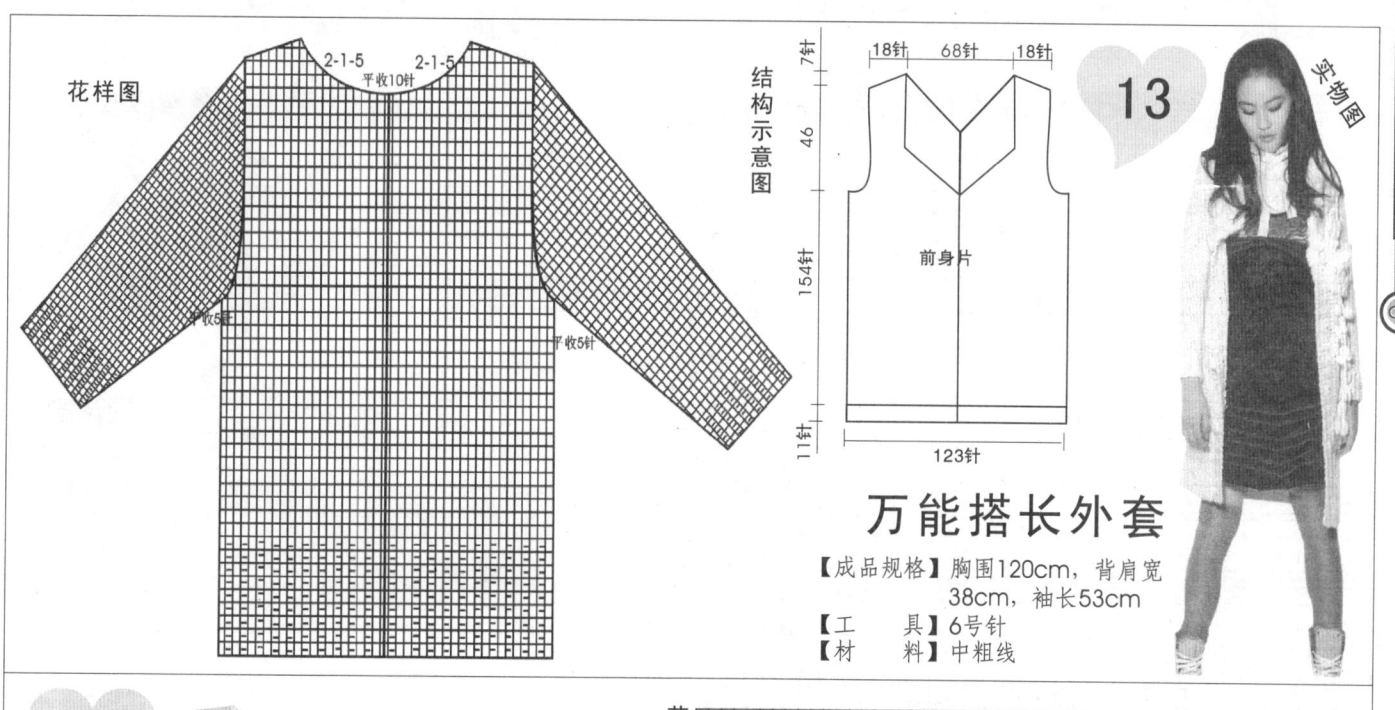

花样图

2-1-5针   2-1-5针
平收10针

结构示意图

18针   68针   18针

前身片

123针

❤ 13 实物图

万能搭长外套

【成品规格】胸围120cm，背肩宽
38cm，袖长53cm
【工　　具】6号针
【材　　料】中粗线

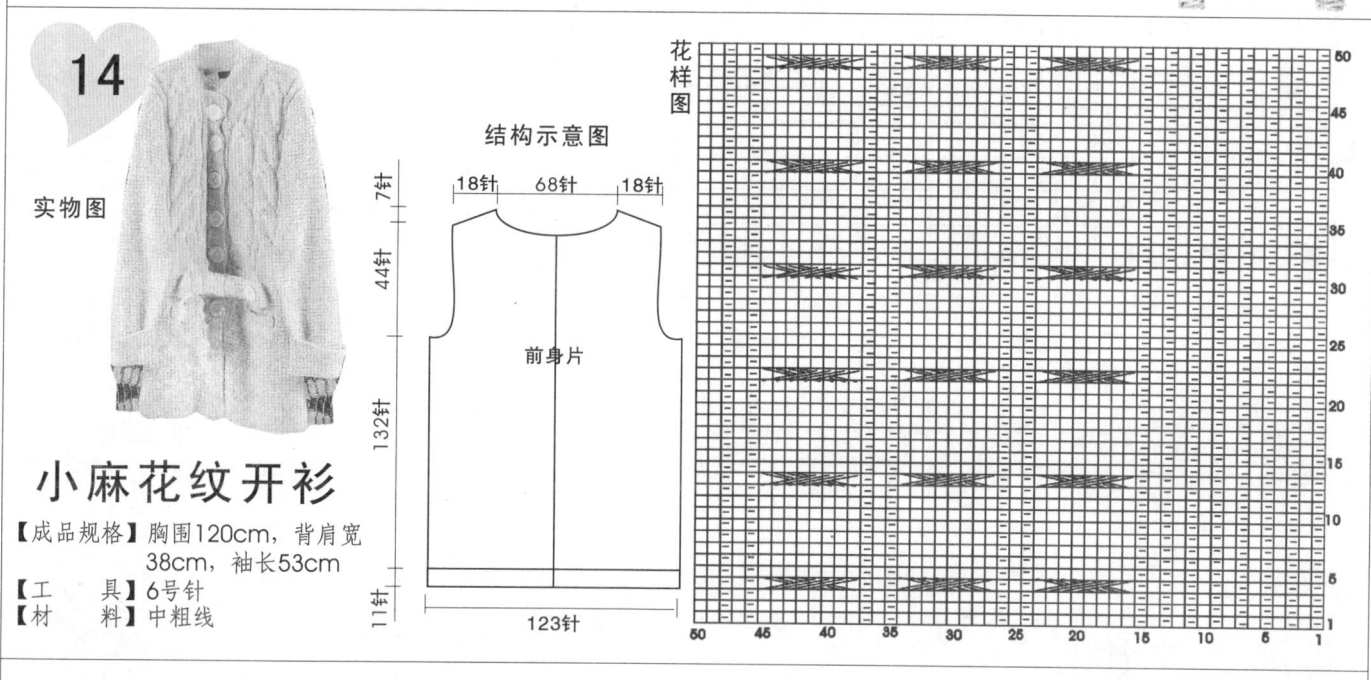

❤ 14

实物图

小麻花纹开衫

【成品规格】胸围120cm，背肩宽
38cm，袖长53cm
【工　　具】6号针
【材　　料】中粗线

结构示意图

18针   68针   18针

前身片

123针

花样图

可爱球球开衫

【成品规格】胸围120cm，背肩宽38cm，袖长53cm
【工　　具】4号针
【材　　料】粗线

花样图

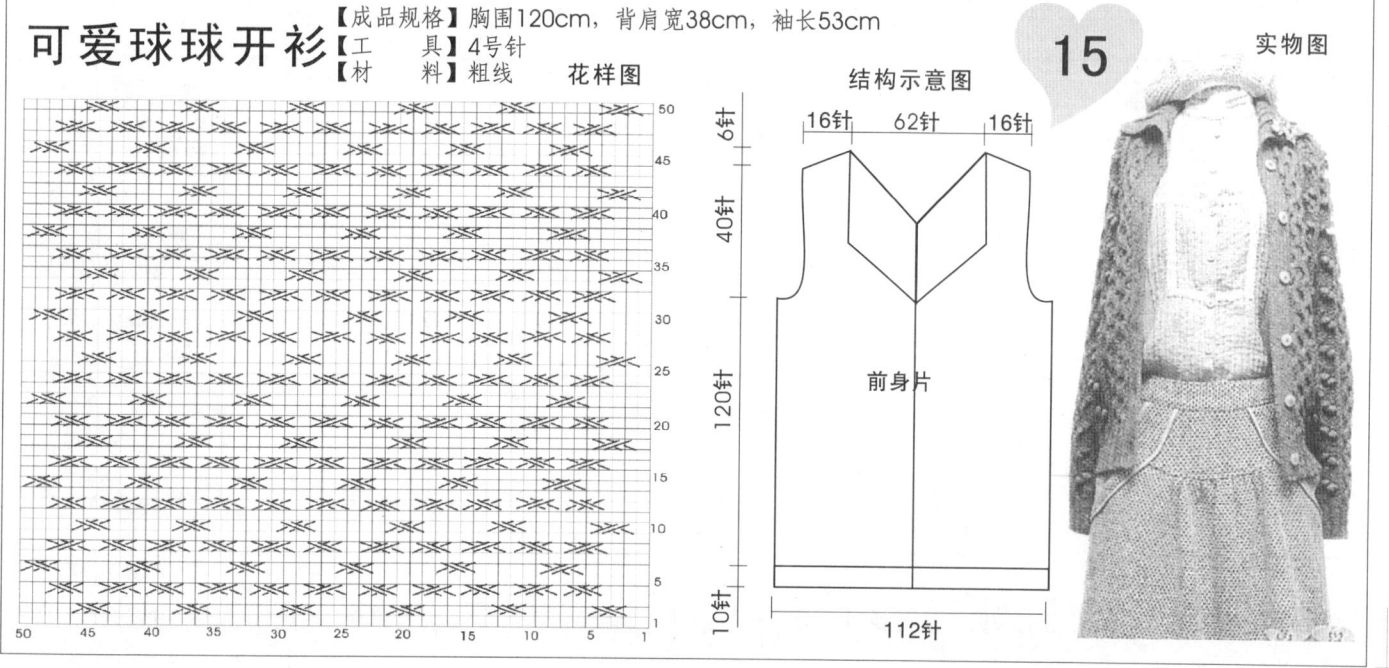

❤ 15

实物图

结构示意图

16针   62针   16针

前身片

112针

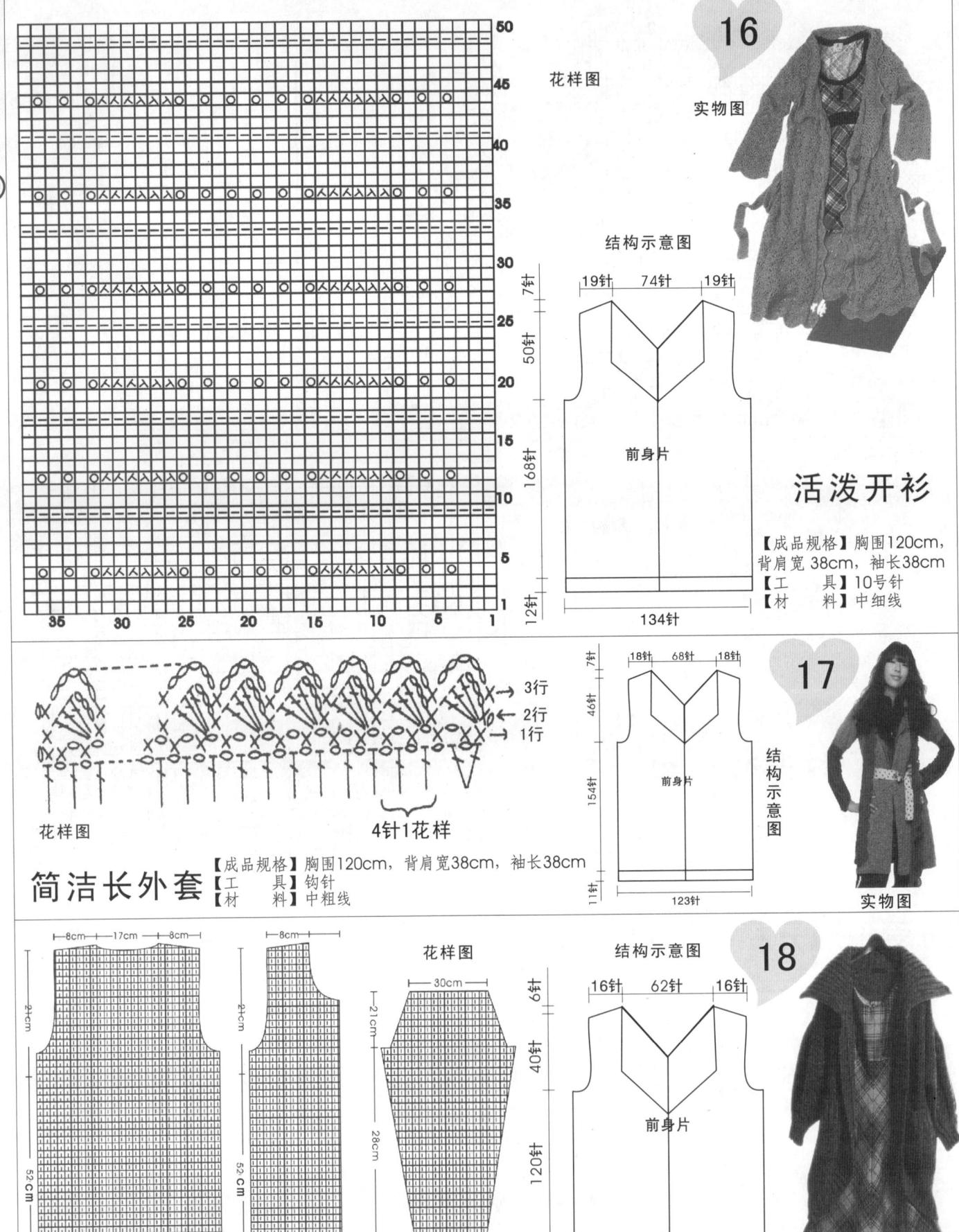

花样图

16

实物图

结构示意图

| 19针 | 74针 | 19针 |

前身片

活泼开衫

【成品规格】胸围120cm,
背肩宽38cm,袖长38cm
【工　　具】10号针
【材　　料】中细线

134针

花样图

4针1花样

3行
2行
1行

| 18针 | 68针 | 18针 |

前身片

结构示意图

17

实物图

简洁长外套【成品规格】胸围120cm,背肩宽38cm,袖长38cm
【工　　具】钩针
【材　　料】中粗线

123针

8cm / 17cm / 8cm

8cm

花样图

30cm

结构示意图

18

| 16针 | 62针 | 16针 |

前身片

21cm

21cm

21cm

28cm

52cm

52cm

25cm

44cm

23cm

112针

大翻领开衫【成品规格】胸围120cm,背肩宽38cm,袖长53cm
【工　　具】4号针
【材　　料】粗线

实物图

袖、身花样

花样图

口袋花样

19

结构示意图

19针 74针 19针

7针

48针

前身片

144针

12针

134针

实物图

【成品规格】胸围120cm，背肩宽38cm，袖长53cm
【工　　具】10号针
【材　　料】中细线

小圆翻领外套

童趣花纹开衫

【成品规格】胸围120cm，背肩宽38cm，袖长38cm
【工　　具】10号针
【材　　料】中细线

20

结构示意图

19针 74针 19针

7针

48针

前身片

144针

12针

134针

实物图

花样图

淑女大翻领长外套

实物图

21

【成品规格】胸围120cm，背肩宽38cm，袖长53cm
【工　　具】4号针
【材　　料】粗线

对折缝合

结构示意图

2-1 2-1

2-1 2-1

插肩袖每两行加一针

袖口收拢

花样A

花样图

花样A

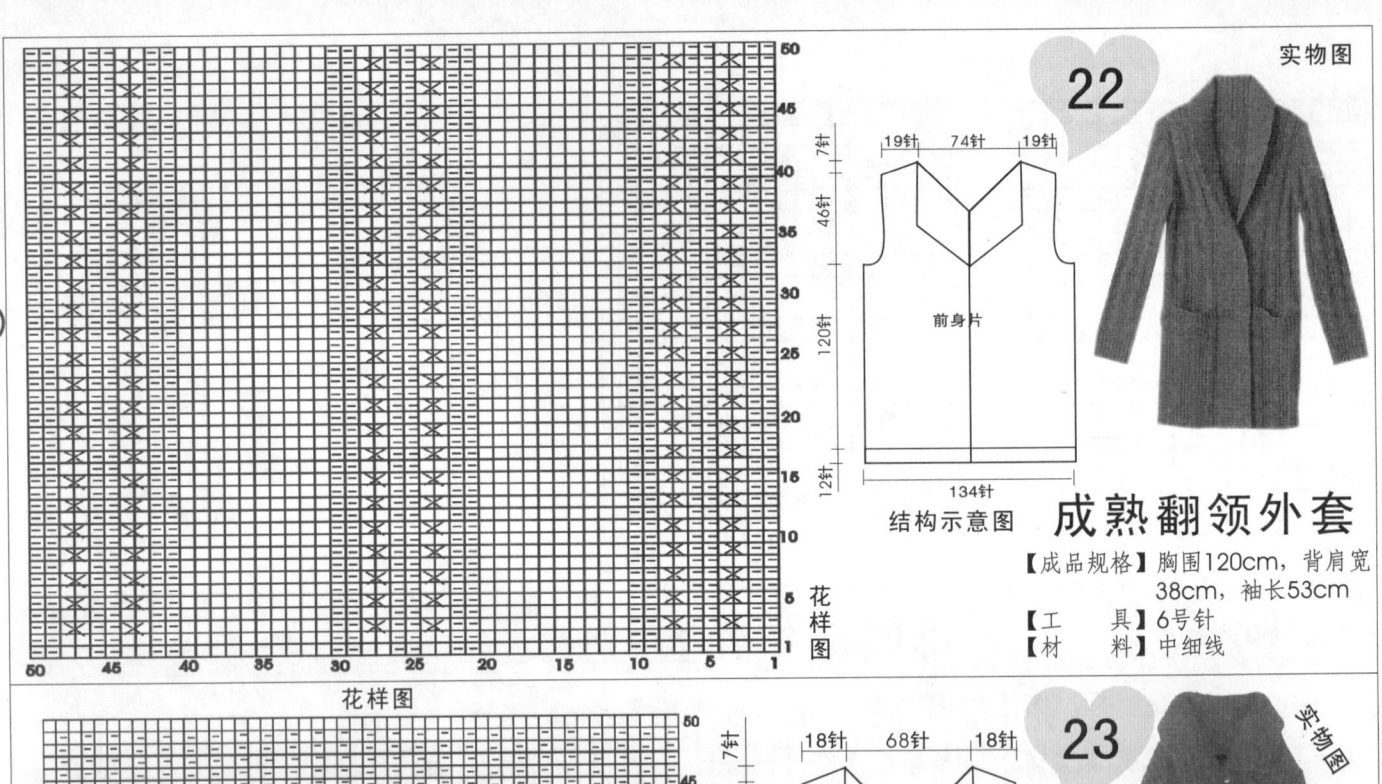

22

实物图

19针　74针　19针

7针

46针

120针

前身片

12针

134针

结构示意图

花样图

成熟翻领外套

【成品规格】胸围120cm，背肩宽38cm，袖长53cm

【工　　具】6号针

【材　　料】中细线

花样图

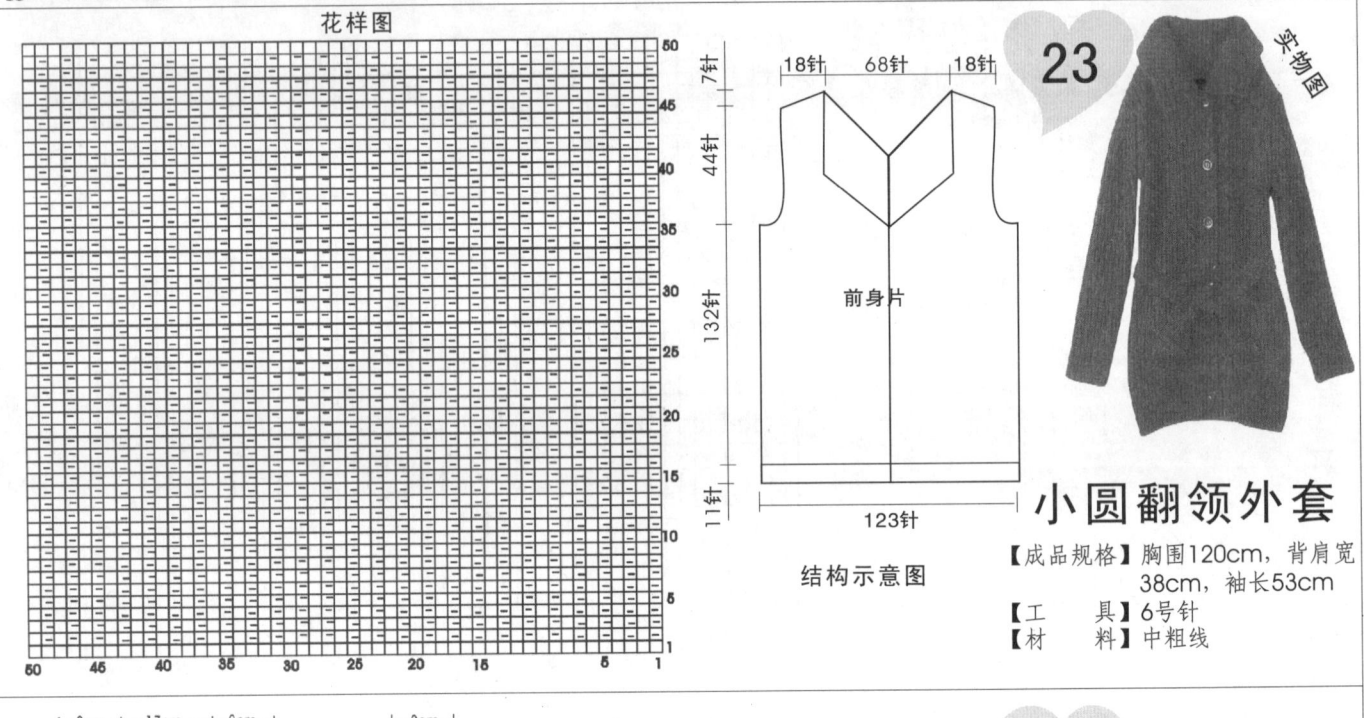

23

实物图

18针　68针　18针

44针

132针

前身片

11针

123针

结构示意图

小圆翻领外套

【成品规格】胸围120cm，背肩宽38cm，袖长53cm

【工　　具】6号针

【材　　料】中粗线

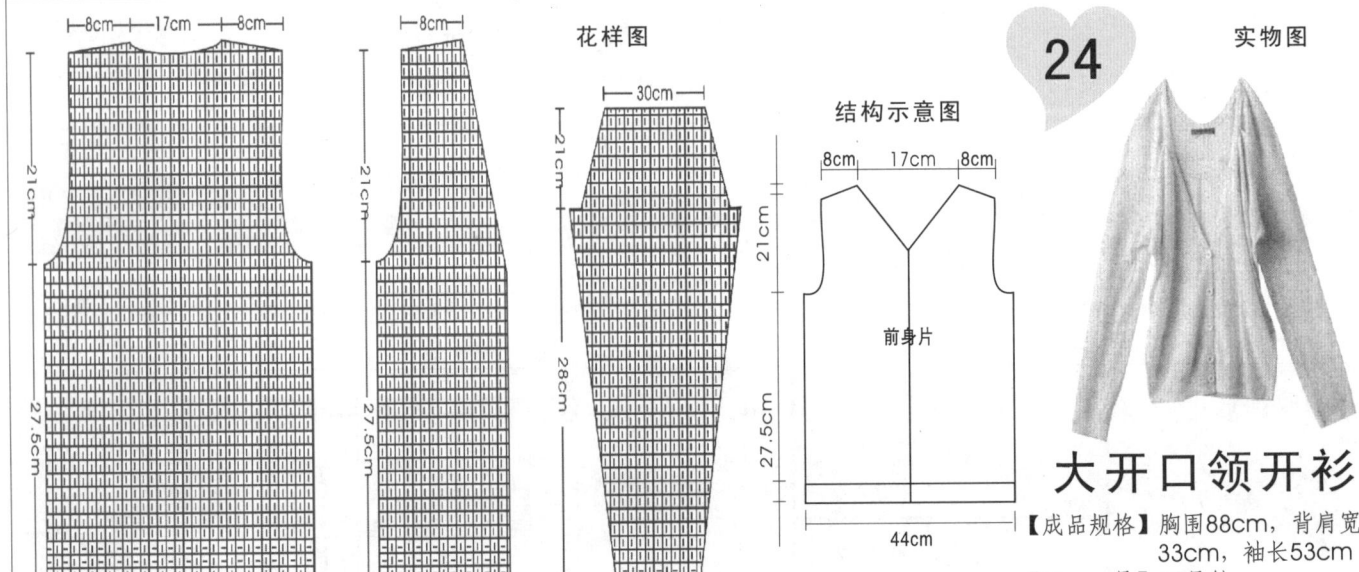

24

实物图

8cm　17cm　8cm

8cm

30cm

21cm

21cm

21cm

27.5cm

27.5cm

28cm

44cm

23cm

25cm

花样图

结构示意图

8cm　17cm　8cm

21cm

前身片

27.5cm

44cm

大开口领开衫

【成品规格】胸围88cm，背肩宽33cm，袖长53cm

【工　　具】10号针

【材　　料】细线

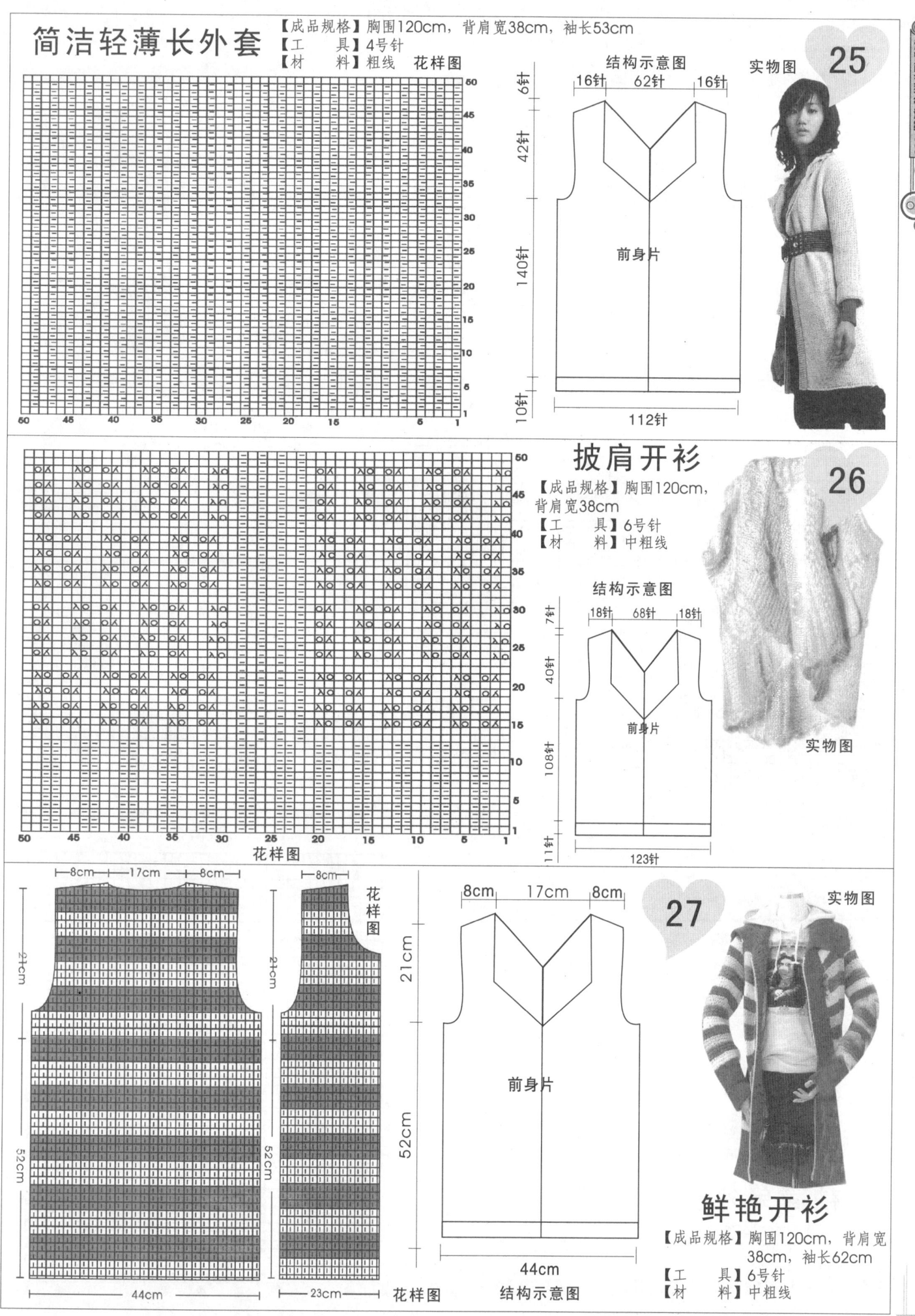

简洁轻薄长外套

【成品规格】胸围120cm，背肩宽38cm，袖长53cm
【工　　具】4号针
【材　　料】粗线　　花样图

结构示意图　　实物图

16针　62针　16针

前身片

112针

披肩开衫

26

【成品规格】胸围120cm，
　　　　　　背肩宽38cm
【工　　具】6号针
【材　　料】中粗线

结构示意图

18针　68针　18针

前身片

实物图

123针

花样图

27

实物图

8cm　17cm　8cm

前身片

44cm

结构示意图

鲜艳开衫

【成品规格】胸围120cm，背肩宽
　　　　　　38cm，袖长62cm
【工　　具】6号针
【材　　料】中粗线

花样图

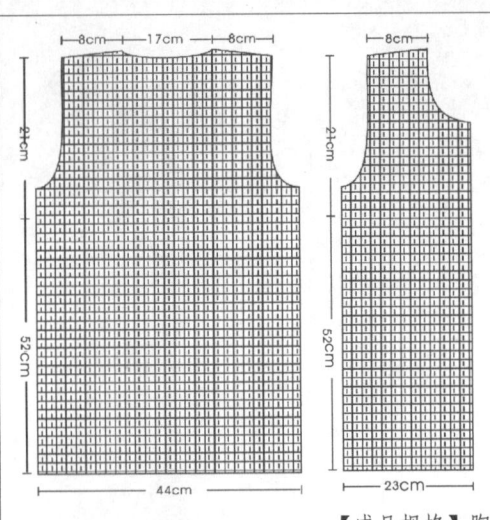

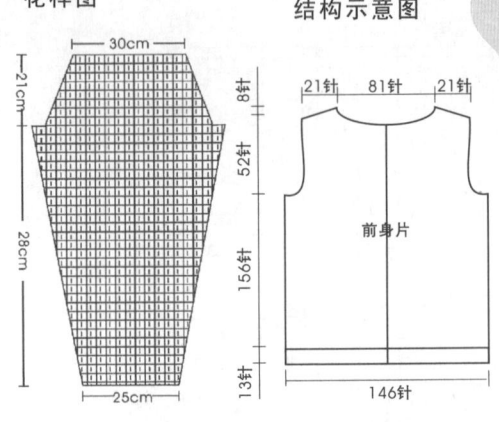

花样图

结构示意图

28

21针　81针　21针

8针

52针

156针

前身片

13针

146针

实物图

简洁开衫

【成品规格】胸围120cm，背肩宽38cm，袖长53cm
【工　　具】10号针
【材　　料】中细线

8cm—17cm—8cm　　8cm　　30cm

21cm　　21cm　　21cm

28cm

52cm　　52cm

44cm　　23cm　　25cm

花样图

30cm

18针　68针　18针

7针

46针

154针

前身片

11针

123针

结构示意图

厚重型长外套

【成品规格】胸围120cm，背肩宽38cm，袖长62cm
【工　　具】6号针
【材　　料】中粗线

8cm—17cm—8cm　　8cm

21cm　　21cm

21cm　　21cm

28cm

52cm　　52cm

44cm　　23cm　　25cm

花样图

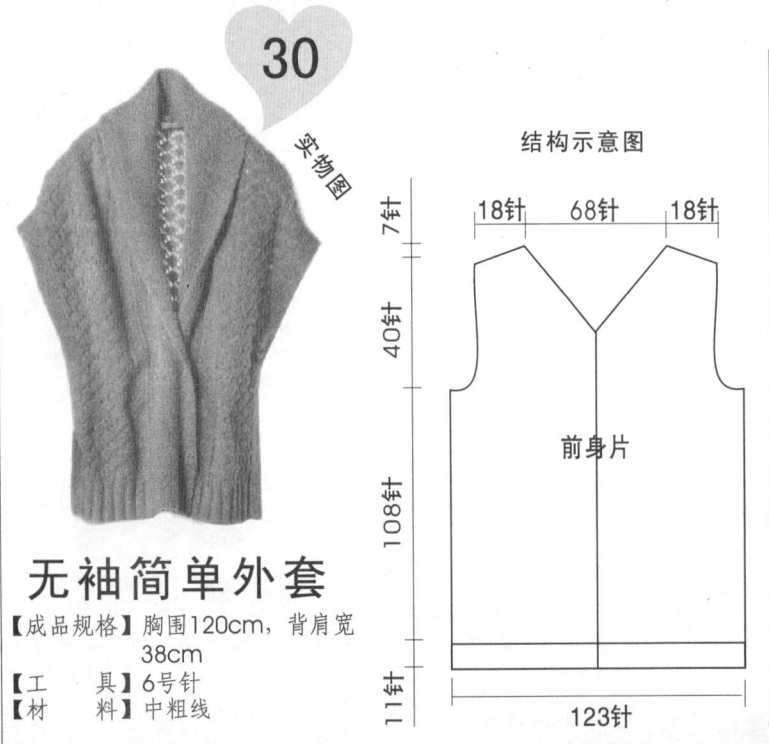

30

实物图

结构示意图

7针　　18针　68针　18针

40针

108针

前身片

11针

123针

无袖简单外套

【成品规格】胸围120cm，背肩宽
38cm
【工　　具】6号针
【材　　料】中粗线

花样图

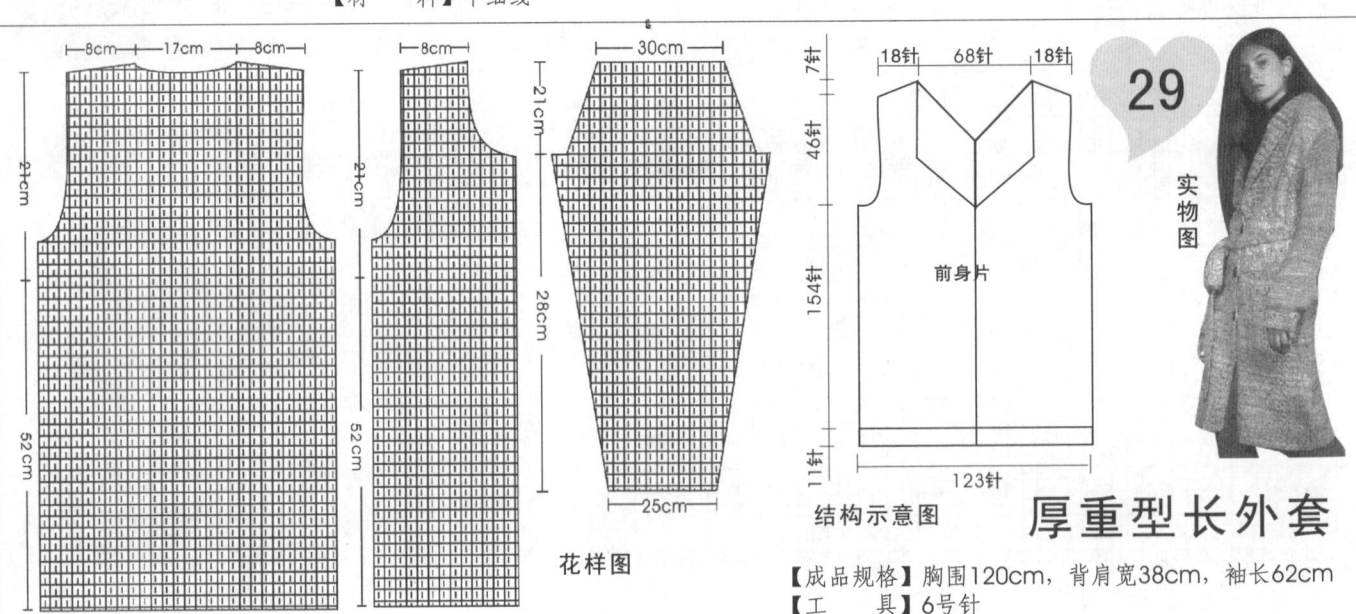

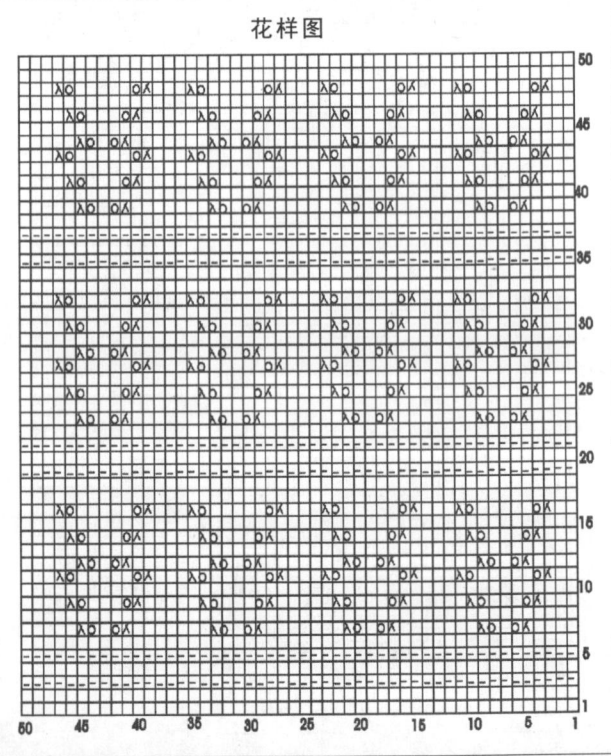

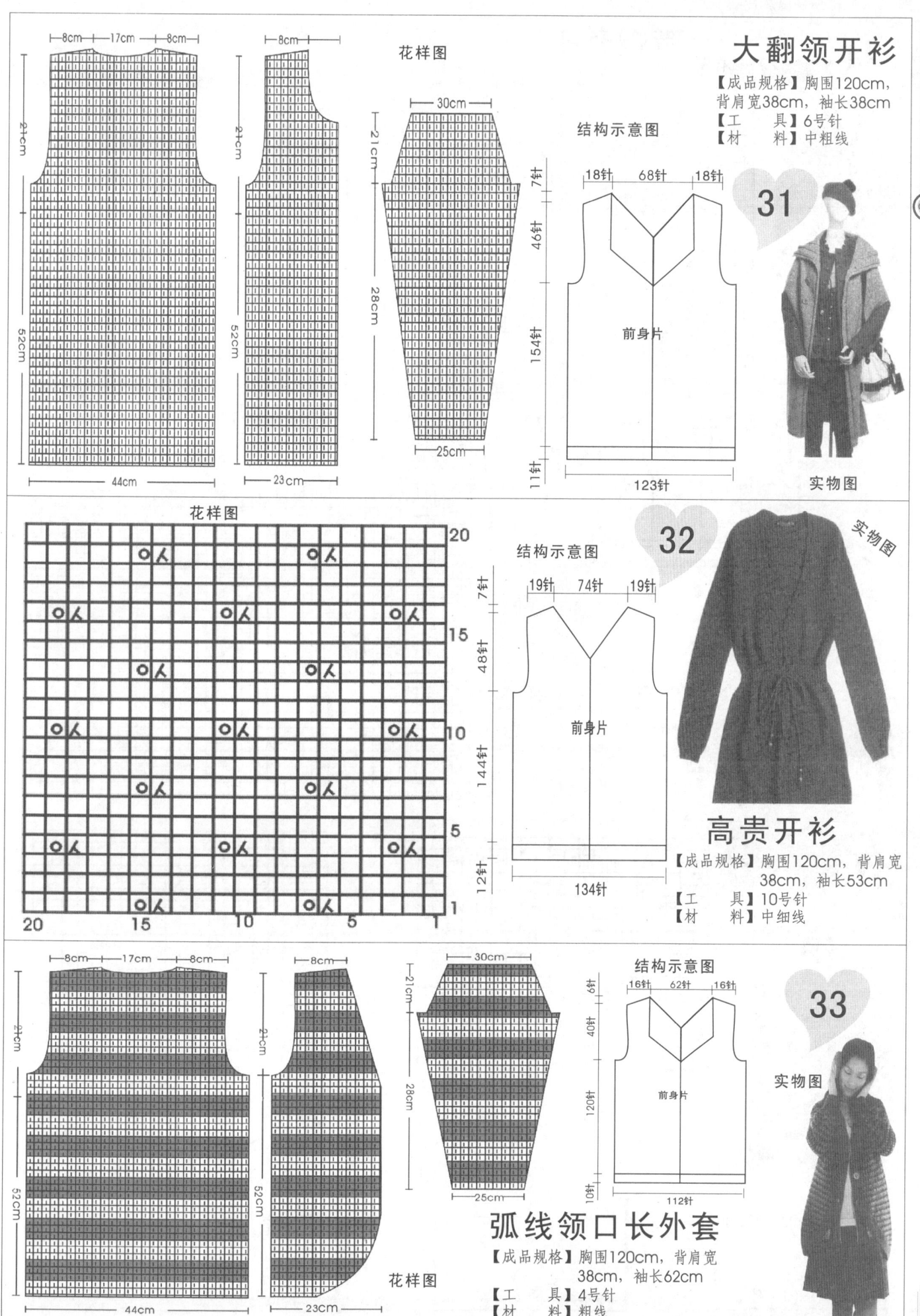

大翻领开衫

【成品规格】胸围120cm，背肩宽38cm，袖长38cm
【工　　具】6号针
【材　　料】中粗线

31

实物图

花样图

结构示意图

18针 68针 18针

前身片

123针

32

实物图

花样图

结构示意图

19针 74针 19针

前身片

134针

高贵开衫

【成品规格】胸围120cm，背肩宽38cm，袖长53cm
【工　　具】10号针
【材　　料】中细线

33

实物图

弧线领口长外套

【成品规格】胸围120cm，背肩宽38cm，袖长62cm
【工　　具】4号针
【材　　料】粗线

花样图

结构示意图

16针 62针 16针

前身片

112针

34

带帽有扣毛衫

实物图

花样图

【成品规格】胸围120cm，背肩宽38cm，袖长53cm
【工　　具】6号针
【材　　料】中粗线

结构示意图

18针　68针　18针

前身片

123针

35

结构示意图

8cm　22cm　8cm
40cm

花样A

49cm

花样B
8cm

花样A
25cm

花样图

花样A

40cm
花样A
32cm

花样B

实物图

小荷叶边开衫

【成品规格】胸围120cm，背肩宽
40cm，袖长55cm
【工　　具】6号环针
【材　　料】3股兔毛1400g

36

花样图

花样B

花样A

实物图

小圆领开衫

【成品规格】胸围120cm，背肩宽
40cm，袖长58cm
【工　　具】6号环针
【材　　料】3股兔毛1400g

结构示意图

8cm　22cm　8cm
40cm

花样A

花样B
49cm

花样A
花样B
25cm

花样A
花样B
32cm

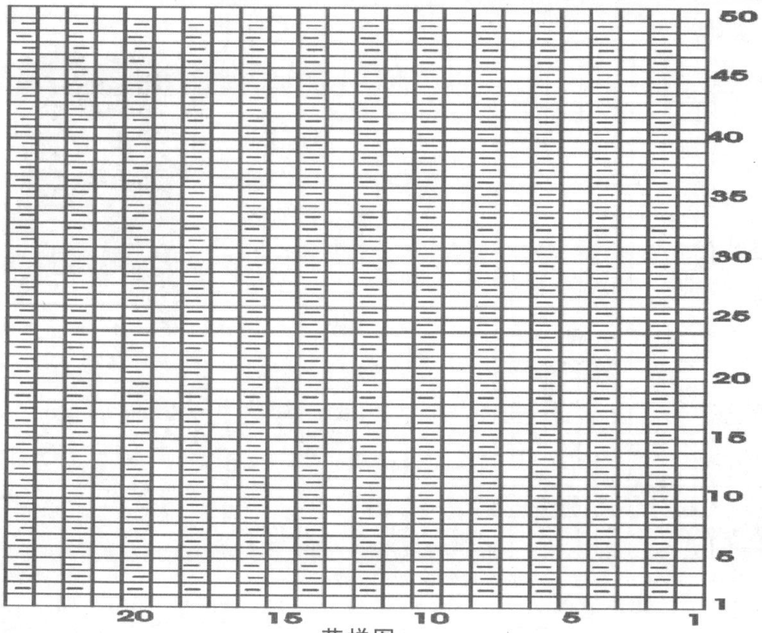

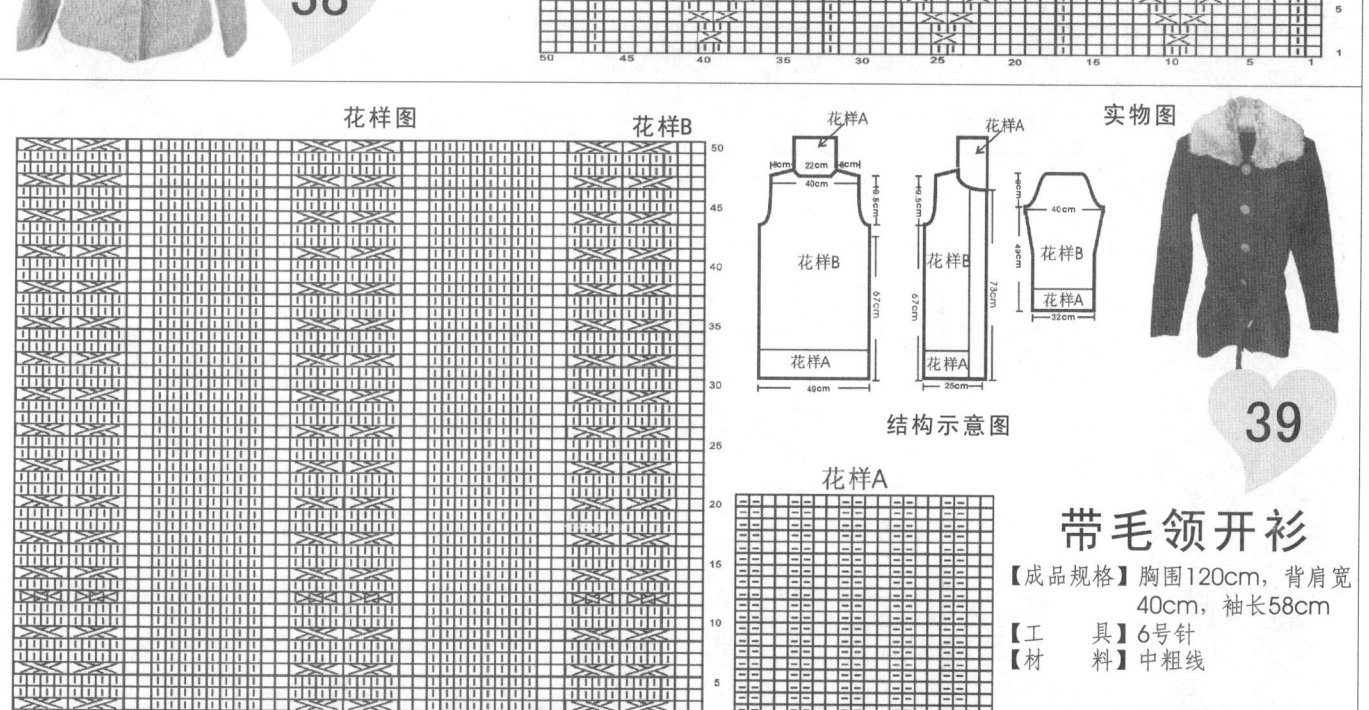

图表区域文字

50 **45** **40** **35** **30** **25** **20** **15** **10** **5** **1**

20 **15** **10** **5** **1**
花样图

200cm

40cm

结构示意图

实物图

37

简洁亮丽衫

【成品规格】胸围120cm，背肩宽
38cm，袖长48cm
【工　具】6号针
【材　料】中粗线

8cm　22cm　8cm
40cm
19.5cm
37cm
49cm

8cm
43cm
37cm
28cm

9cm
40cm
43cm
32cm

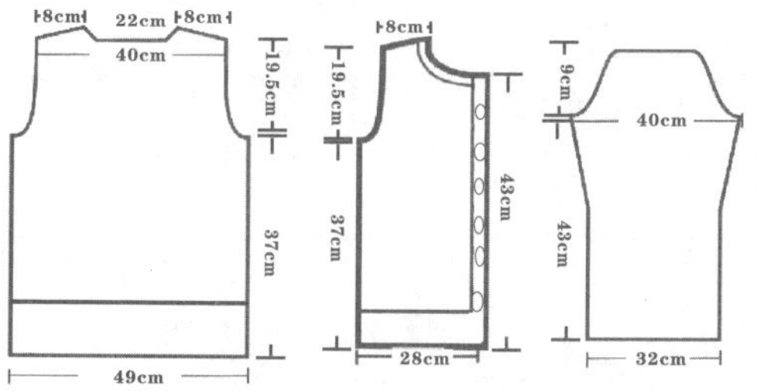

结构示意图

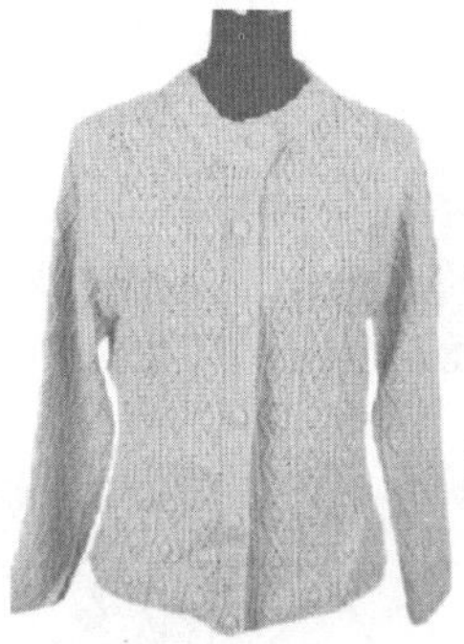

实物图

38

菱形花纹开衫

【成品规格】胸围120cm，背肩宽40cm，袖长52cm
【工　具】6号针
【材　料】中粗线

50 **45** **40** **35** **30** **25** **20** **15** **10** **5** **1**

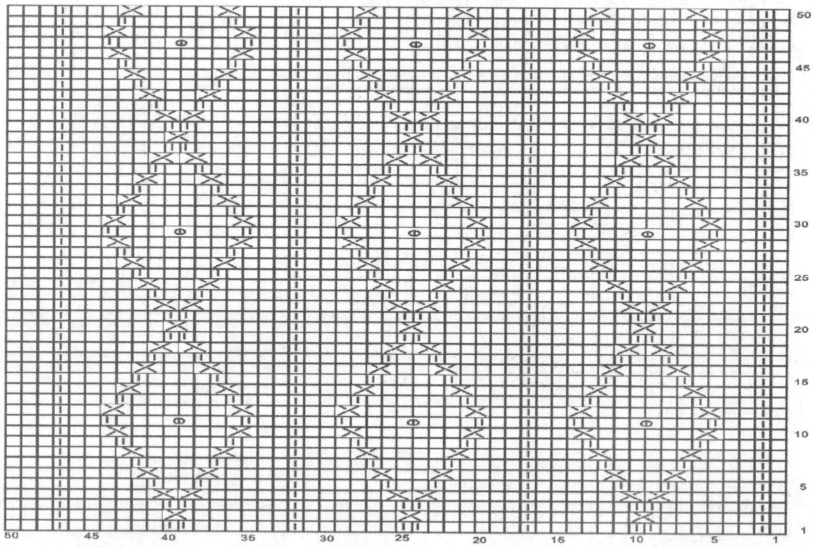

花样图　　花样B

花样A
8cm　22cm　8cm
40cm
19.5cm
花样B
67cm
花样A
49cm

花样A
40cm
19.5cm
花样B
67cm
花样A
25cm

花样A
40cm
43cm
花样B
花样A
32cm

结构示意图

实物图

39

带毛领开衫

【成品规格】胸围120cm，背肩宽
40cm，袖长58cm
【工　具】6号针
【材　料】中粗线

花样A

50 **45** **40** **35** **30** **25** **20** **15** **10** **5** **1**

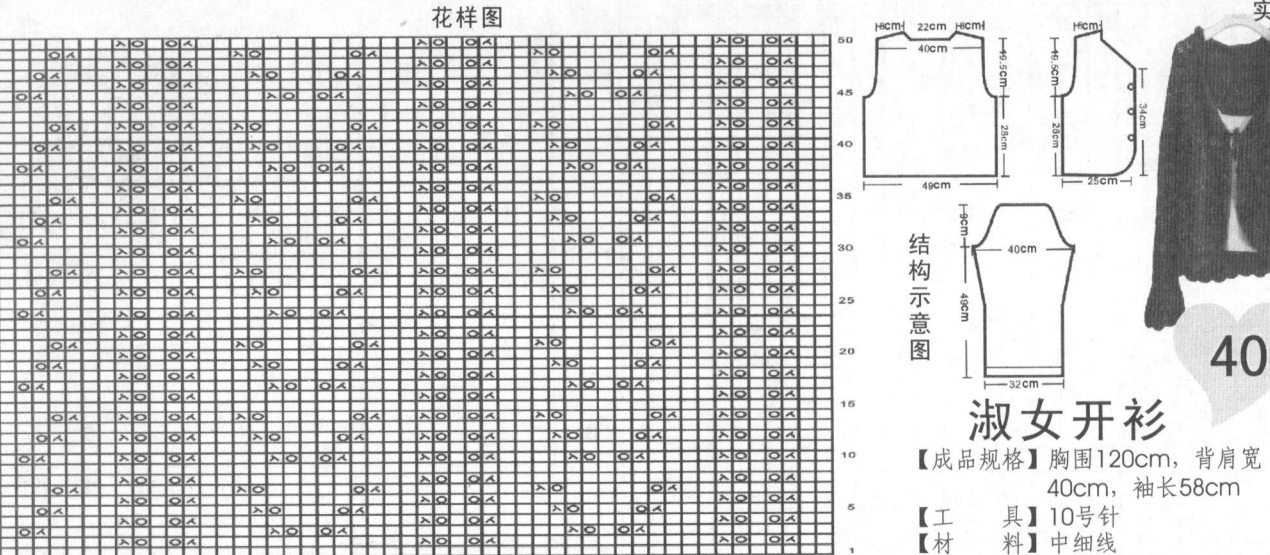

花样图　　　　　实物图

结构示意图

淑女开衫

【成品规格】胸围120cm，背肩宽40cm，袖长58cm
【工　　具】10号针
【材　　料】中细线

40

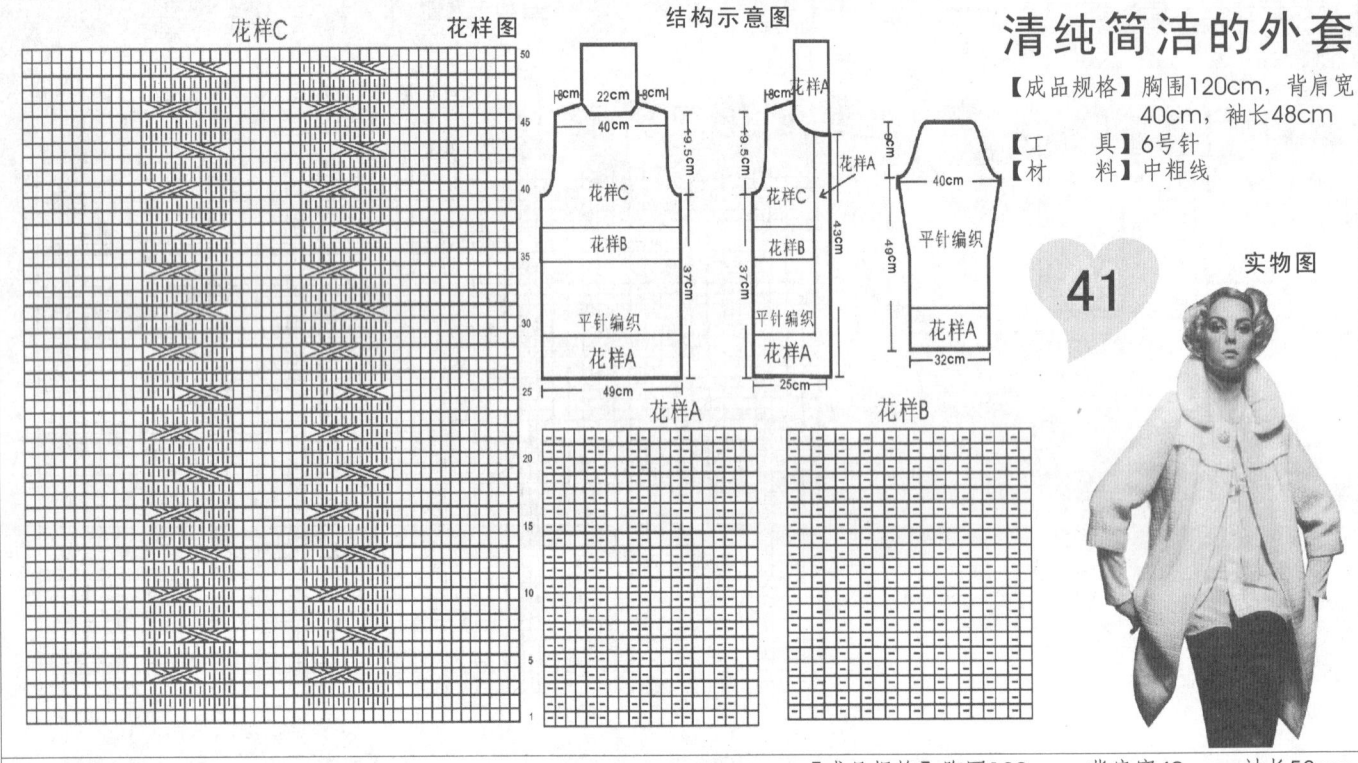

花样C　　　　花样图　　　结构示意图

清纯简洁的外套

【成品规格】胸围120cm，背肩宽40cm，袖长48cm
【工　　具】6号针
【材　　料】中粗线

41

实物图

花样A　　　花样B

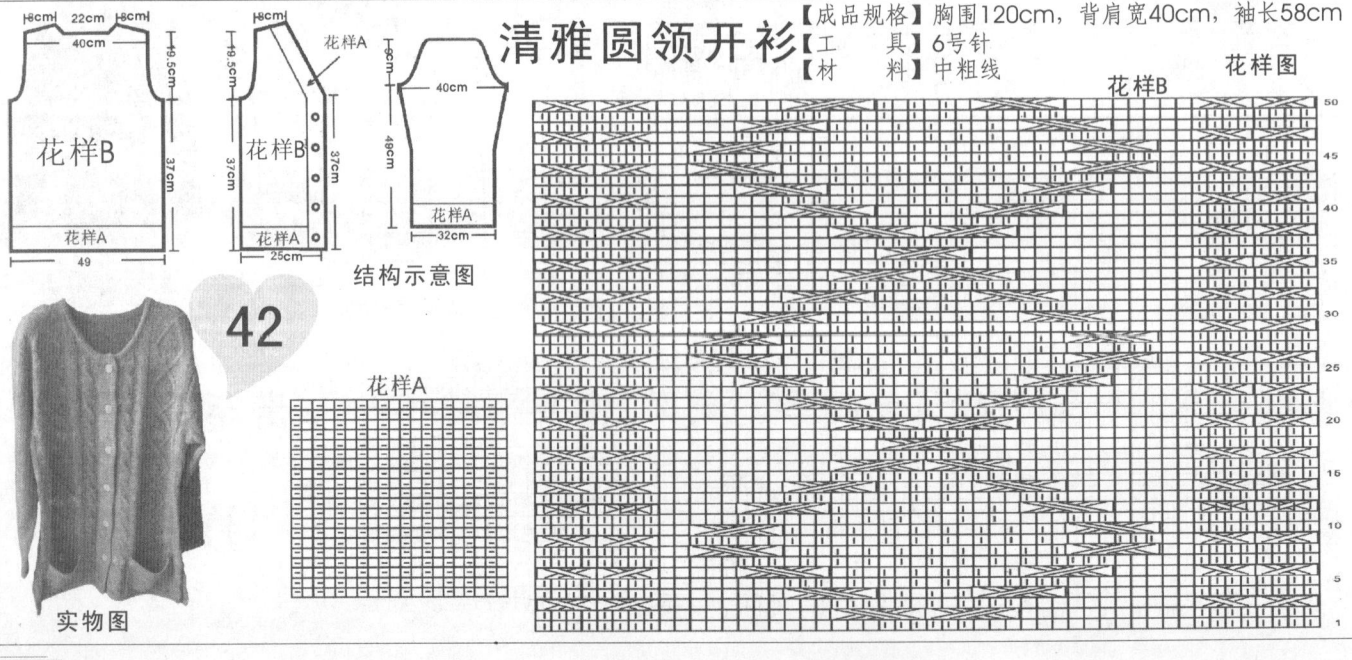

清雅圆领开衫

【成品规格】胸围120cm，背肩宽40cm，袖长58cm
【工　　具】6号针
【材　　料】中粗线

花样B　　　　花样图

花样A

结构示意图

42

花样A

实物图

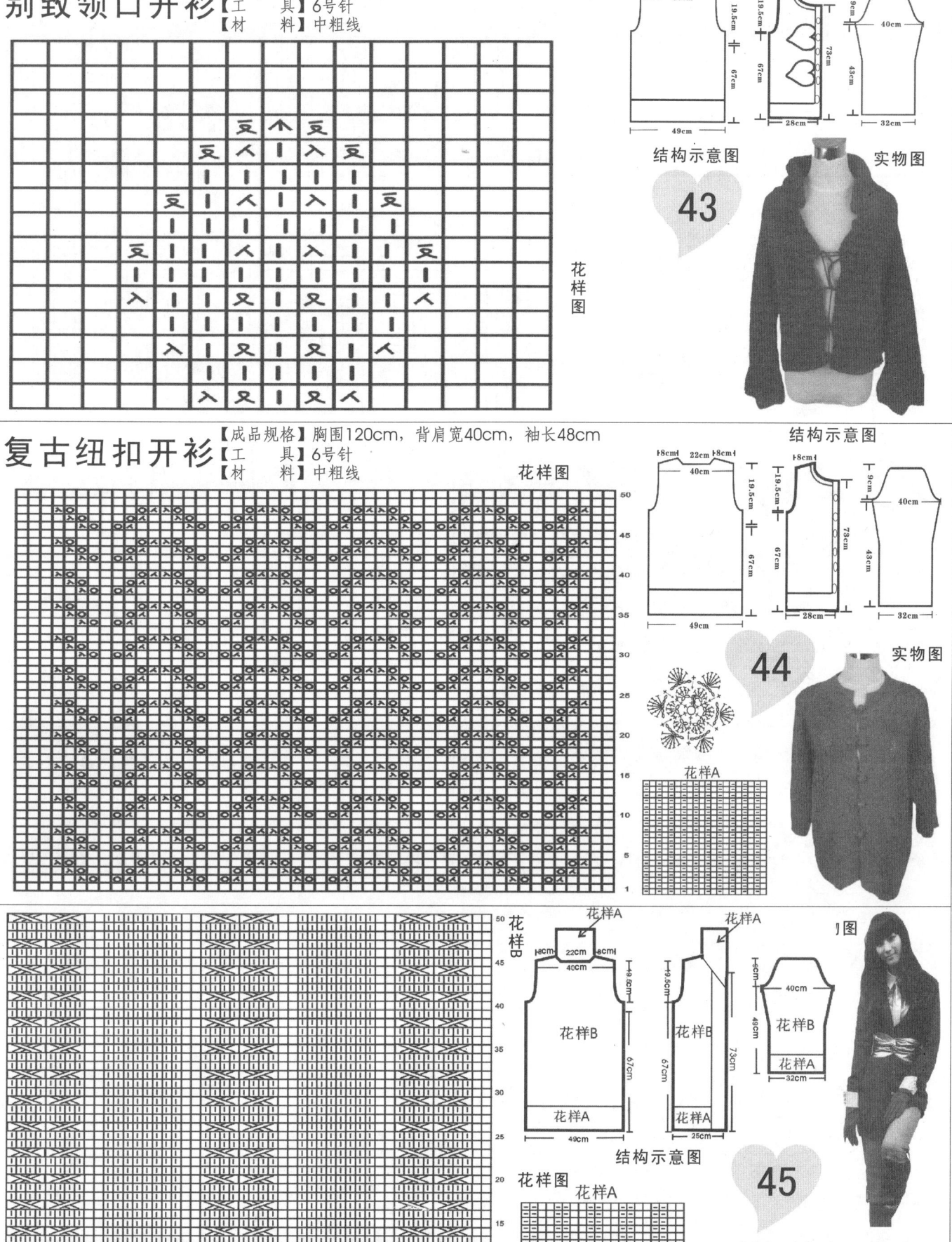

别致领口开衫

【成品规格】胸围120cm，背肩宽40cm，袖长58cm
【工　　具】6号针
【材　　料】中粗线

花样图

结构示意图

实物图

43

复古纽扣开衫

【成品规格】胸围120cm，背肩宽40cm，袖长48cm
【工　　具】6号针
【材　　料】中粗线

花样图

结构示意图

实物图

花样A

44

花样B

花样A

时尚休闲开衫

【成品规格】胸围120cm，背肩宽
　　　　　　40cm，袖长58cm
【工　　具】6号针
【材　　料】中粗线

结构示意图

图

45

花样图　花样A

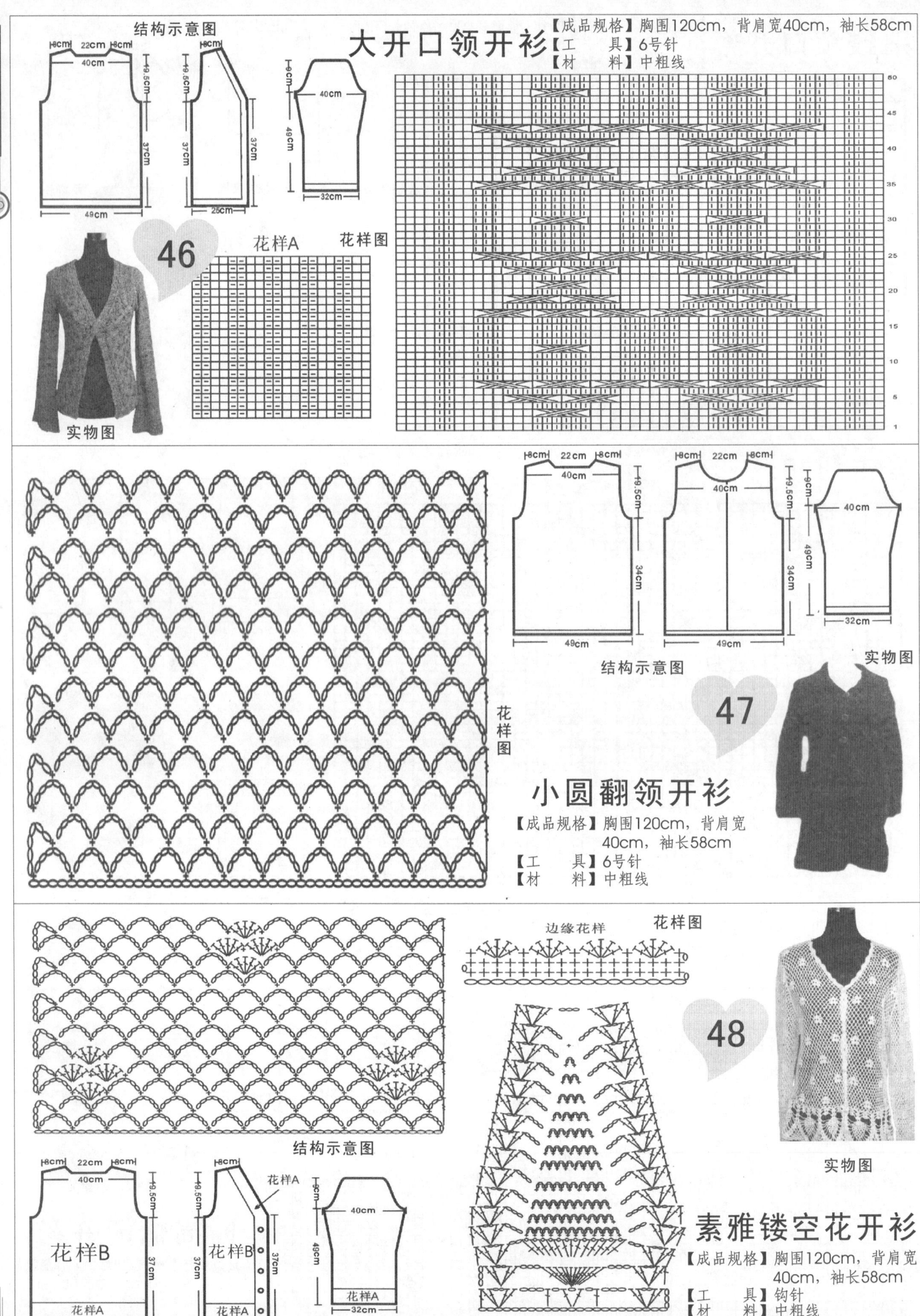

结构示意图

8cm 22cm 8cm
40cm
49.5cm
37cm
37cm
49cm
40cm
40cm
49cm
32cm

大开口领开衫

【成品规格】胸围120cm，背肩宽40cm，袖长58cm
【工　　具】6号针
【材　　料】中粗线

50 45 40 35 30 25 20 15 10 5 1

花样A 　花样图

46

实物图

花样图

结构示意图

8cm 22cm 8cm
40cm
49.5cm
34cm
49cm

8cm 22cm 8cm
40cm
49.5cm
34cm
49cm

9cm
40cm
49cm
32cm

实物图

47

小圆翻领开衫

【成品规格】胸围120cm，背肩宽
40cm，袖长58cm
【工　　具】6号针
【材　　料】中粗线

结构示意图

8cm 22cm 8cm
40cm
49.5cm
花样A
37cm
花样B
花样A
49cm

8cm
49.5cm
37cm
花样B
花样A
25cm

9cm
40cm
49cm
花样A
32cm

花样图
边缘花样

48

实物图

素雅镂空花开衫

【成品规格】胸围120cm，背肩宽
40cm，袖长58cm
【工　　具】钩针
【材　　料】中粗线

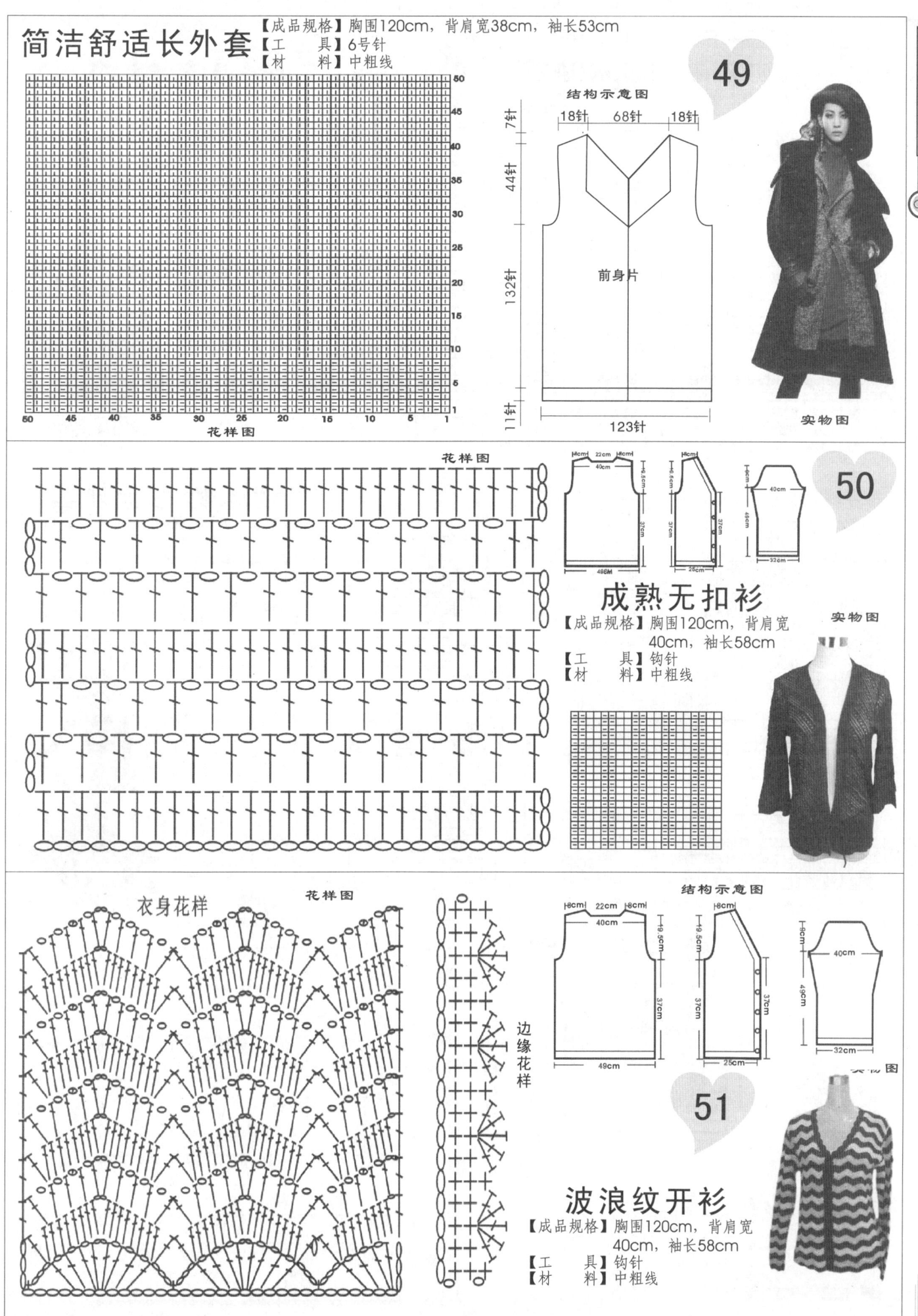

简洁舒适长外套

【成品规格】胸围120cm，背肩宽38cm，袖长53cm
【工　　具】6号针
【材　　料】中粗线

花样图

结构示意图

49

18针　68针　18针

7针
44针
132针
11针

前身片

123针

实物图

花样图

50

成熟无扣衫

【成品规格】胸围120cm，背肩宽
40cm，袖长58cm
【工　　具】钩针
【材　　料】中粗线

实物图

衣身花样

花样图

边缘花样

51

波浪纹开衫

【成品规格】胸围120cm，背肩宽
40cm，袖长58cm
【工　　具】钩针
【材　　料】中粗线

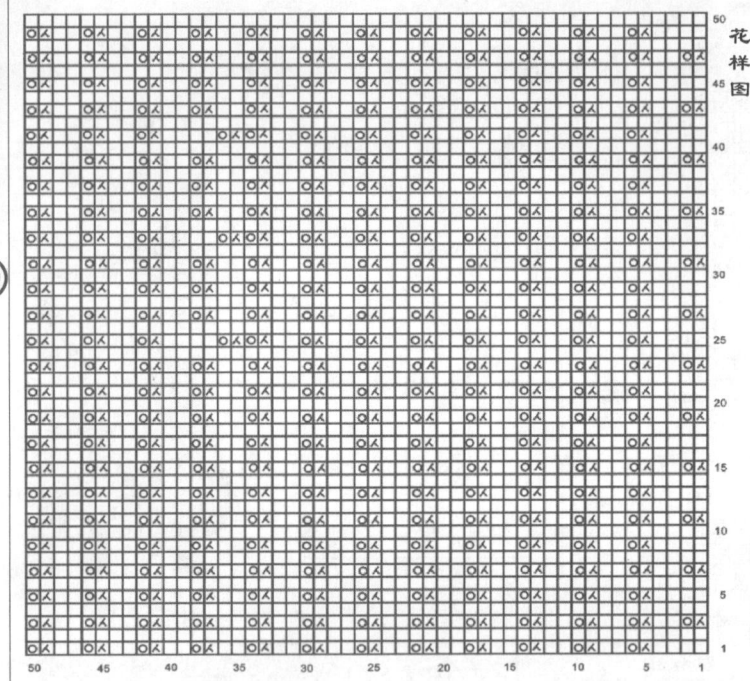

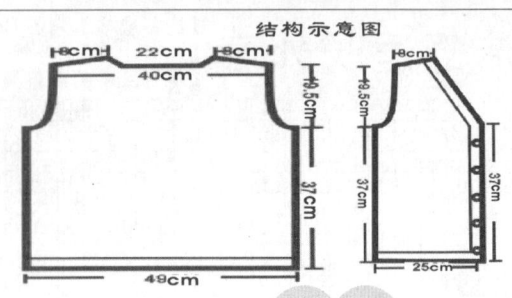

结构示意图

实物图

52

边缘花样

花样图

淑女开衫

【成品规格】胸围120cm，背肩宽
40cm，袖长53cm
【工　具】钩针
【材　料】中粗线

迷人粉色长外套

【成品规格】胸围120cm，背肩宽38cm，
袖长58cm
【工　具】6号针
【材　料】中粗线

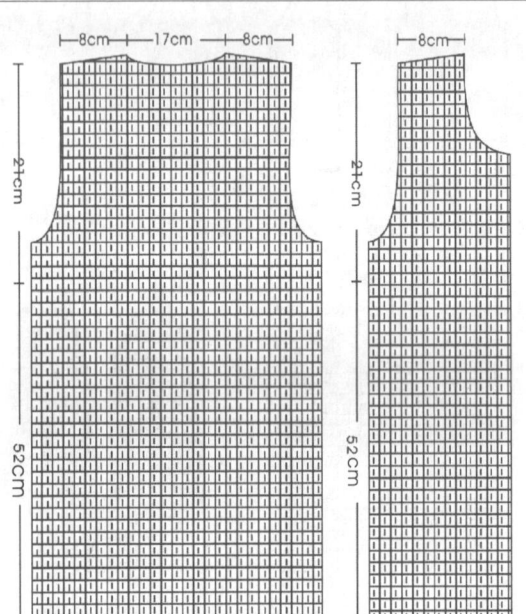

花样图

结构示意图

实物图

53

前身片

54

实物图

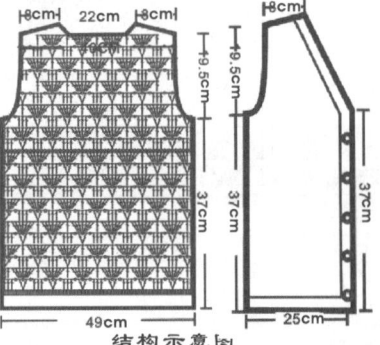

结构示意图

花样图

边缘花样

简洁可爱开衫

【成品规格】胸围120cm，背肩宽
40cm，袖长53cm
【工　具】钩针
【材　料】中粗线

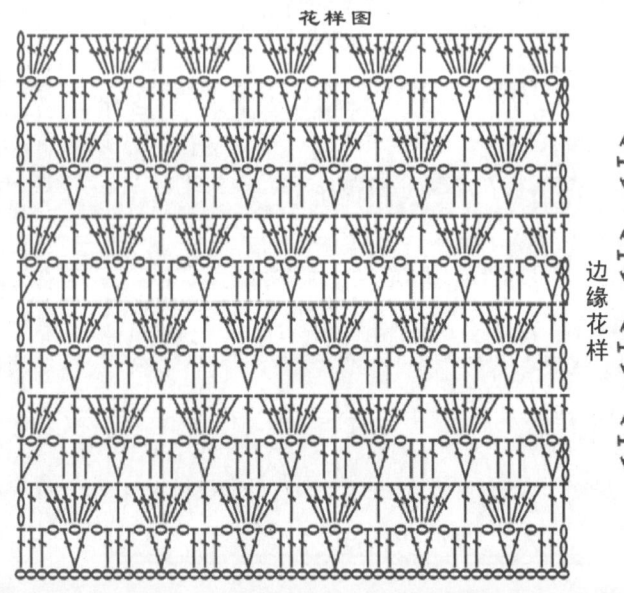

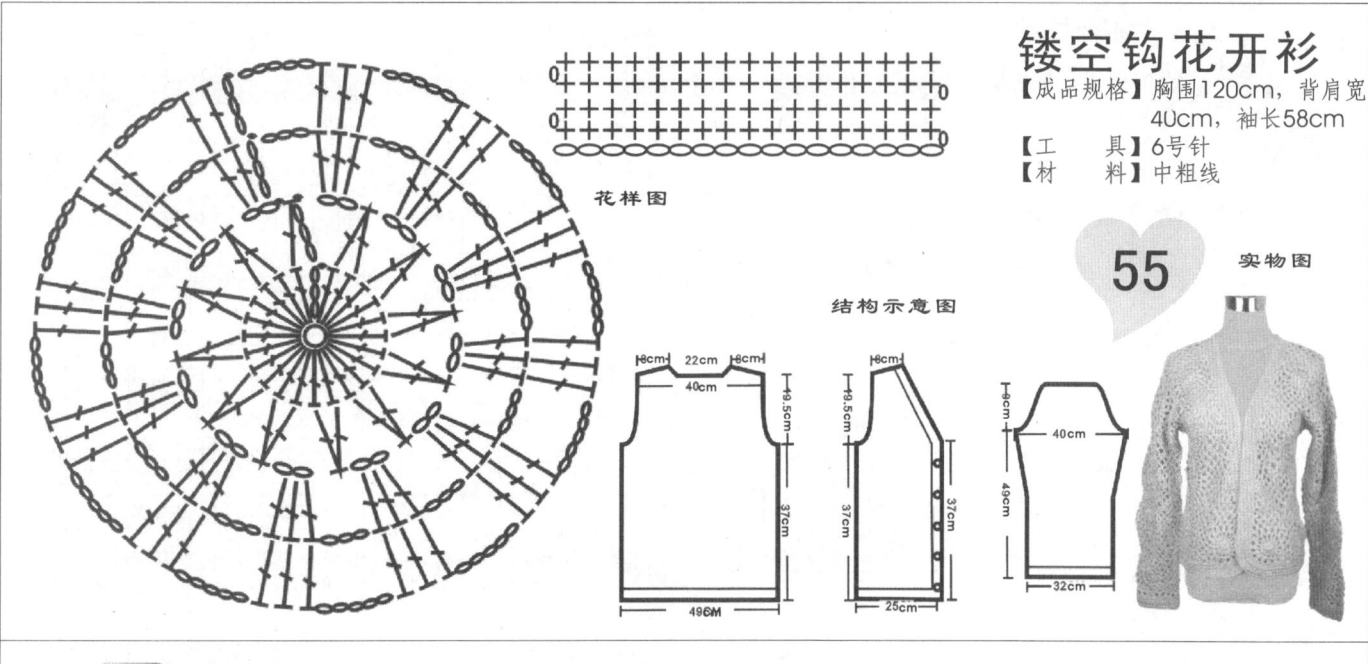

镂空钩花开衫

【成品规格】胸围120cm，背肩宽
　　　　　40cm，袖长58cm
【工　　具】6号针
【材　　料】中粗线

55

实物图

花样图

结构示意图

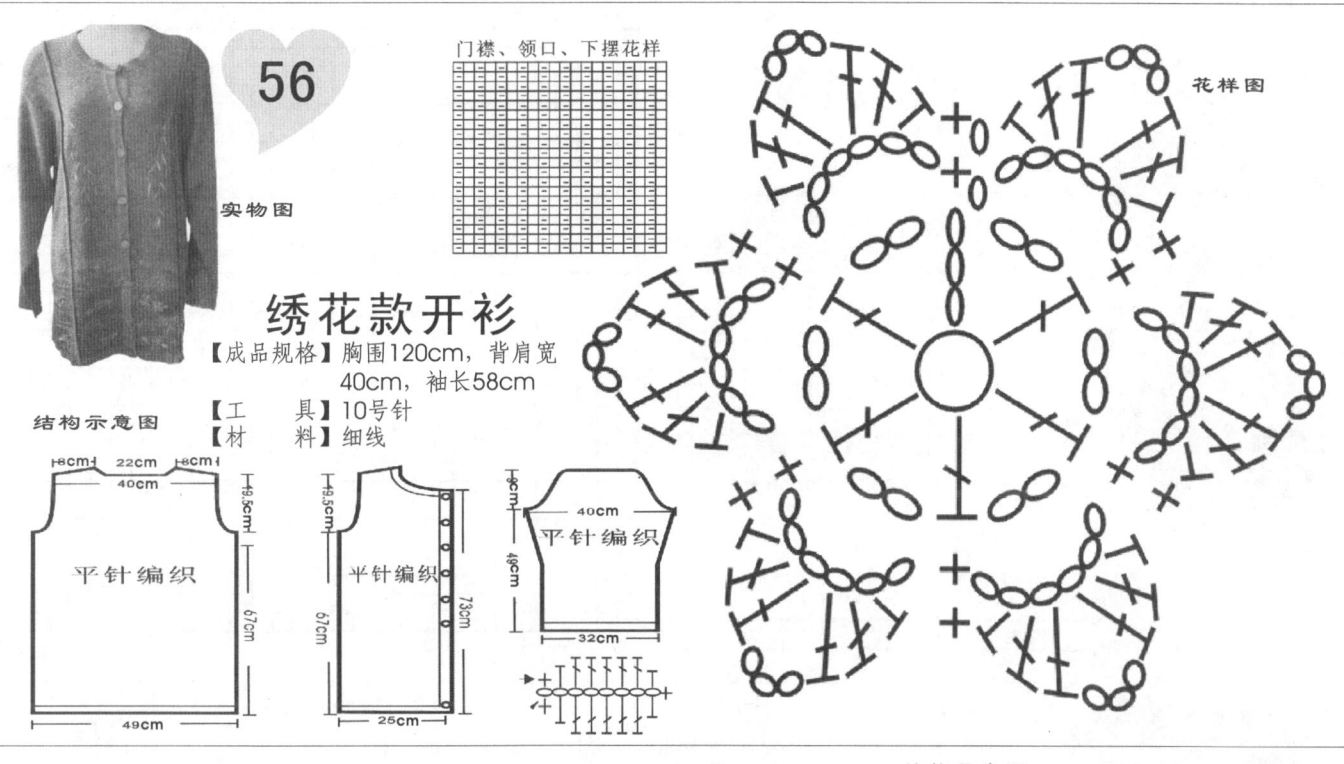

56

实物图

绣花款开衫

【成品规格】胸围120cm，背肩宽
　　　　　40cm，袖长58cm
【工　　具】10号针
【材　　料】细线

门襟、领口、下摆花样

花样图

结构示意图

平针编织

平针编织

平针编织

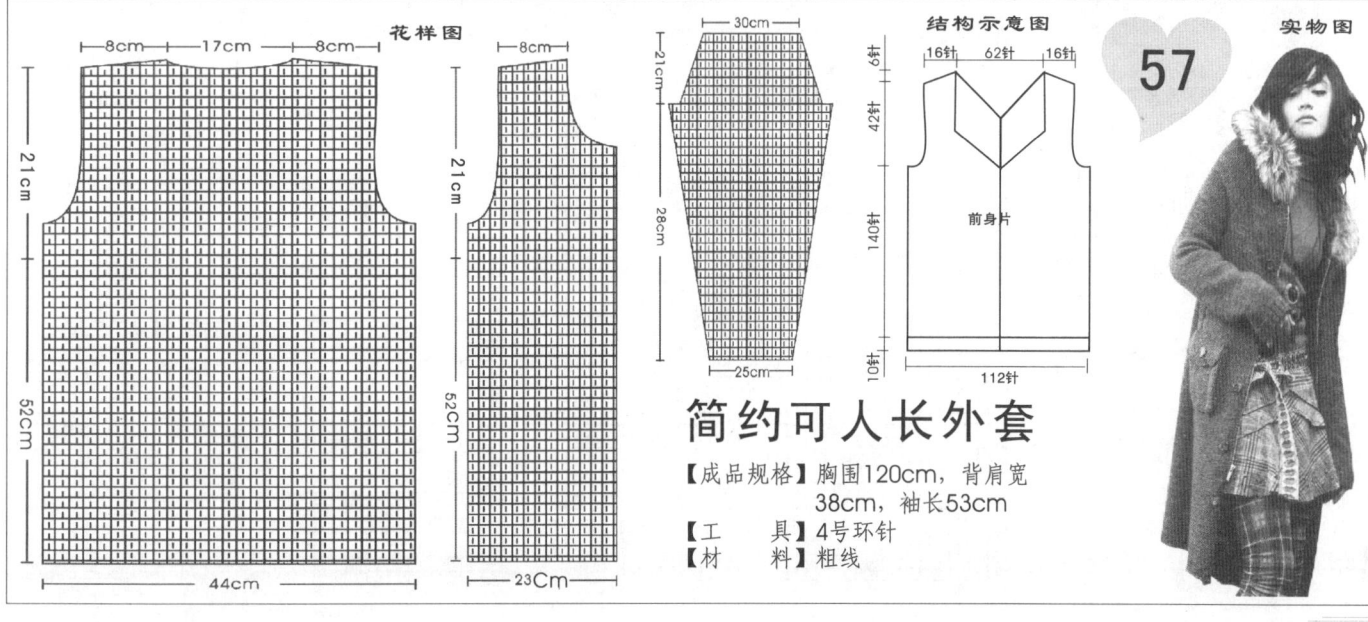

花样图

结构示意图

实物图

57

简约可人长外套

【成品规格】胸围120cm，背肩宽
　　　　　38cm，袖长53cm
【工　　具】4号环针
【材　　料】粗线

前身片

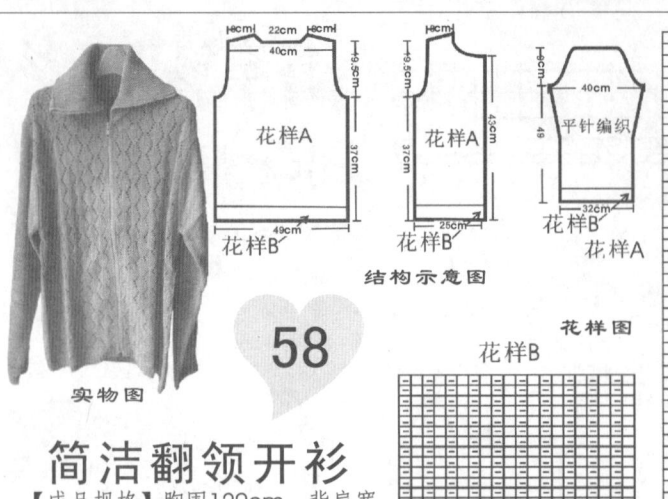

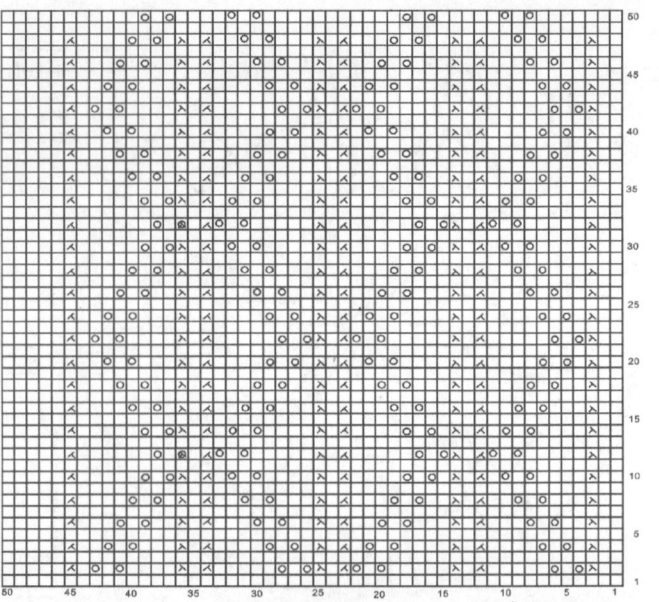

花样图
花样B

58

简洁翻领开衫

【成品规格】胸围120cm，背肩宽
40cm，袖长58cm
【工　　具】10号针
【材　　料】中细线

实物图

实物图

59

大袖口外套

【成品规格】胸围120cm，背肩宽
40cm，袖长30cm
【工　　具】6号针
【材　　料】中粗线

花样图
花样B

花样A

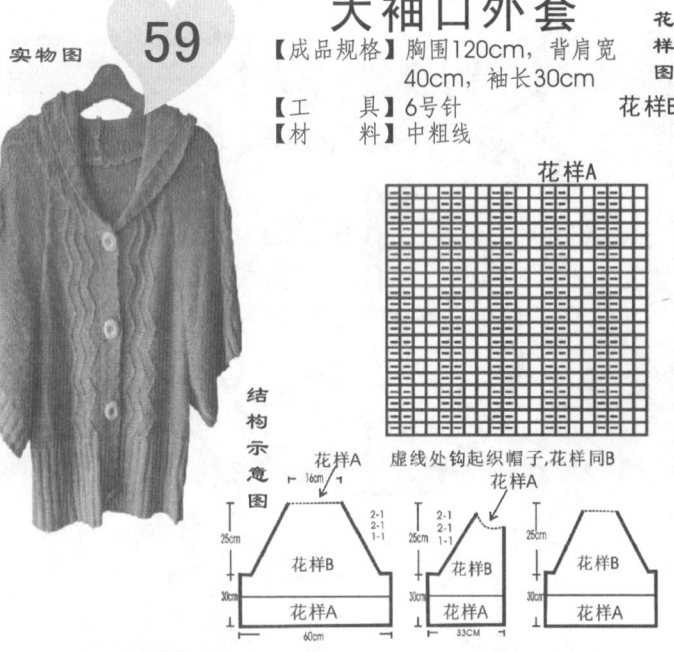

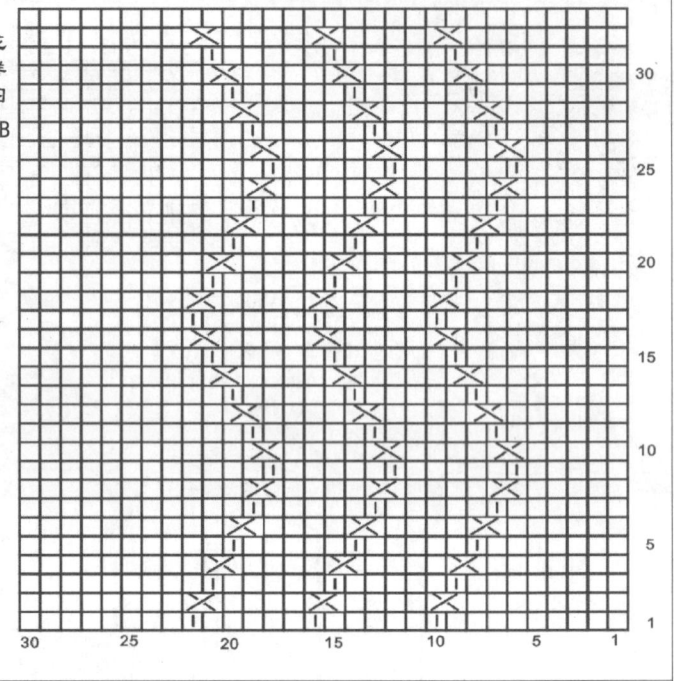

虚线处钩起织帽子,花样同B

实物图

花样图　　花样C

结构示意图

60

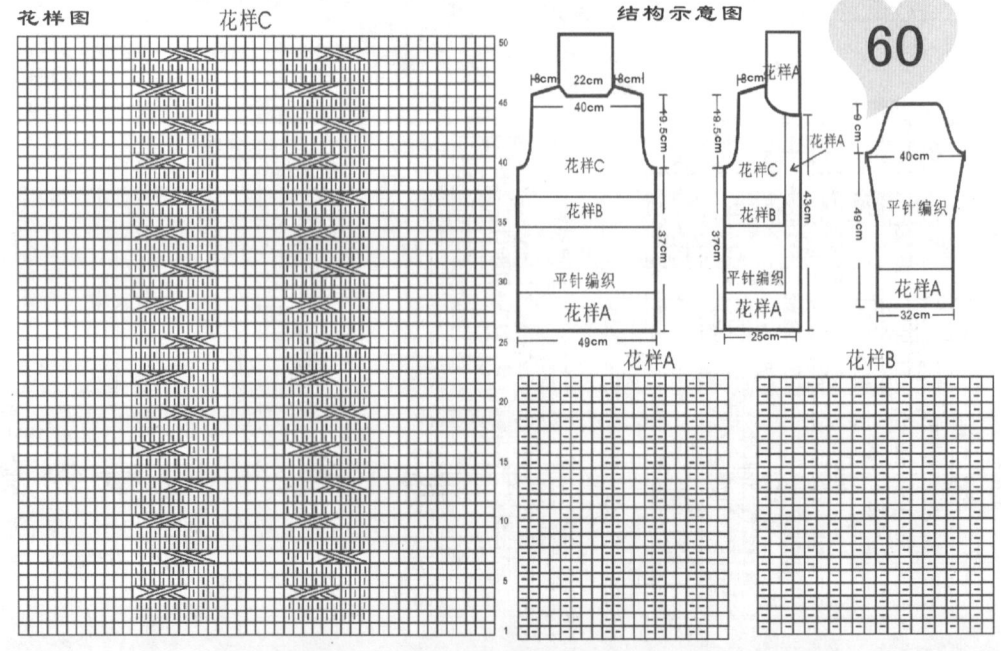

花样A　　　花样B

素雅带帽外套

【成品规格】胸围120cm，背肩宽
40cm，袖长58cm
【工　　具】6号针
【材　　料】中粗线

流行韩式毛衣汇编1888

特色时尚长外套

【成品规格】胸围120cm，背肩宽38cm，袖长53cm
【工　　具】4号针
【材　　料】中粗线

61

花样图

40　35　30　25　20　15　10　5　1

结构示意图

18针　68针　18针

7针

46针

154针

前身片

11针

123针

实物图

扭花带帽外套

【成品规格】胸围120cm，背肩宽40cm，袖长58cm
【工　　具】6号针
【材　　料】中粗线

62

实物图

花样A

花样B

结构示意图

8cm　22cm　8cm
40cm
19.5

花样B

花样A

49cm

8.5cm
40cm
43cm

花样B

花样A

25cm

40cm
49cm

花样B

花样A

32cm

37cm

花样图

泡泡花纹外套

【成品规格】胸围120cm，背肩宽40cm，袖长58cm
【工　　具】6号环针
【材　　料】3股兔毛1400g

63

实物图

结构示意图

8cm　22cm　8cm
40cm
19.5cm

49cm
37cm

8cm
19.5cm
25cm
37cm
43cm

9cm
40cm
32cm
49cm

花样图

花样图

30CM

领口

2-1-5 平收20针 2-1-5

平收5针 平收5针

结构示意图

16针 62针 16针

6针

42针

140针

前身片

10针

112针

韩式宽领宽袖

【成品规格】 胸围120cm，背肩宽
38cm，袖长38cm

【工　　具】 4号环针

【材　　料】 粗线

64

实物图

实物图

65

结构示意图

21针 81针 21针

8针

55针

前身片

182针

13针

146针

花样图

高领外套

【成品规格】 胸围120cm，背肩宽
38cm，袖长53cm

【工　　具】 10号针

【材　　料】 细线

花样图

66

结构示意图

18针 68针 18针

7针

44针

前身片

132针

11针

123针

实物图

蝴蝶结口袋衫

【成品规格】 胸围120cm，背肩宽
40cm，袖长53cm

【工　　具】 6号针

【材　　料】 中粗线

花样图　　　　　　　　　　花样A

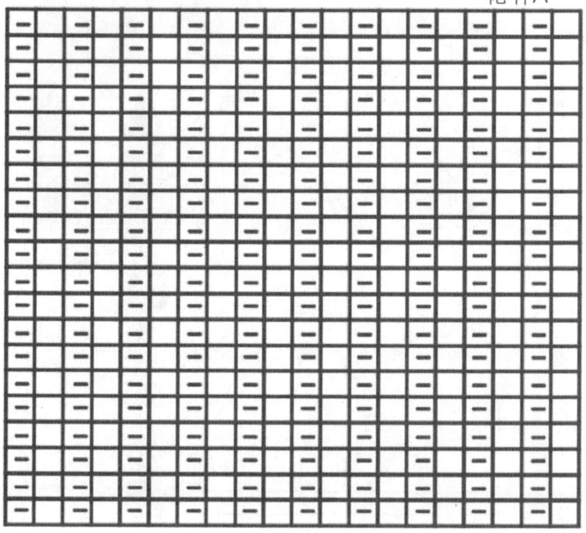

门襟及下摆花样

67

实物图

随意圆领外套

【成品规格】胸围120cm，背肩宽
　　　　　40cm，袖长58cm
【工　　具】10号针
【材　　料】细线

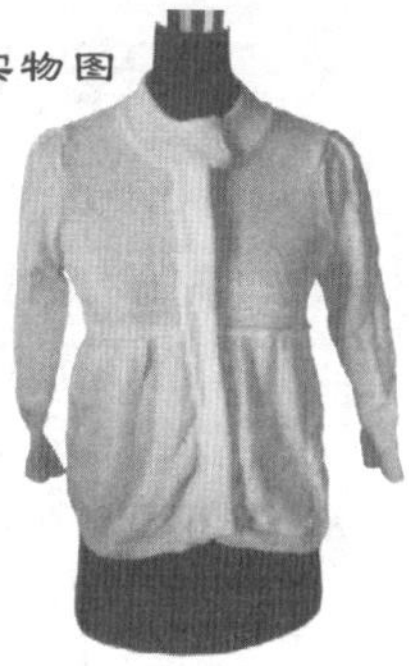

结构示意图

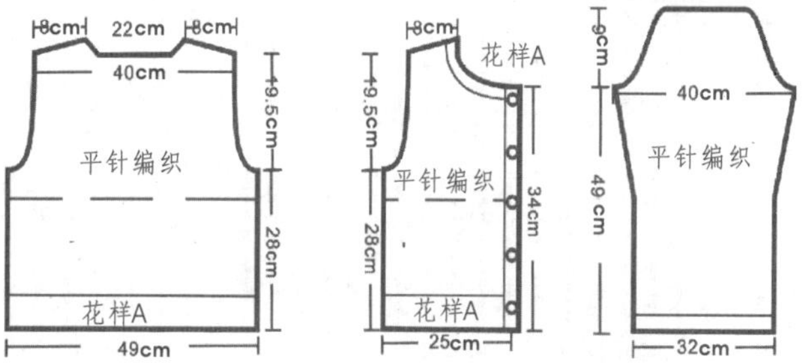

8cm　22cm　8cm
40cm
19.5cm
28cm
平针编织
花样A
49cm

8cm　花样A
19.5cm
28cm
34cm
平针编织
花样A
25cm

9cm
40cm
49cm
平针编织
32cm

实物图

花样图　　　花样A

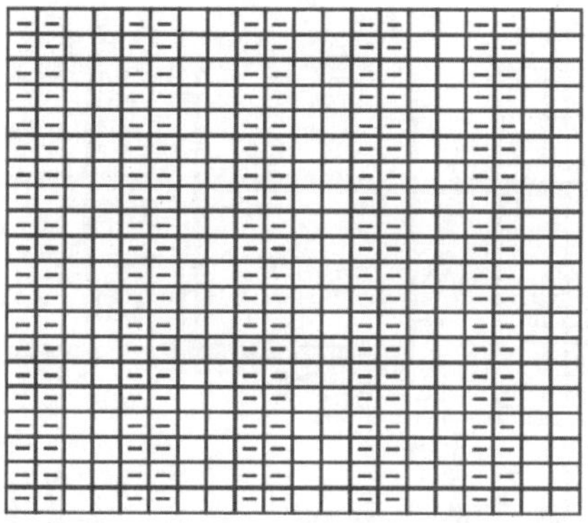

简洁高领外套　**68**

【成品规格】胸围120cm，背肩宽
　　　　　40cm，袖长58cm
【工　　具】10号针
【材　　料】中细线

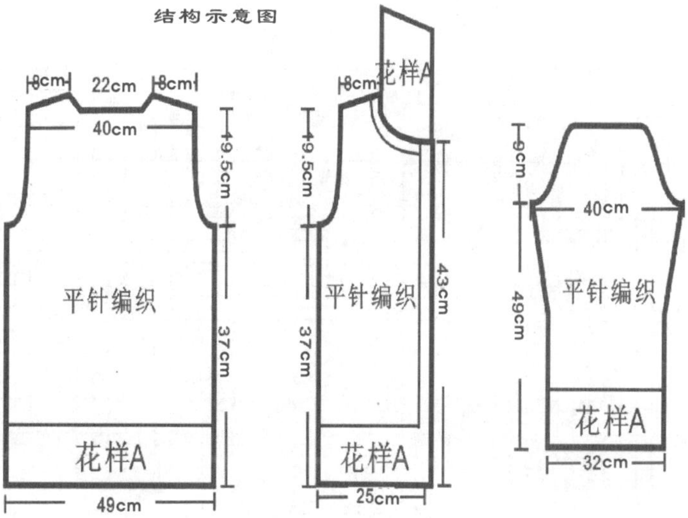

结构示意图

8cm　22cm　8cm
40cm
19.5cm
37cm
平针编织
花样A
49cm

8cm　花样A
19.5cm
37cm
43cm
平针编织
花样A
25cm

9cm
40cm
49cm
平针编织
花样A
32cm

结构示意图

8cm　22cm　8cm
40cm
19.5cm
67cm
平针编织
49cm

8cm　花样A
19.5cm
67cm
73cm
平针编织
25cm

小高领外套　**69**

【成品规格】胸围120cm，背肩宽
　　　　　40cm，袖长58cm
【工　　具】10号针
【材　　料】中细线

9cm
40cm
49cm
平针编织
32cm

花样图

实物图

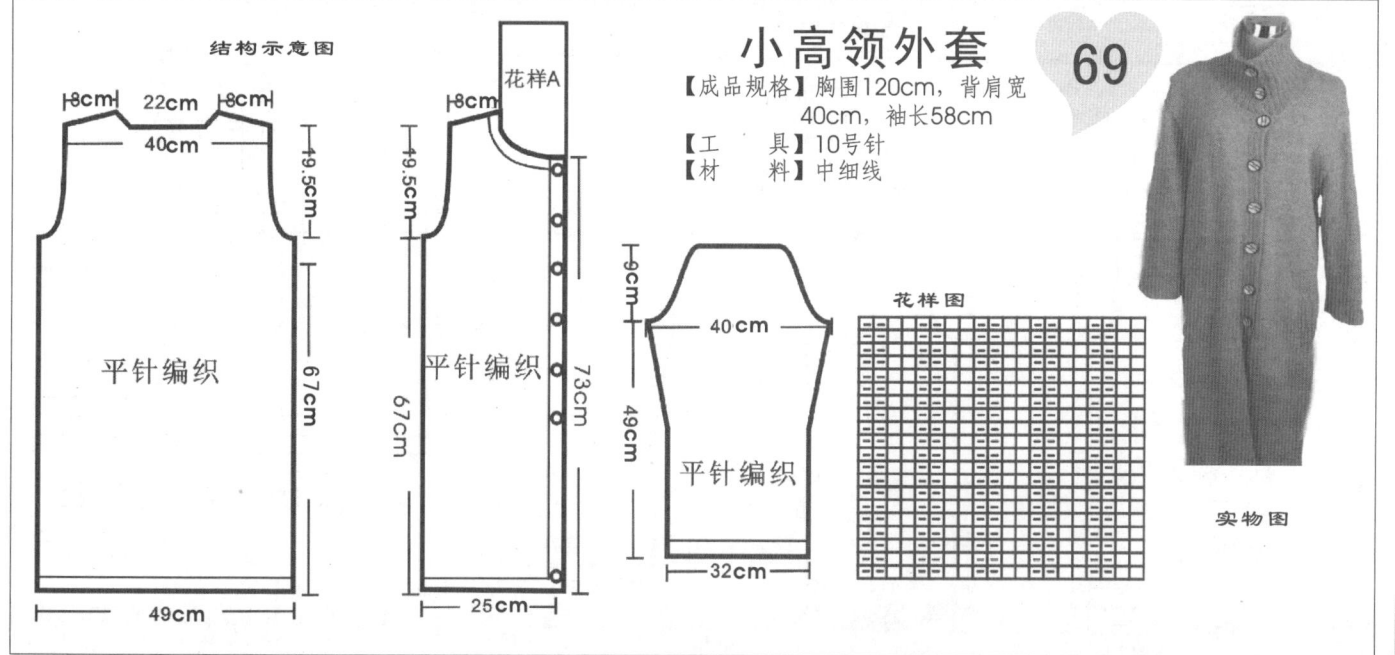

不等式简约外套

【成品规格】胸围120cm，背肩宽38cm，袖长53cm
【工　　具】4号针
【材　　料】粗线

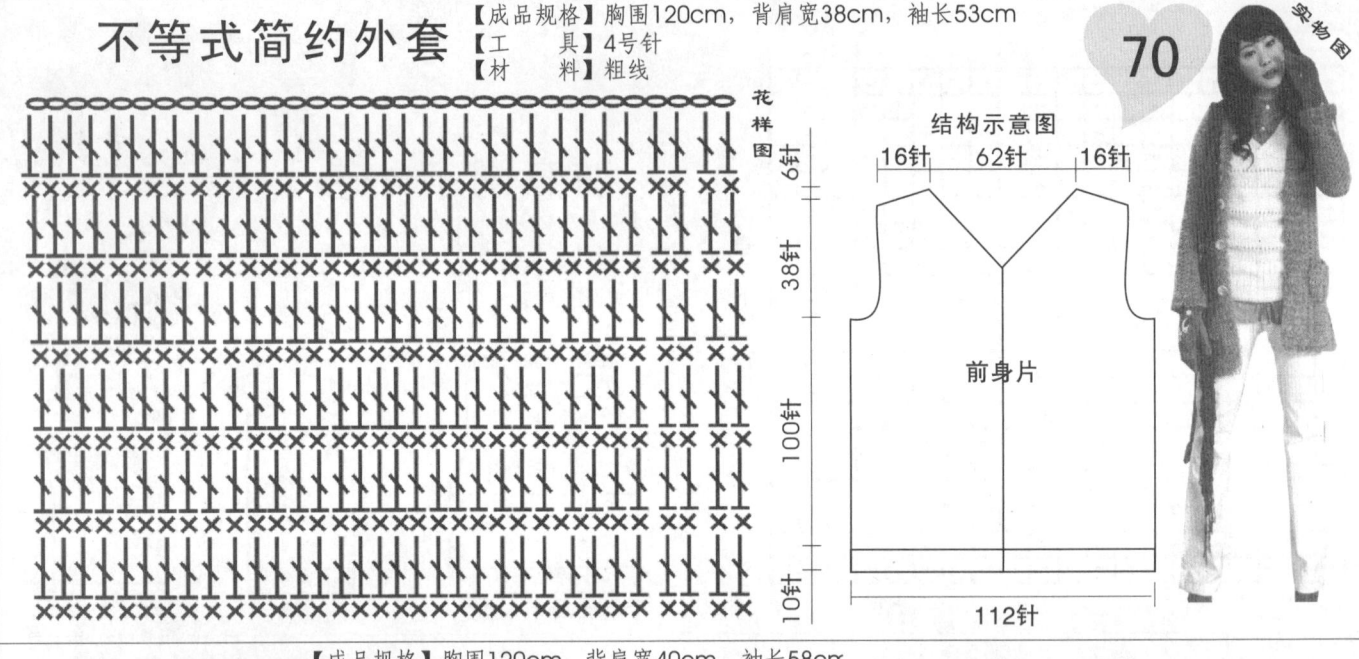

花样图

6针

38针

100针

10针

结构示意图

16针　62针　16针

前身片

112针

70

实物图

绘画图案开衫

【成品规格】胸围120cm，背肩宽40cm，袖长58cm
【工　　具】10号针
【材　　料】中细线

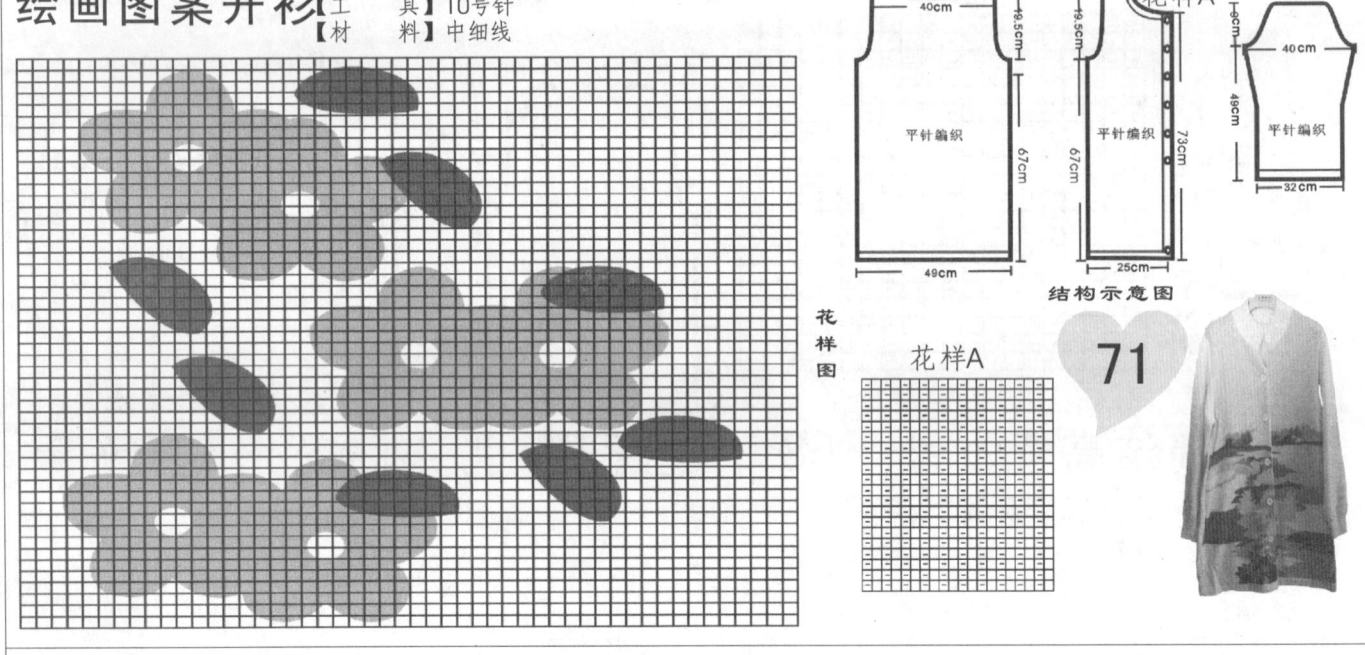

花样图

8cm 22cm 8cm
40cm
19.5cm

平针编织

67cm

49cm

8cm 22cm 8cm
40cm
19.5cm

花样A

平针编织

73cm

67cm

25cm

8cm
40cm

49cm

平针编织

32cm

结构示意图

花样A

71

流苏领口外套

72

实物图

结构示意图

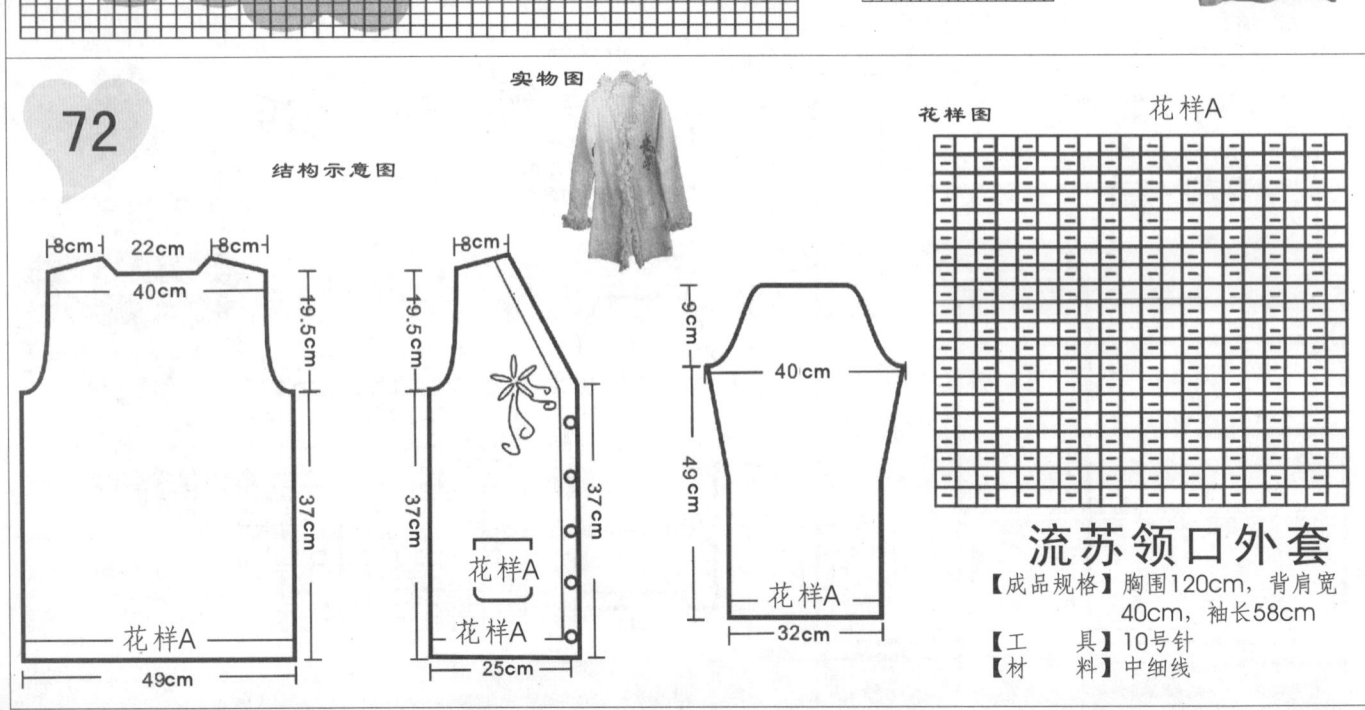

8cm 22cm 8cm
40cm

19.5cm

37cm

花样A

49cm

19.5cm

37cm

花样A

花样A

25cm

9cm

40cm

49cm

花样A

32cm

花样图　　　　花样A

流苏领口外套

【成品规格】胸围120cm，背肩宽40cm，袖长58cm
【工　　具】10号针
【材　　料】中细线

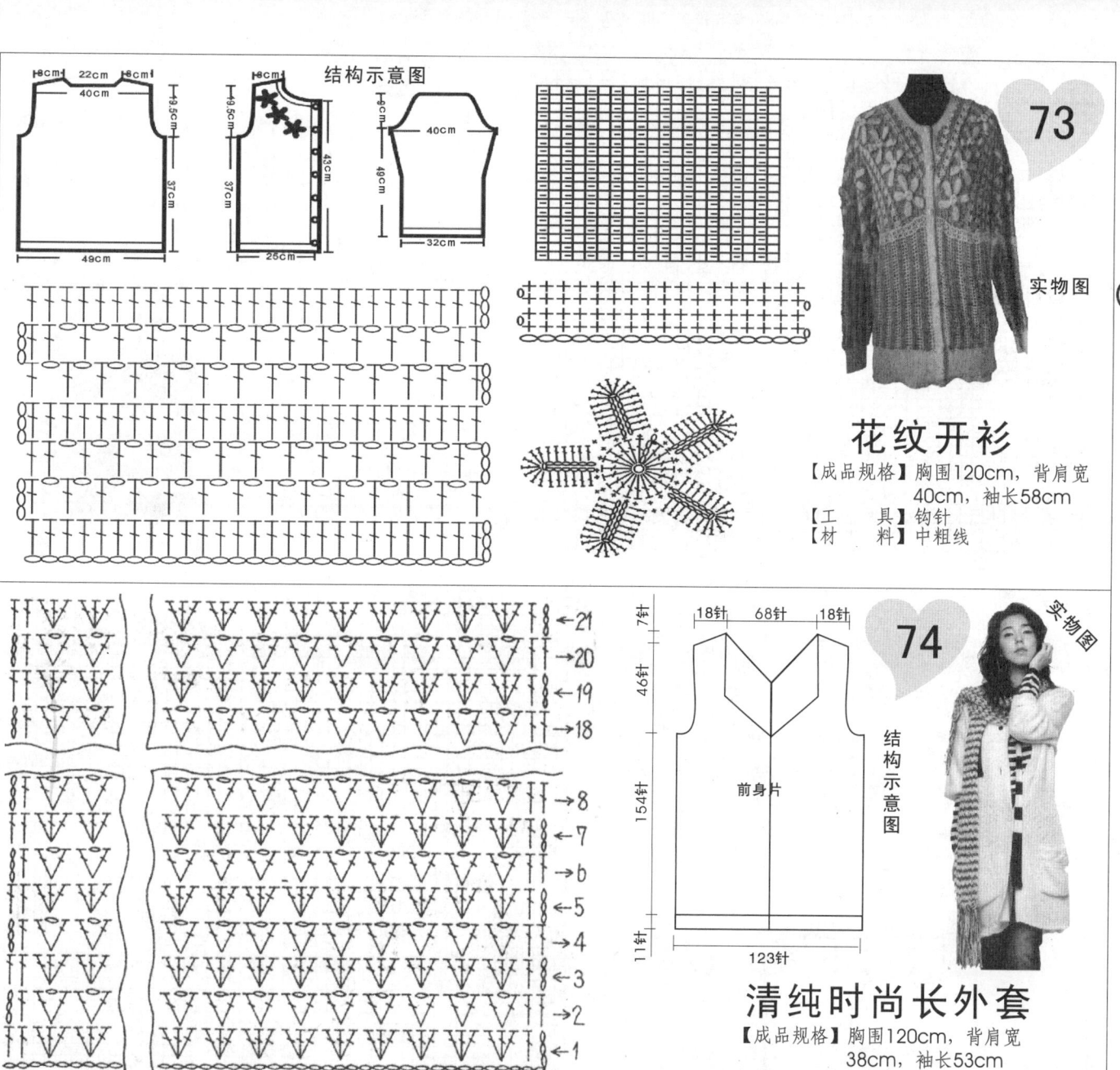

结构示意图

实物图

花纹开衫

【成品规格】 胸围120cm，背肩宽
40cm，袖长58cm
【工　　具】 钩针
【材　　料】 中粗线

实物图

花样图

3针1花样

18针　68针　18针

前身片

结构示意图

123针

清纯时尚长外套

【成品规格】 胸围120cm，背肩宽
38cm，袖长53cm
【工　　具】 6号针
【材　　料】 中粗线

小高领外套

实物图

【成品规格】 胸围120cm，背肩宽
40cm，袖长58cm
【工　　具】 10号针
【材　　料】 中细线

结构示意图

平针编织

平针编织

平针编织

花样A

花样A

花样A

49cm　25cm　32cm

花样图

花样A

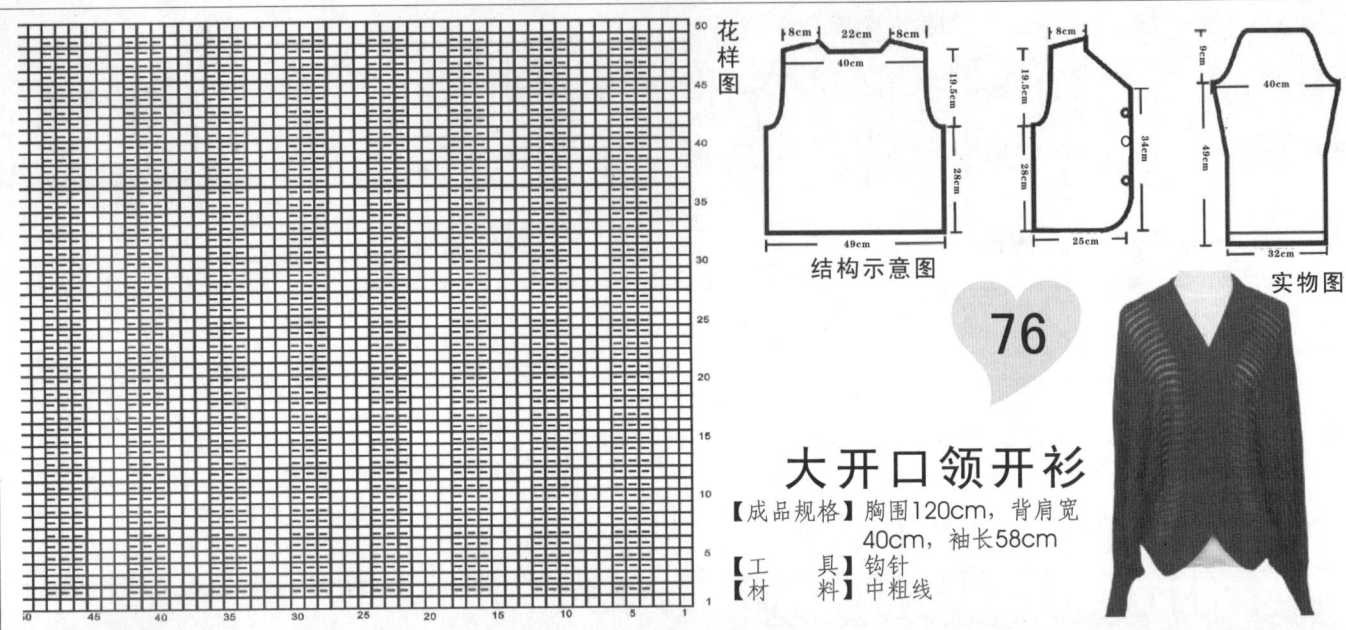

花样图

结构示意图

实物图

76

大开口领开衫

【成品规格】胸围120cm，背肩宽40cm，袖长58cm
【工　　具】钩针
【材　　料】中粗线

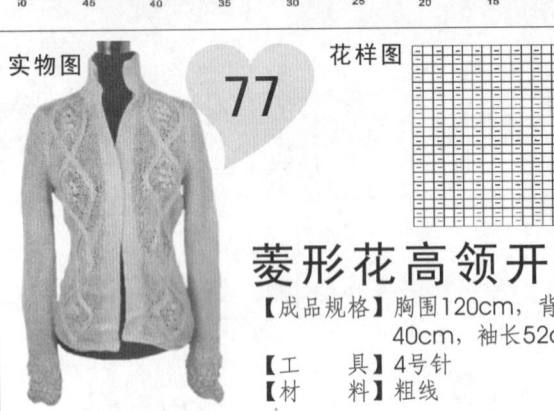

实物图

花样图

77

菱形花高领开衫

【成品规格】胸围120cm，背肩宽40cm，袖长52cm
【工　　具】4号针
【材　　料】粗线

结构示意图

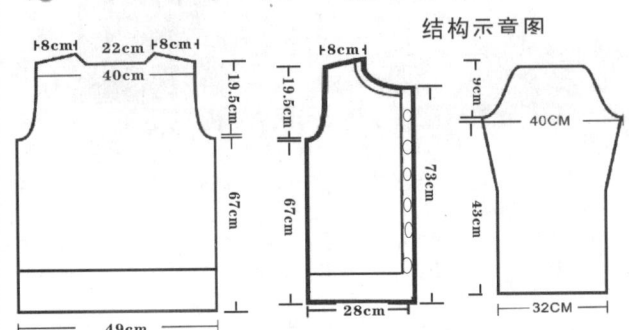

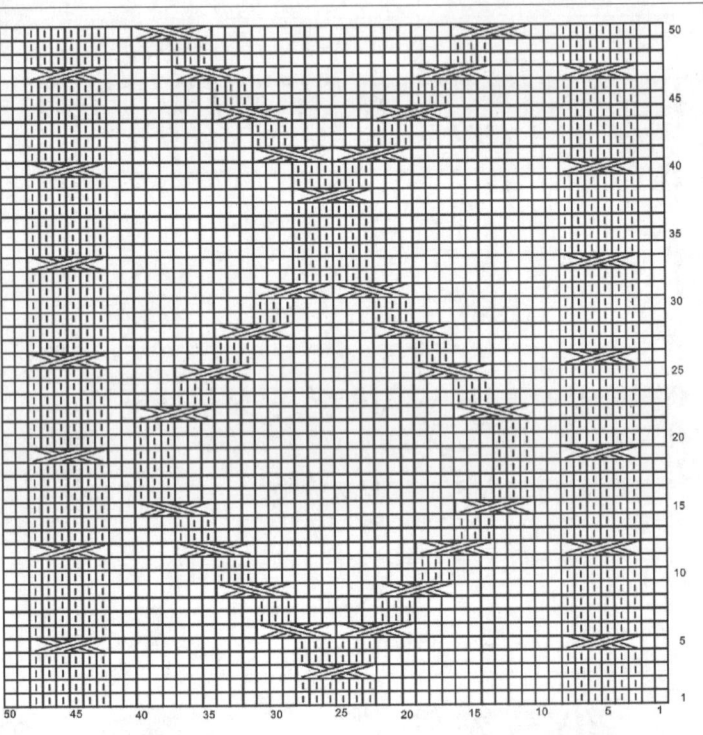

18针　68针　18针

78

前身片

结构示意图

123针

实物图

个性奔放型外套

【成品规格】胸围120cm，背肩宽38cm，袖长53cm
【工　　具】6号针
【材　　料】中粗线

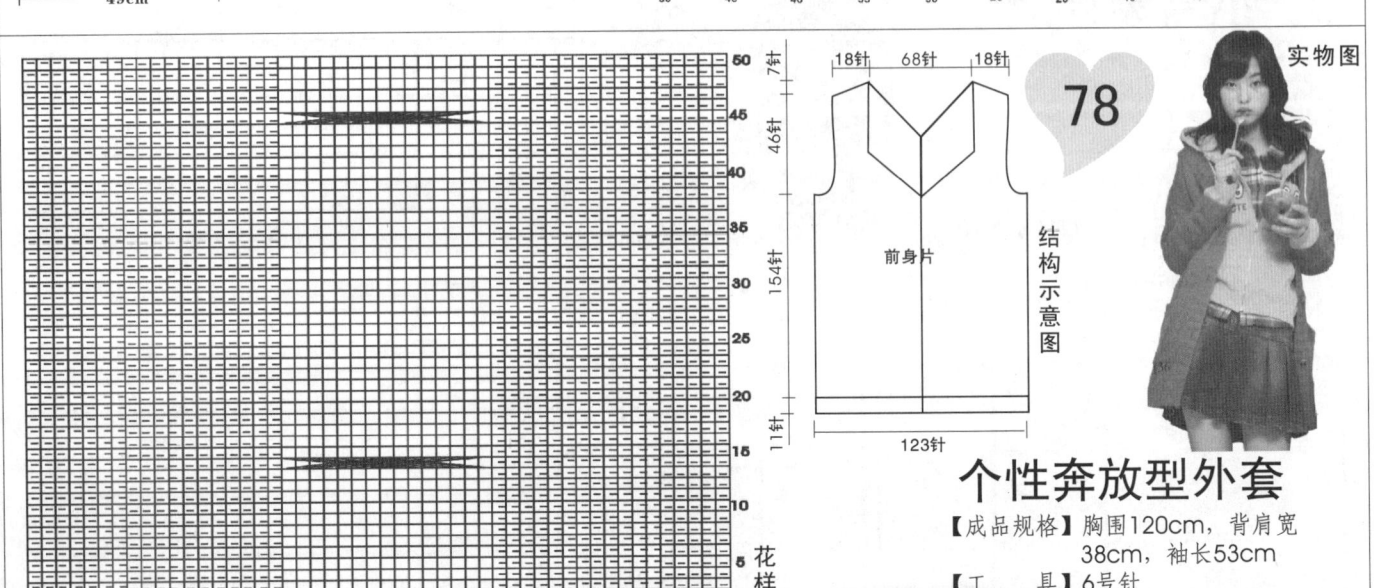

花样图

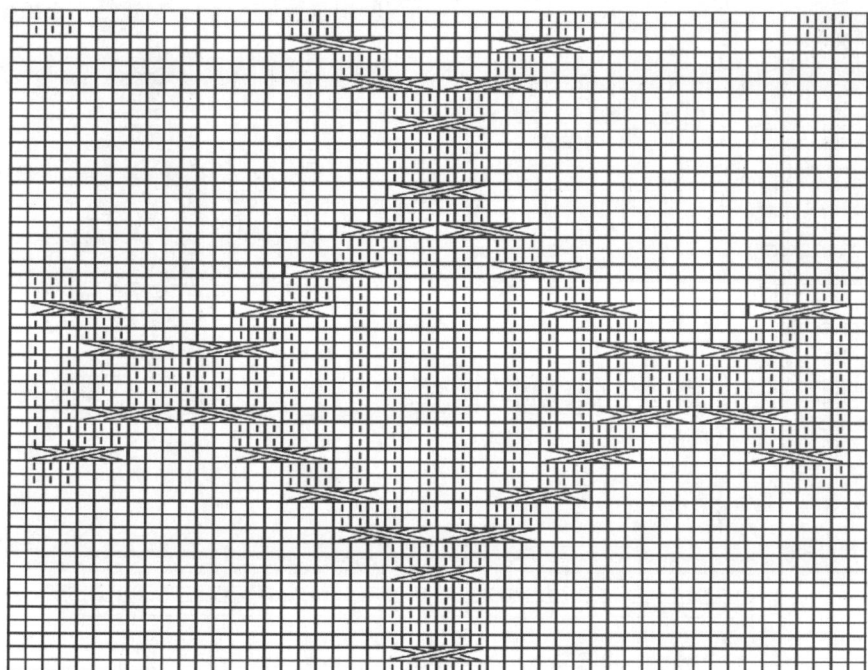

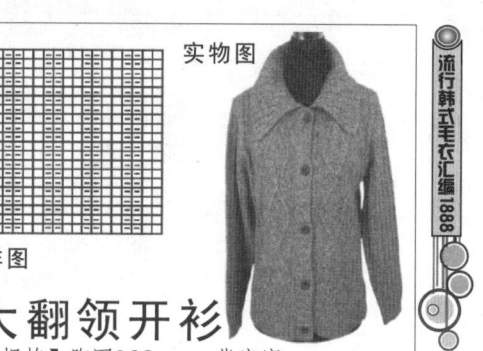

花样图

实物图

大翻领开衫

【成品规格】胸围120cm，背肩宽40cm，袖长58cm
【工　　具】6号针
【材　　料】中粗线

79

结构示意图

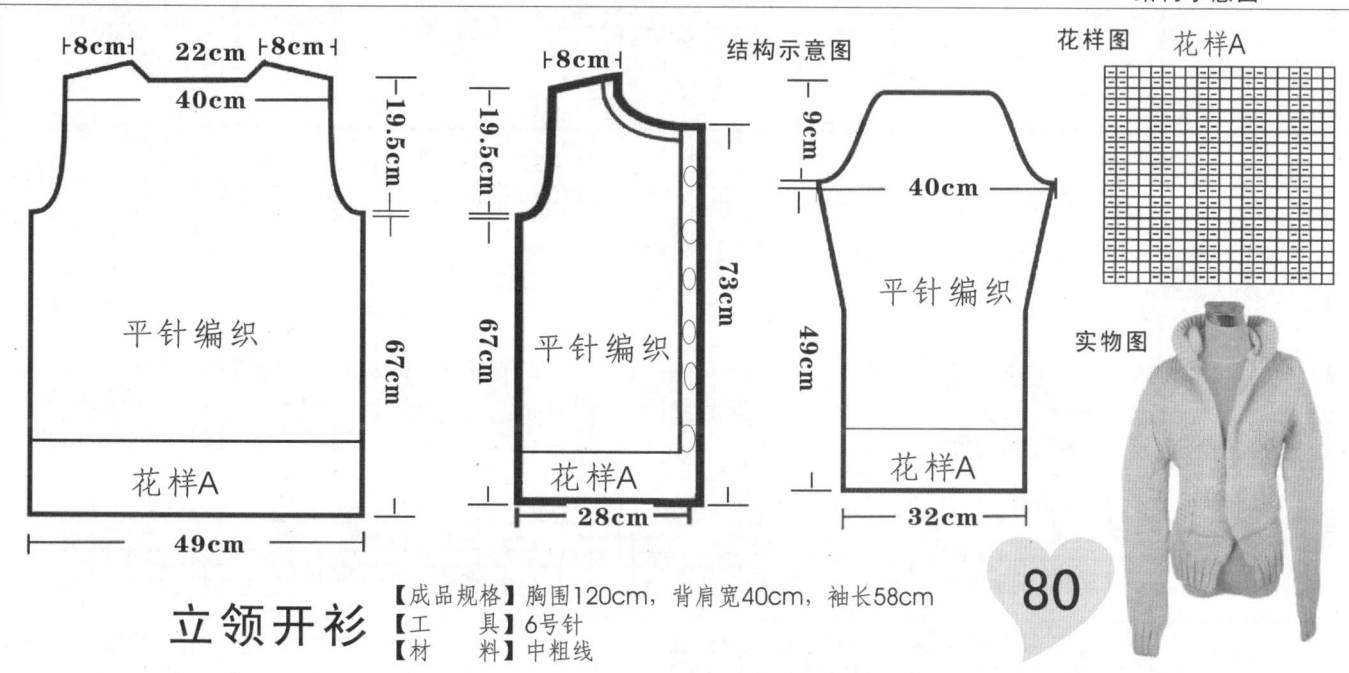

结构示意图

花样图　花样A

实物图

平针编织

花样A

49cm

28cm

32cm

立领开衫

【成品规格】胸围120cm，背肩宽40cm，袖长58cm
【工　　具】6号针
【材　　料】中粗线

80

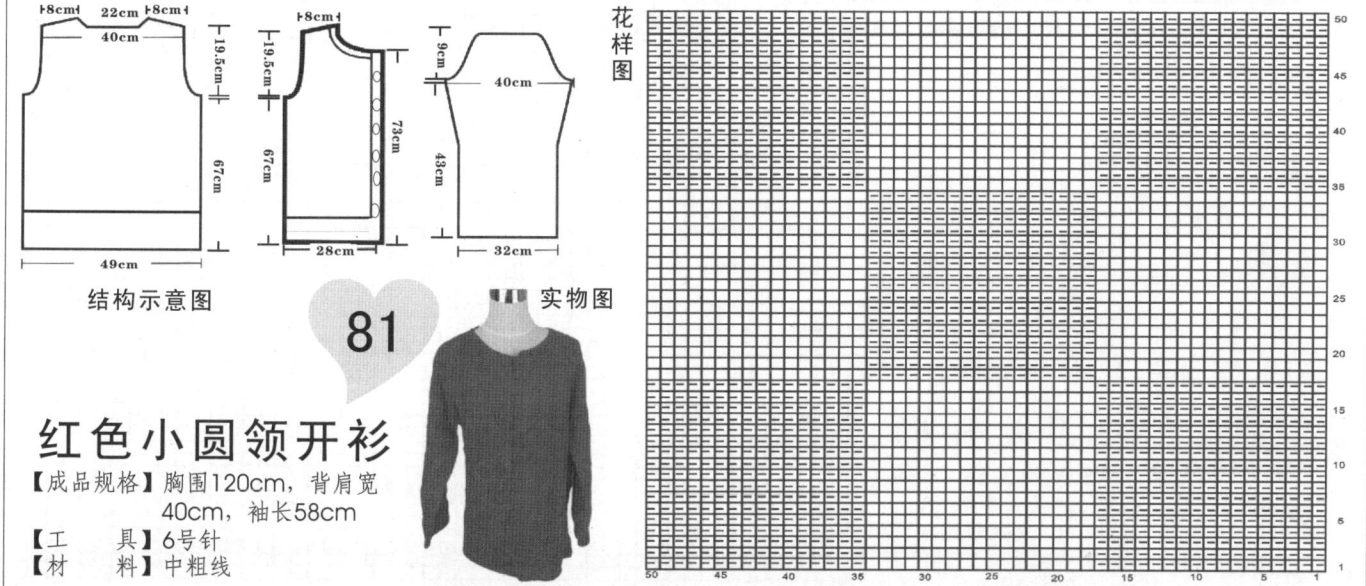

结构示意图

实物图

花样图

81

红色小圆领开衫

【成品规格】胸围120cm，背肩宽40cm，袖长58cm
【工　　具】6号针
【材　　料】中粗线

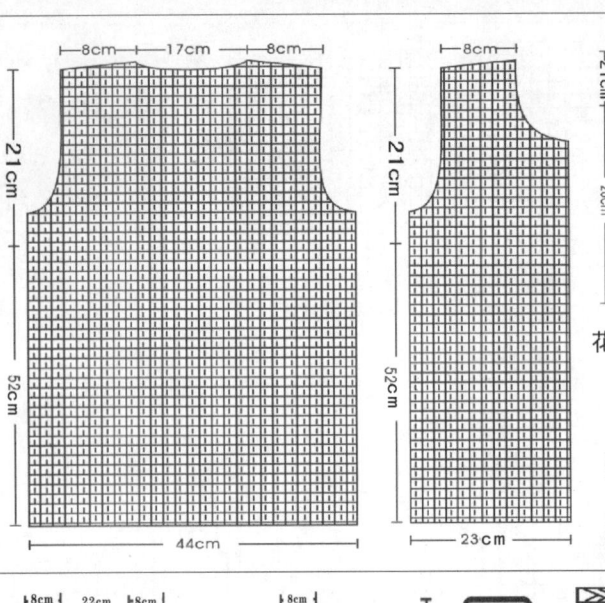

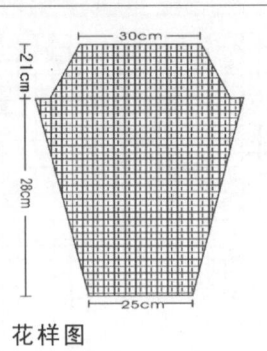

花样图

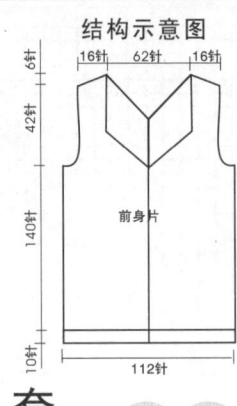

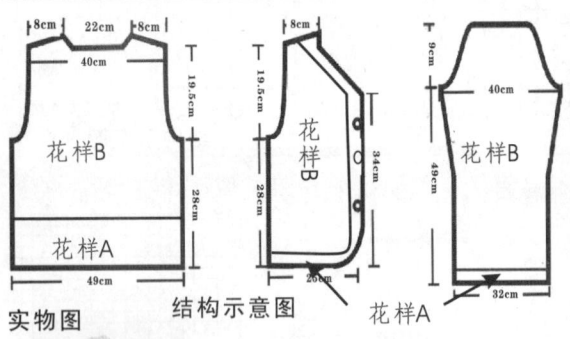

雅致休闲外套

【成品规格】胸围120cm，背肩宽
38cm，袖长53cm
【工　　具】4号针
【材　　料】粗线

82

结构示意图

实物图

前身片

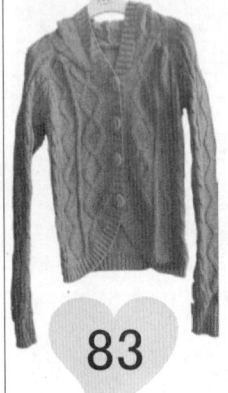

实物图

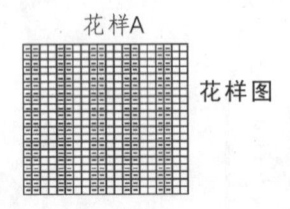

花样A

花样图

花样B

菱形花开衫

【成品规格】胸围120cm，背肩宽
40cm，袖长58cm
【工　　具】6号针
【材　　料】中粗线

83

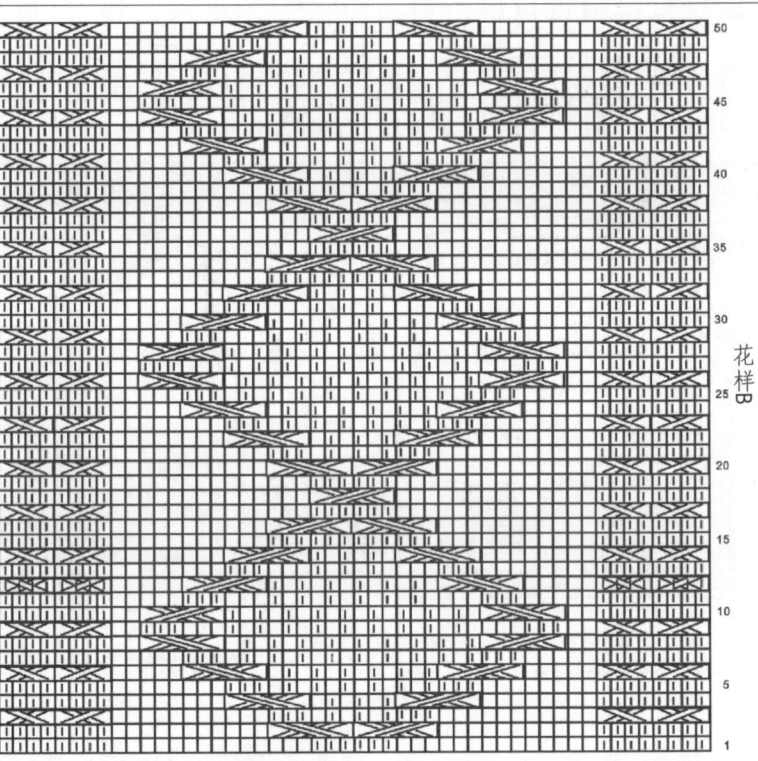

花样B

结构示意图

平针编织

花样A

花样B

花样A

花样A

花样图

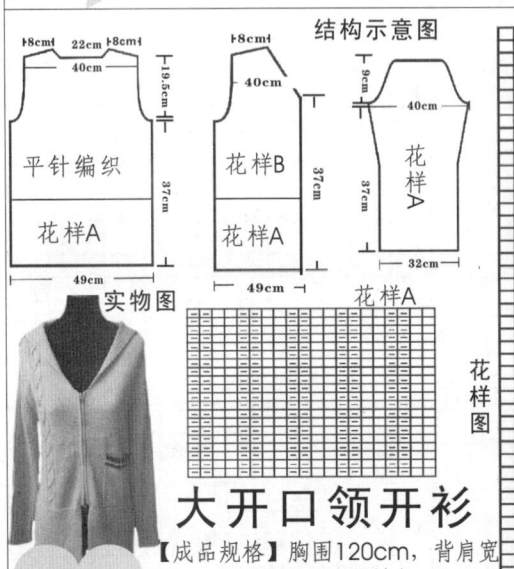

实物图

大开口领开衫

【成品规格】胸围120cm，背肩宽
40cm，袖长58cm
【工　　具】10号针
【材　　料】中细线

84

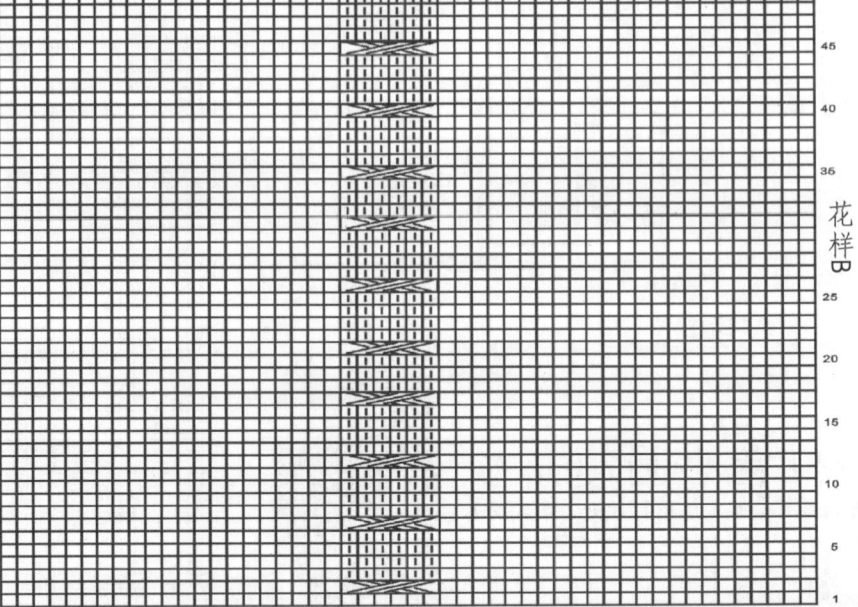

花样B

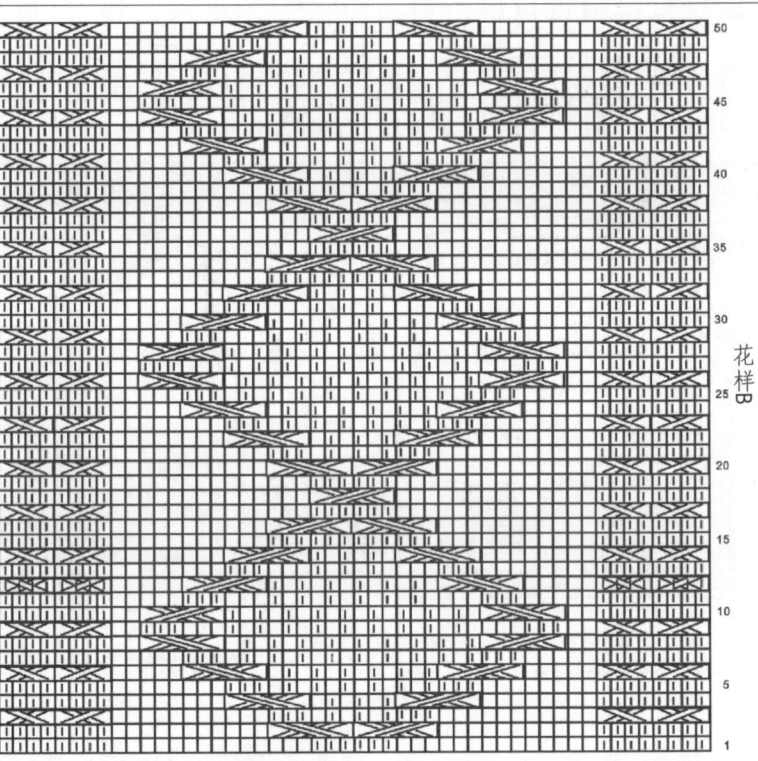

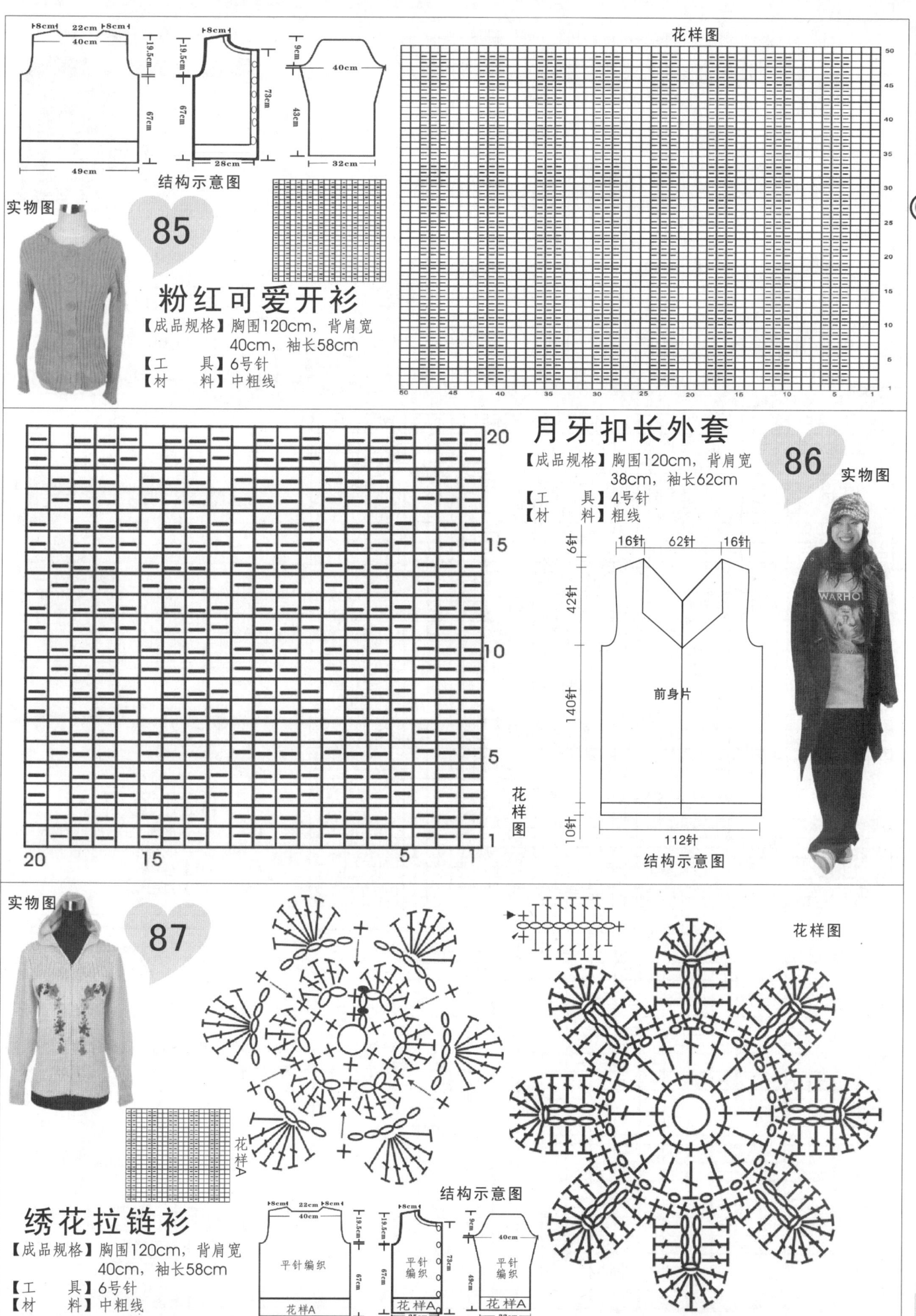

流行韩式毛衣汇编1888

8cm 22cm 8cm
40cm
49cm
19.5cm
67cm

8cm
28cm
19.5cm
67cm
73cm
9cm
40cm
43cm
32cm

结构示意图

实物图

85

粉红可爱开衫
【成品规格】胸围120cm，背肩宽
　　　40cm，袖长58cm
【工　　具】6号针
【材　　料】中粗线

花样图

20
15
10
5
1

20 　15 　 5 　 1

花样图

月牙扣长外套
【成品规格】胸围120cm，背肩宽
　　　38cm，袖长62cm
【工　　具】4号针
【材　　料】粗线

86 实物图

16针 62针 16针
6针
42针
140针
10针

前身片

112针

结构示意图

实物图

87

绣花拉链衫
【成品规格】胸围120cm，背肩宽
　　　40cm，袖长58cm
【工　　具】6号针
【材　　料】中粗线

花样A

花样图

结构示意图

8cm 22cm 8cm
40cm
平针编织
花样A
49cm
19.5cm
67cm

8cm
平针编织
花样A
25cm
19.5cm
67cm
73cm

9cm
40cm
平针编织
花样A
32cm
49cm

101

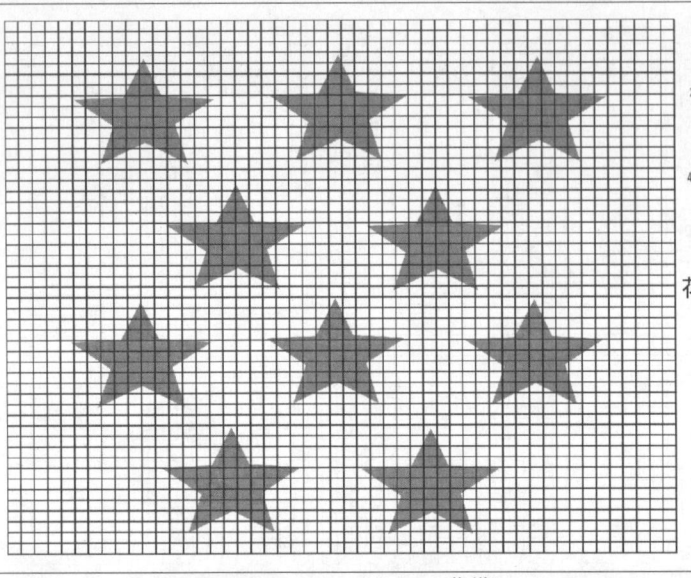

花样图

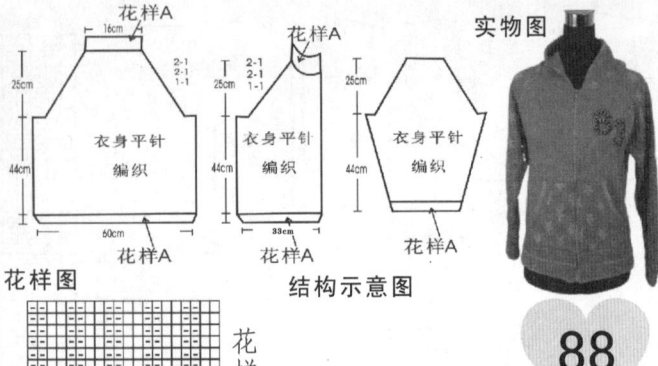

花样A 16cm

2-1
2-1
1-1

衣身平针编织

44cm

60cm

花样A

花样A

2-1
2-1
1-1

25cm

衣身平针编织

44cm

33cm

花样A

花样A

25cm

衣身平针编织

44cm

花样A

结构示意图

实物图

花样A

♥ 88

星星带帽外套

【成品规格】胸围120cm，背肩宽40cm，袖长58cm
【工　　具】6号针
【材　　料】中粗线

花样B

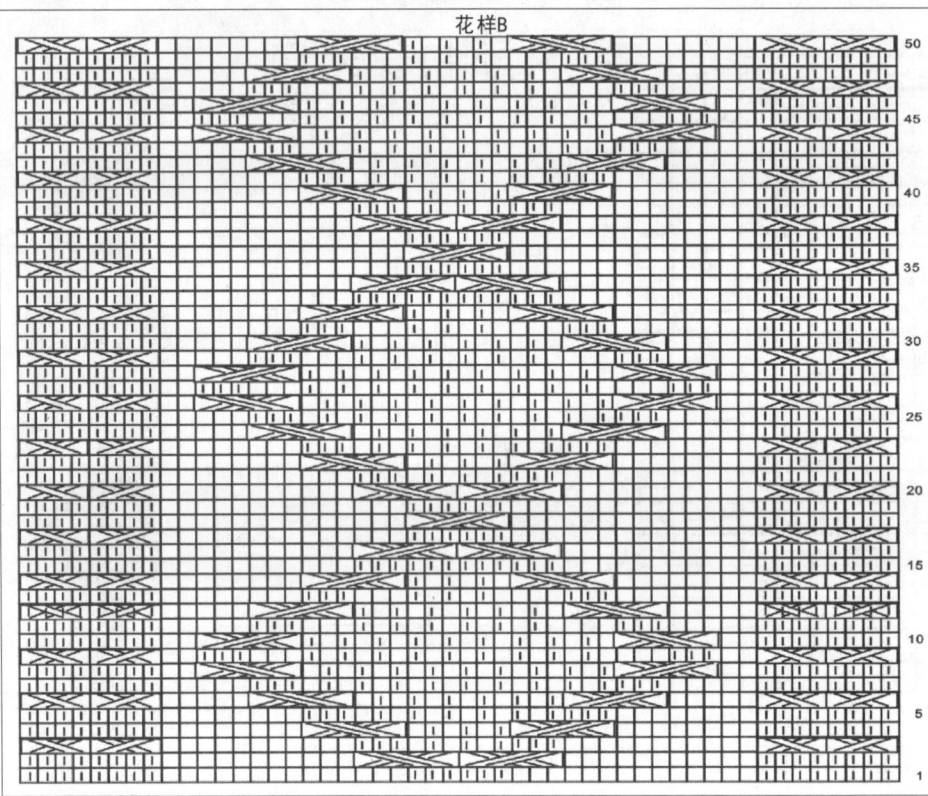

50
45
40
35
30
25
20
15
10
5
1

花样图

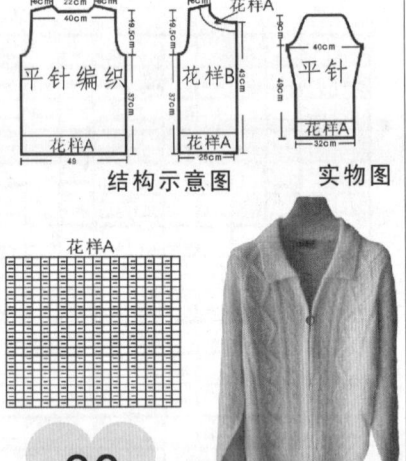

花样A

结构示意图

实物图

♥ 89

小翻领开衫

【成品规格】胸围120cm，背肩宽40cm，袖长58cm
【工　　具】6号针
【材　　料】中粗线

花样图　　　帽子花样

20
15
10
5
1

20　　15　　10　　5

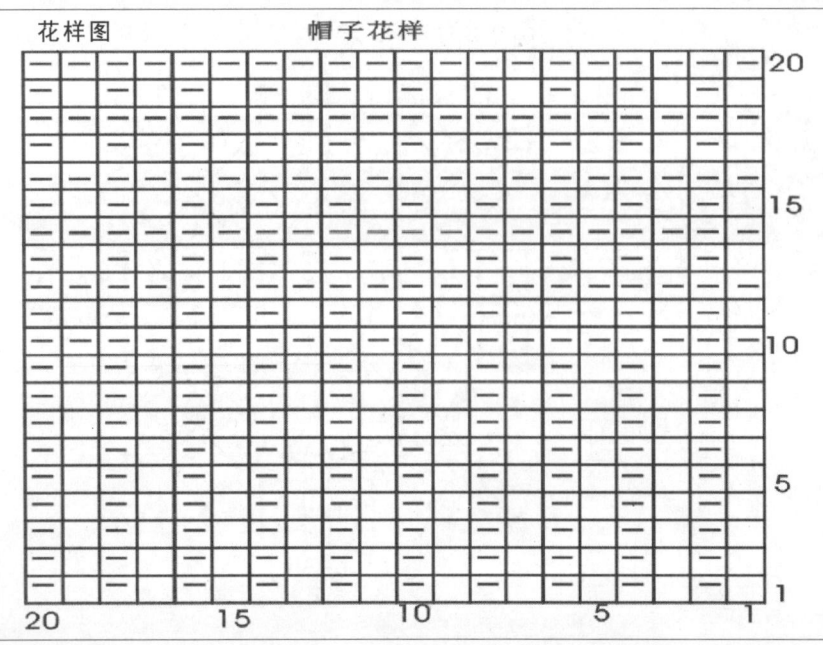

♥ 90

16针　62针　16针

40针

前身片

120针

10针

112针

结构示意图

实物图

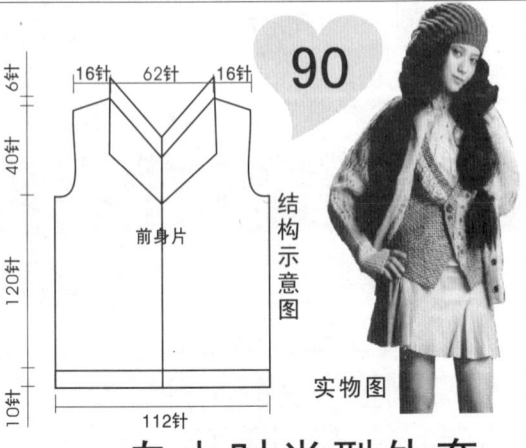

自由时尚型外套

【成品规格】胸围120cm，背肩宽38cm，袖长53cm
【工　　具】4号针
【材　　料】粗线

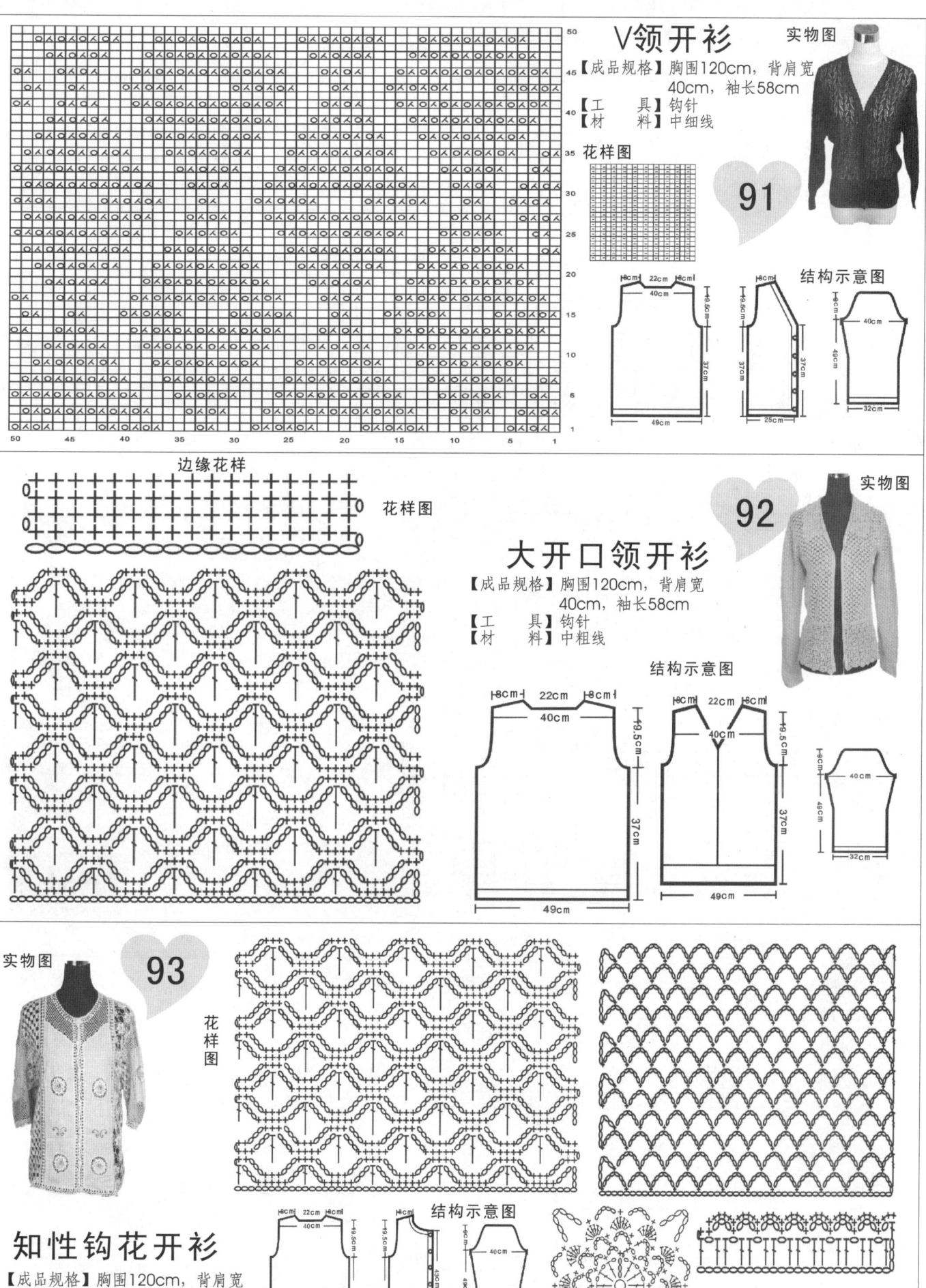

流行韩式毛衣汇编1888

V领开衫

实物图

【成品规格】胸围120cm，背肩宽40cm，袖长58cm
【工　　具】钩针
【材　　料】中细线

91

花样图

结构示意图

大开口领开衫

实物图

92

【成品规格】胸围120cm，背肩宽40cm，袖长58cm
【工　　具】钩针
【材　　料】中粗线

结构示意图

边缘花样

花样图

93

实物图

花样图

知性钩花开衫

【成品规格】胸围120cm，背肩宽40cm，袖长58cm
【工　　具】钩针
【材　　料】中细线

结构示意图

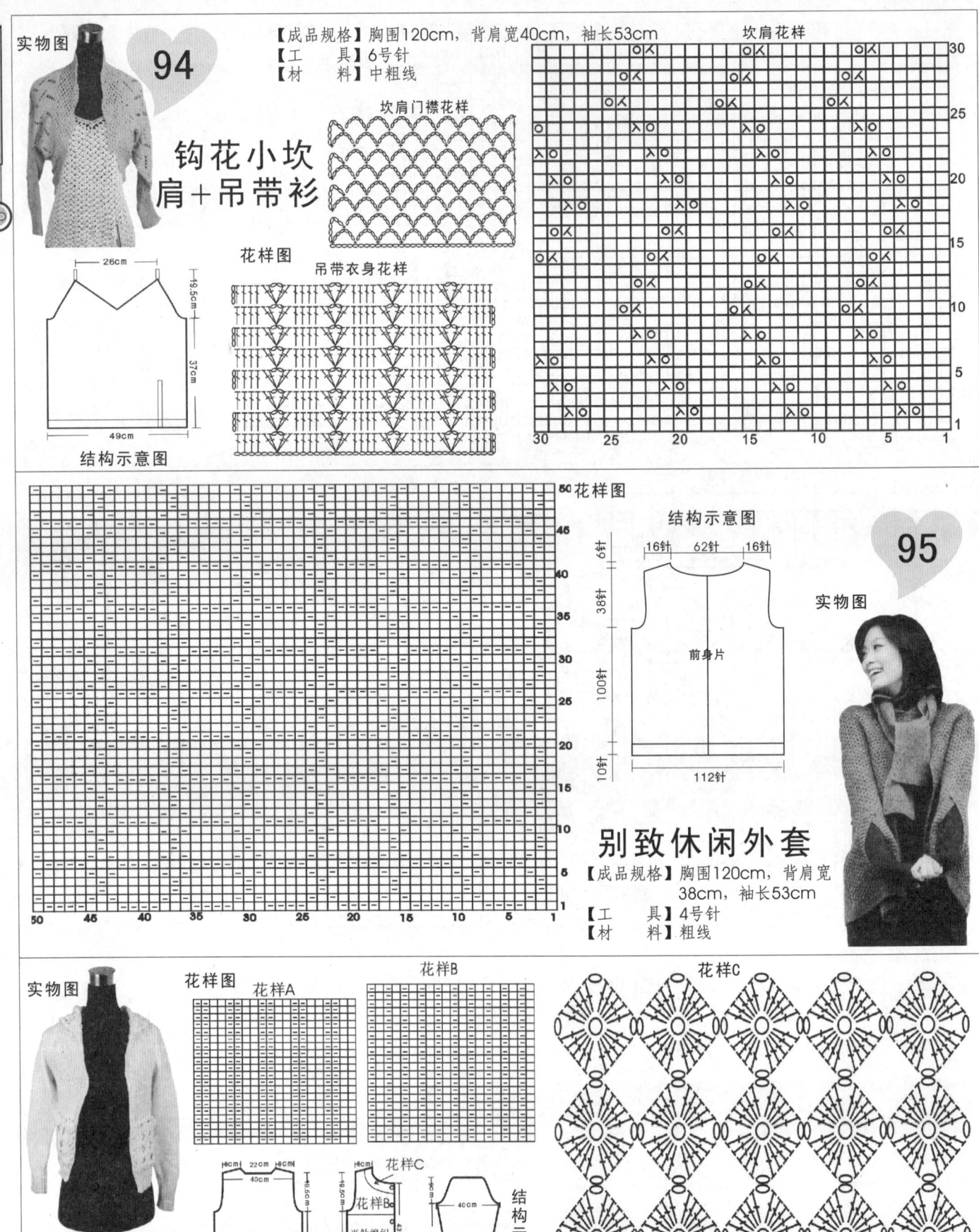

实物图

94

【成品规格】胸围120cm，背肩宽40cm，袖长53cm
【工　具】6号针
【材　料】中粗线

坎肩花样

坎肩门襟花样

钩花小坎
肩+吊带衫

花样图

吊带衣身花样

26cm
19.5cm
37cm
49cm

结构示意图

花样图

结构示意图

16针　62针　16针

前身片

112针

95

实物图

别致休闲外套

【成品规格】胸围120cm，背肩宽
　　　　　　38cm，袖长53cm
【工　具】4号针
【材　料】粗线

实物图

花样图　花样A

花样B

花样C

8cm　22cm　8cm
40cm

花样C
花样B
半针编织
花样C
花样A

花样C

40cm

结构示意图

花样A

花样A

花样B

96

钩花翻领外套

【成品规格】胸围120cm，背肩宽40cm，
　　　　　　袖长58cm
【工　具】6号针
【材　料】中粗线

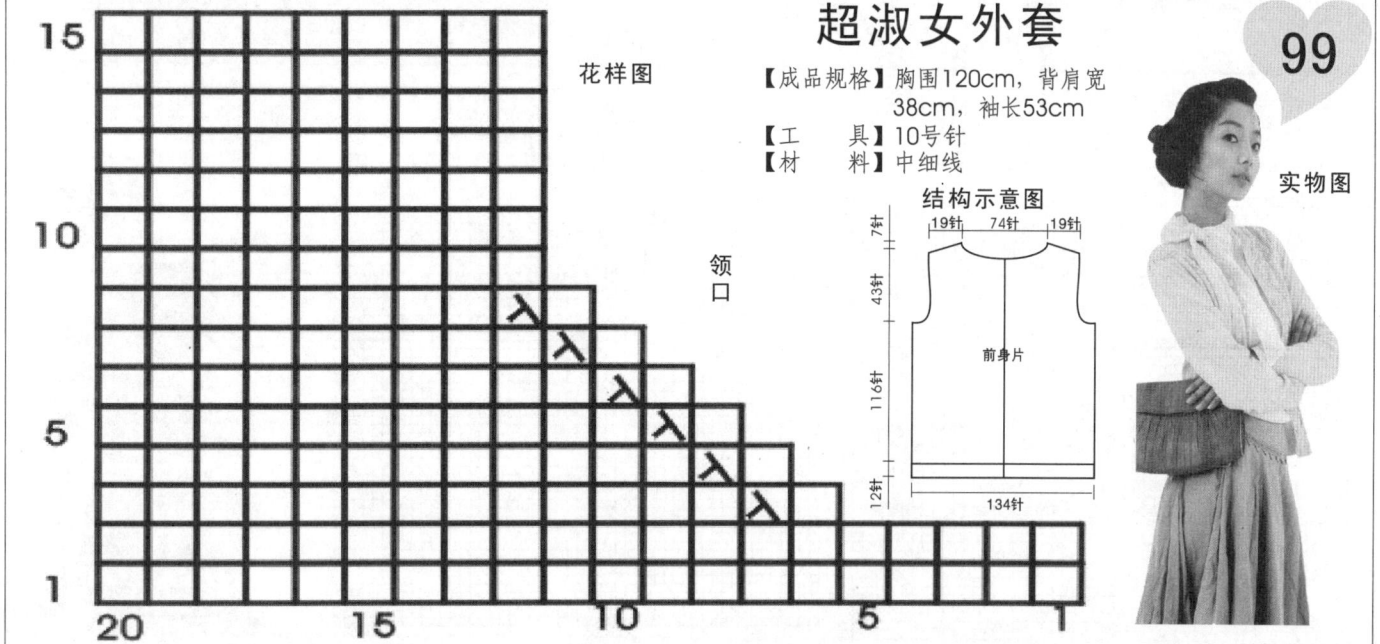

花样图　　　衣身花样　　　　　　　　实物图　　　　边缘花样

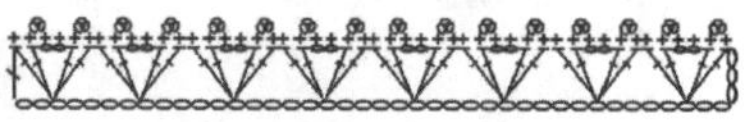

97

大开口领
系带开衫

【成品规格】胸围120cm，背肩宽
　　　　　　40cm，袖长58cm
【工　　具】4号针
【材　　料】粗线

结构示意图

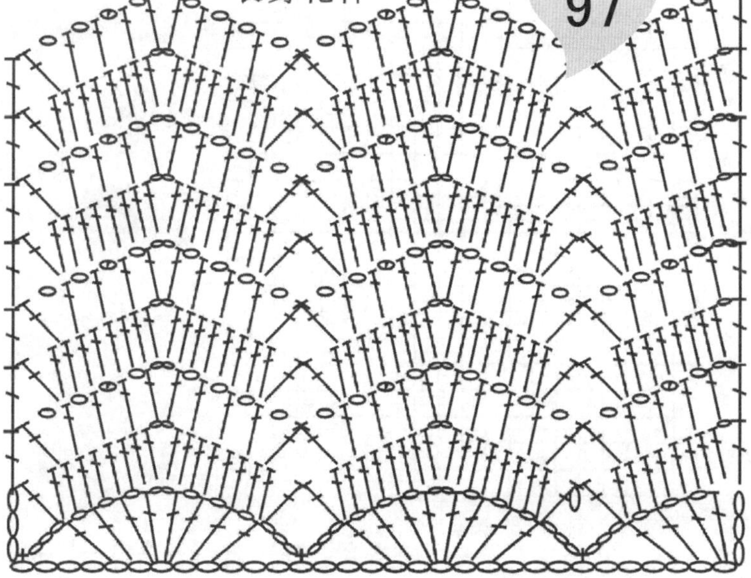

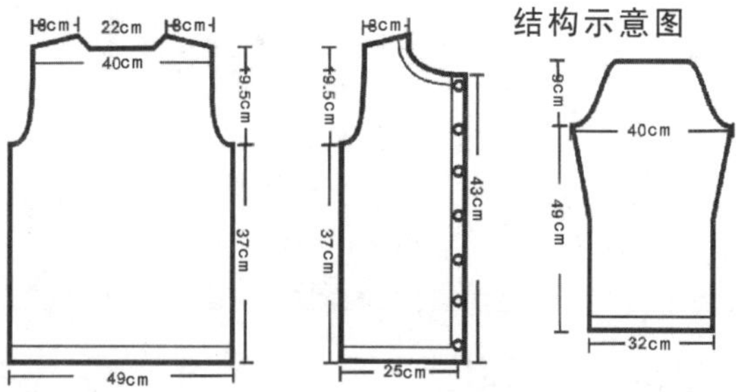

花样图　花样A

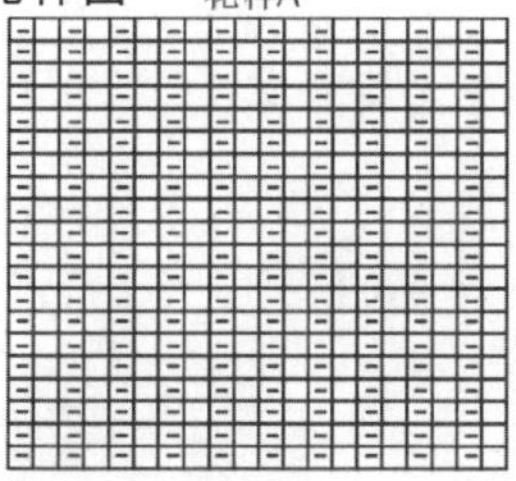

实物图

98

平针编织　　　平针编织　　　平针编织

花样A　　　花样A　　　花样A

结构示意图

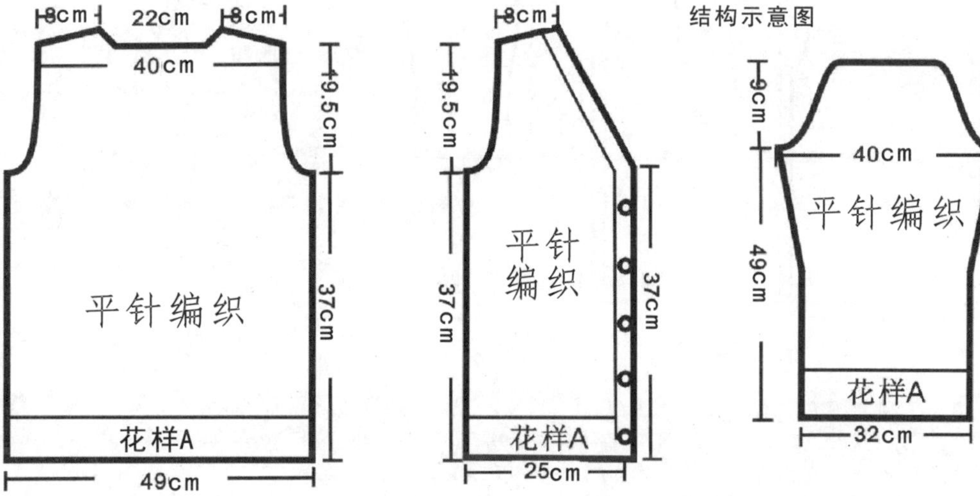

大开口领开衫

【成品规格】胸围120cm，背肩宽40cm，袖长58cm
【工　　具】6号针
【材　　料】中粗线

超淑女外套

99

【成品规格】胸围120cm，背肩宽
　　　　　　38cm，袖长53cm
【工　　具】10号针
【材　　料】中细线

花样图

领口

结构示意图

前身片

实物图

105

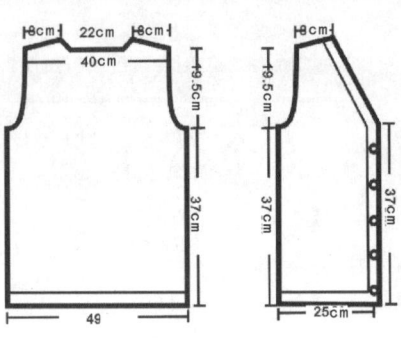

大开口领开衫

【成品规格】胸围120cm，背肩宽
40cm，袖长58cm
【工　具】钩针
【材　料】中细线

结构示意图

花样图

实物图

精致大开口领开衫

【成品规格】胸围120cm，背肩宽
40cm，袖长58cm
【工　具】钩针
【材　料】中粗线

结构示意图

花样图

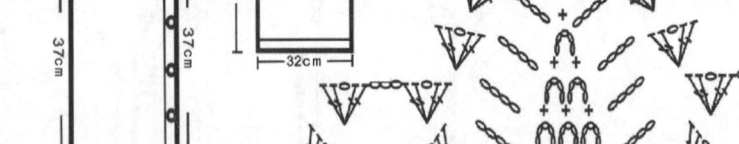

101

实物图

波浪纹开衫

【成品规格】胸围120cm，背肩宽
40cm，袖长58cm
【工　具】钩针
【材　料】中粗线

结构示意图

边缘花样

花样图

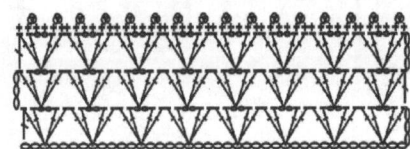

102

实物图

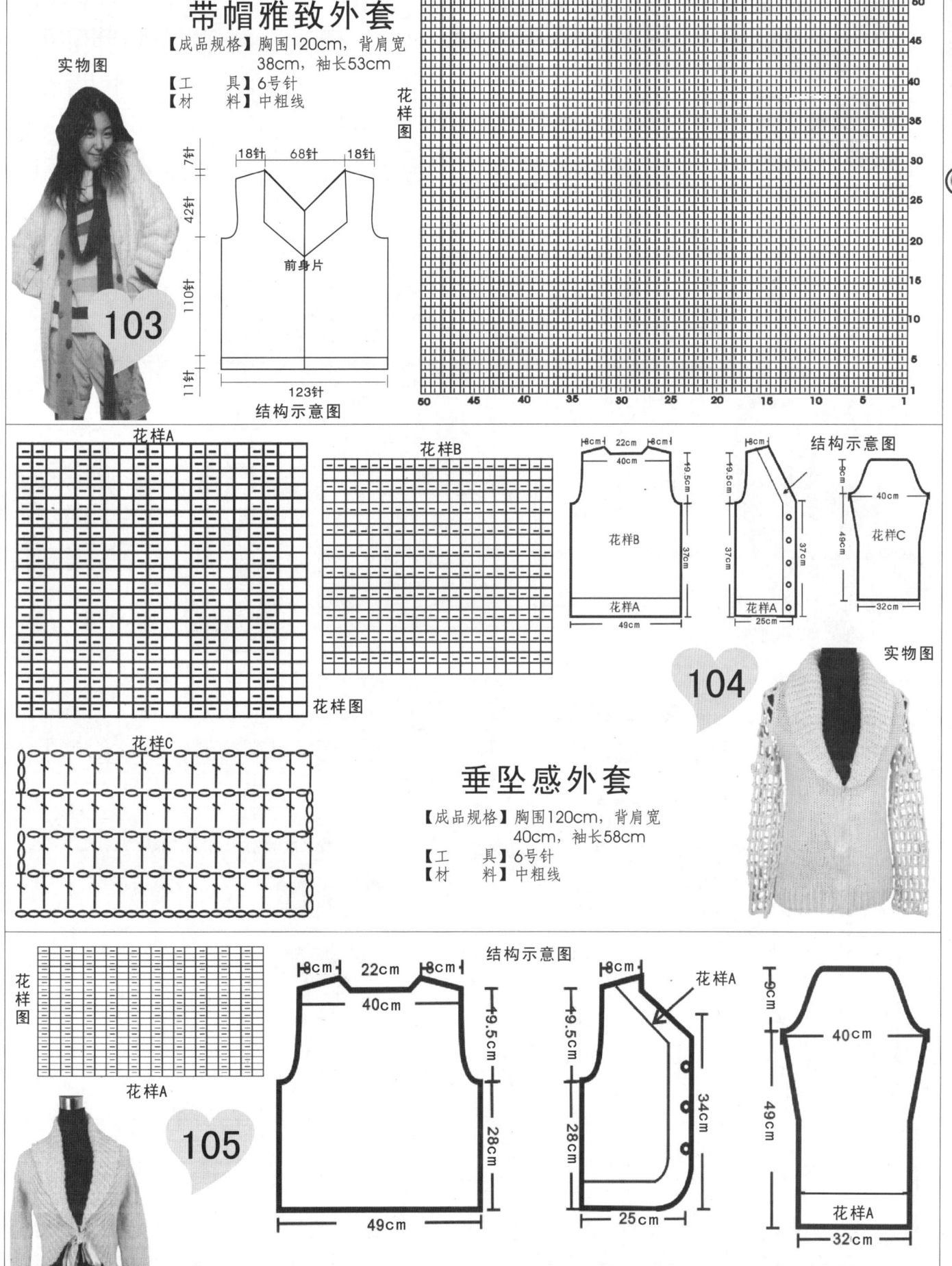

带帽雅致外套

【成品规格】 胸围120cm，背肩宽
38cm，袖长53cm
【工　　具】 6号针
【材　　料】 中粗线

实物图

103

花样图

18针　68针　18针
7针
42针
前身片
110针
11针
123针
结构示意图

花样A

花样B

8cm　22cm　8cm
40cm
19.5cm
花样B
37cm
49cm

8cm
19.5cm
37cm
花样A
25cm

结构示意图
9cm
40cm
49cm
花样C
32cm

花样图

花样C

104

垂坠感外套

【成品规格】 胸围120cm，背肩宽
40cm，袖长58cm
【工　　具】 6号针
【材　　料】 中粗线

实物图

花样图

花样A

105

结构示意图

8cm　22cm　8cm
40cm
19.5cm
28cm
49cm

8cm
19.5cm
28cm
花样A
34cm
25cm

9cm
40cm
49cm
花样A
32cm

实物图

大翻领开衫
【成品规格】 胸围120cm，背肩宽40cm，袖长58m
【工　　具】 6号针
【材　　料】 中粗线

106

V形花纹坎肩

【成品规格】胸围120cm，背肩宽40cm，袖长58cm

【工　　具】6号针

【材　　料】中粗线

实物图

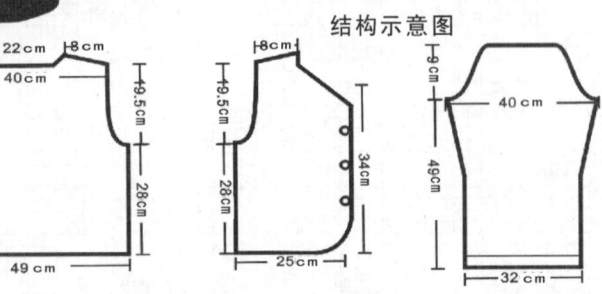

花样图

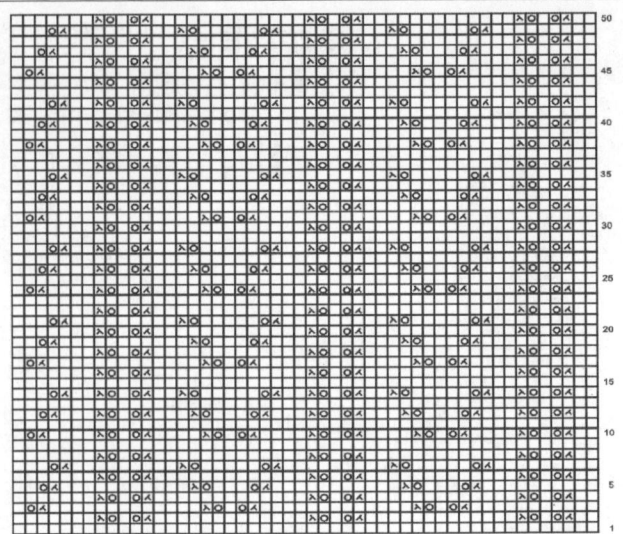

结构示意图

8cm　22cm　8cm
40cm
19.5cm
28cm
49cm

8cm
19.5cm
28cm
34cm
25cm

9cm
40cm
49cm
32cm

107

实物图

18针　68针　18针

7针
42针
前身片
110针
11针

123针

结构示意图

修身短外套

【成品规格】胸围120cm，背肩宽38cm，袖长53cm

【工　　具】6号针

【材　　料】中粗线

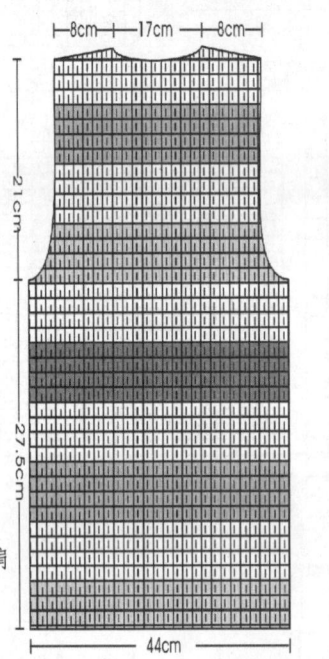

8cm　17cm　8cm
21cm
27.5cm
44cm

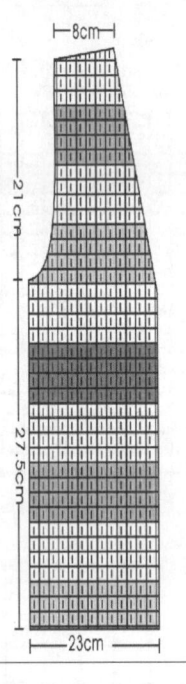

8cm
21cm
27.5cm
23cm

花样图

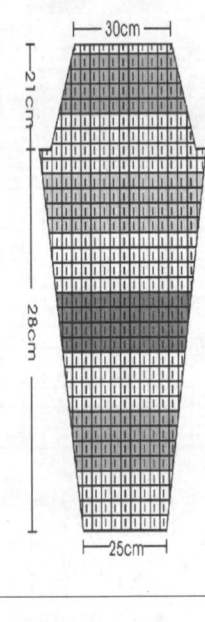

30cm
21cm
28cm
25cm

小圆领开衫

【成品规格】胸围120cm，背肩宽40cm，袖长58cm

【工　　具】6号针

【材　　料】中粗线

结构示意图

实物图

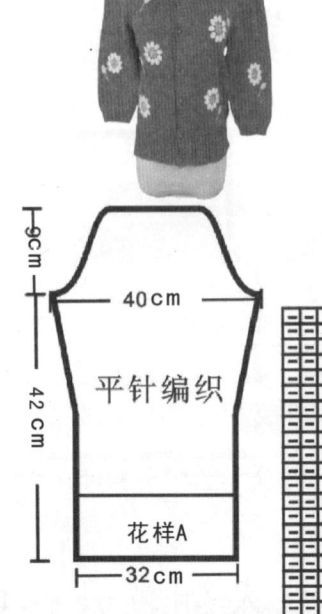

108

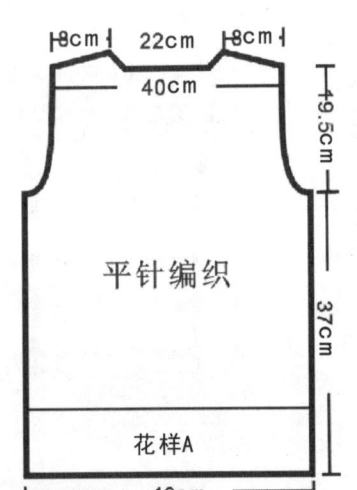

8cm　22cm　8cm
40cm
19.5cm
平针编织
37cm
花样A
49cm

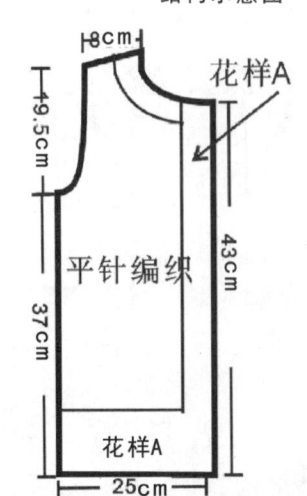

8cm
19.5cm
平针编织
37cm
43cm
花样A
25cm

花样A

9cm
40cm
42cm
平针编织
花样A
32cm

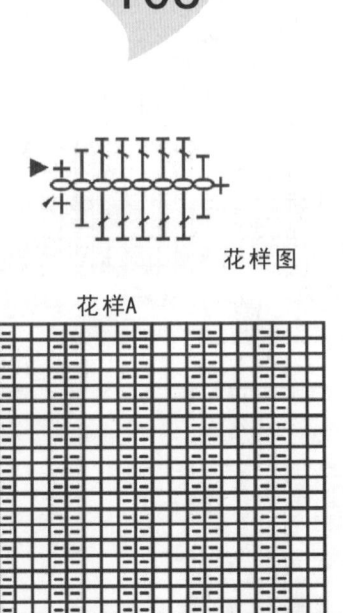

花样图

花样A

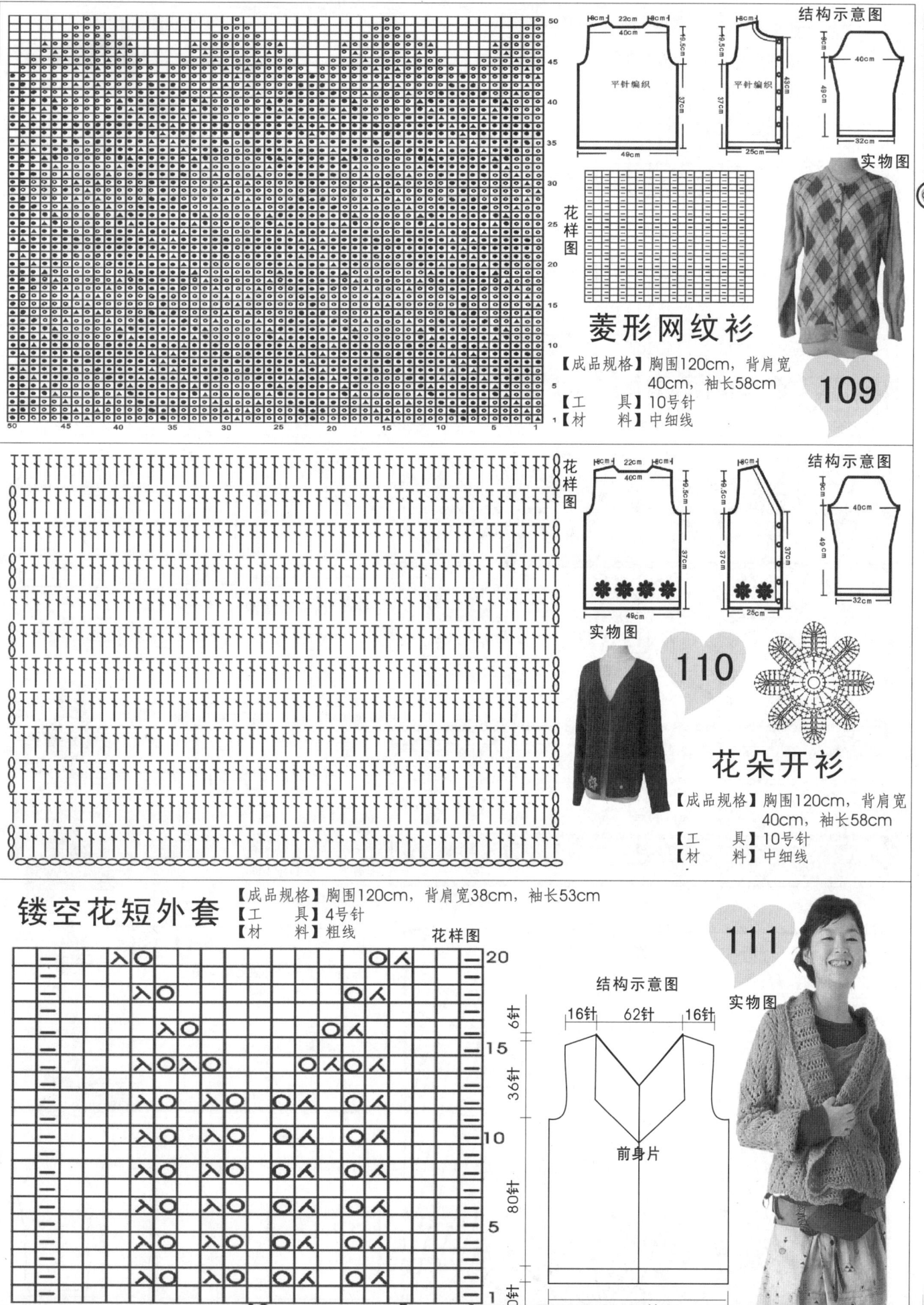

花样图

结构示意图

实物图

菱形网纹衫

109

【成品规格】胸围120cm，背肩宽40cm，袖长58cm

【工　　具】10号针

【材　　料】中细线

花样图

结构示意图

实物图

110

花朵开衫

【成品规格】胸围120cm，背肩宽40cm，袖长58cm

【工　　具】10号针

【材　　料】中细线

镂空花短外套

【成品规格】胸围120cm，背肩宽38cm，袖长53cm

【工　　具】4号针

【材　　料】粗线

花样图

111

结构示意图

实物图

16针　62针　16针

前身片

112针

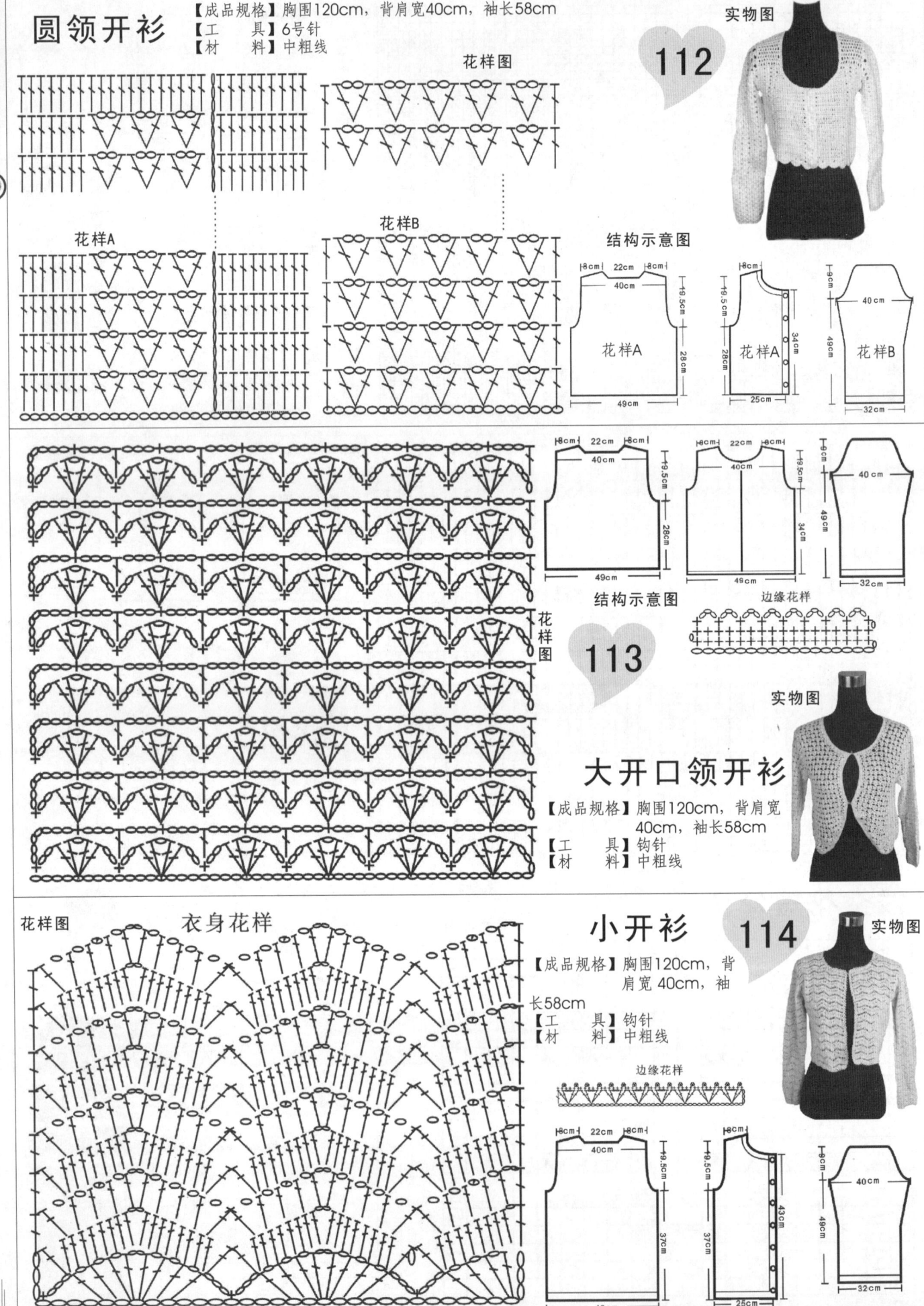

圆领开衫

【成品规格】胸围120cm，背肩宽40cm，袖长58cm
【工　具】6号针
【材　料】中粗线

花样图

花样A

花样B

实物图

112

结构示意图

花样A

花样A

花样B

花样图

结构示意图

边缘花样

113

大开口领开衫

【成品规格】胸围120cm，背肩宽40cm，袖长58cm
【工　具】钩针
【材　料】中粗线

实物图

花样图

衣身花样

小开衫

114

【成品规格】胸围120cm，背肩宽40cm，袖长58cm
【工　具】钩针
【材　料】中粗线

边缘花样

实物图

收腰小外套

花样图

【成品规格】胸围120cm，背肩宽38cm，袖长53cm
【工　　具】钩针
【材　　料】中粗线

结构示意图

18针　68针　18针

前身片

123针

7针
40针
108针
11针

115

花样图

116

大开口领短衫

【成品规格】胸围120cm，背肩宽40cm，袖长58cm
【工　　具】钩针
【材　　料】中粗线

实物图

结构示意图

8cm　22cm　8cm
40cm
19.5cm
37cm
49cm

8cm　22cm　8cm
40cm
19.5cm
37cm
49cm

9cm
40cm
49cm
32cm

结构示意图

8cm　22cm　8cm
40cm
19.5cm
37cm
49cm

8cm
40cm
37cm
25cm

40cm
43cm
49cm
32cm

扇形翻领衫

【成品规格】胸围120cm，背肩宽40cm，袖长58cm
【工　　具】钩针
【材　　料】中粗线

花样图

实物图

117

边缘花样

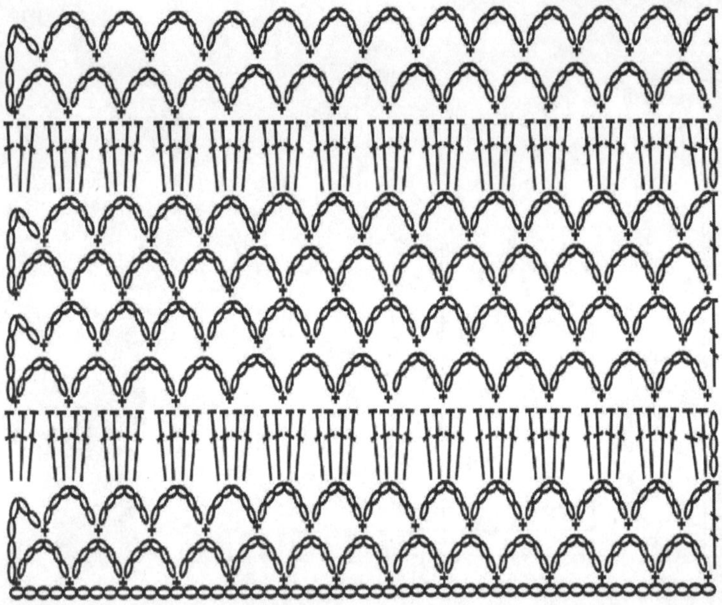

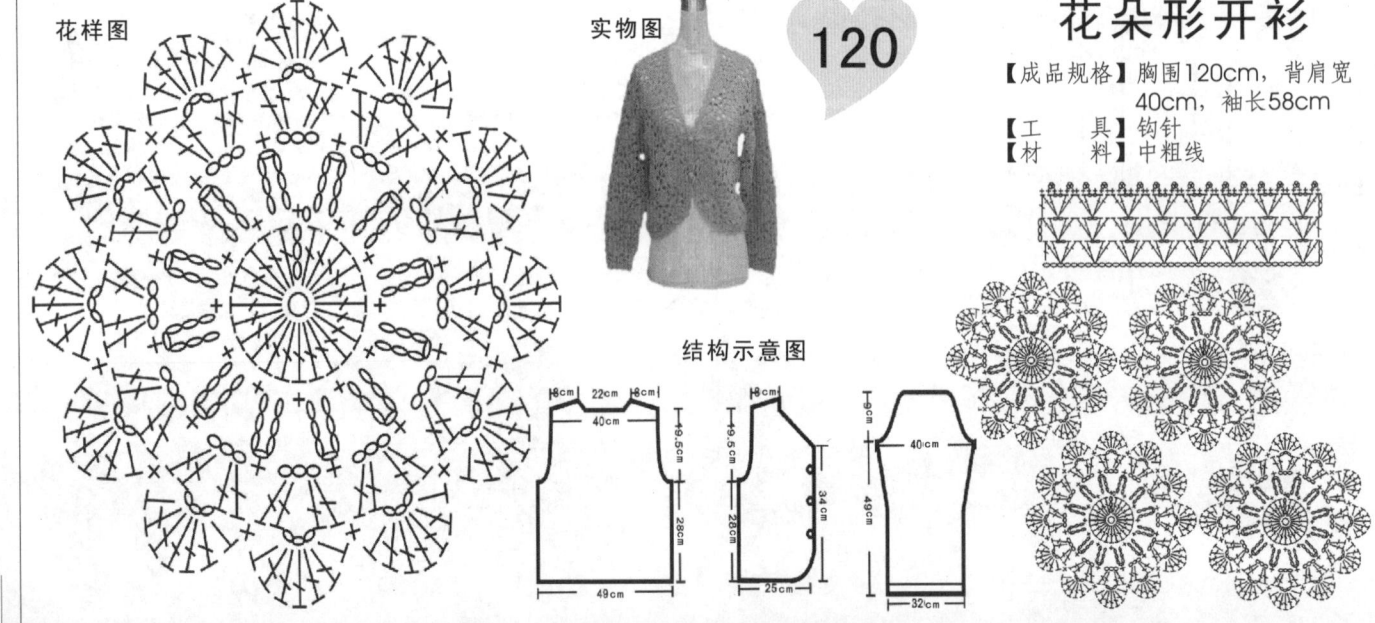

花样图

118

实物图

大红扇形衫

【成品规格】胸围120cm，背肩宽40cm，袖长58cm
【工　　具】钩针
【材　　料】中粗线

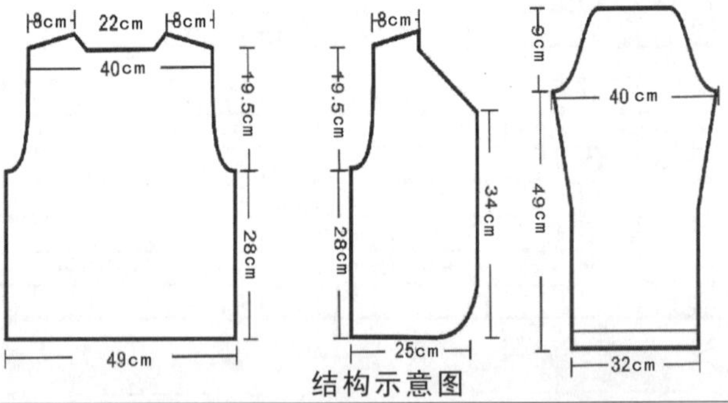

8cm 22cm 8cm
40cm
19.5cm
28cm
49cm

8cm
19.5cm
28cm
34cm
25cm

9cm
40cm
49cm
32cm

结构示意图

花样图

极富活力小外套

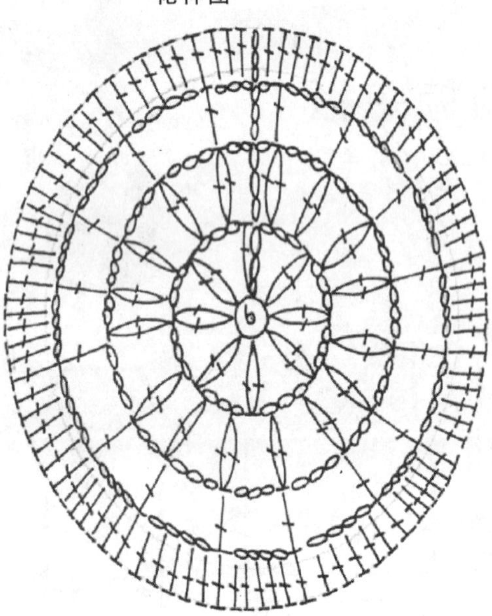

【成品规格】胸围120cm，背肩宽38cm，袖长53cm
【工　　具】6号针
【材　　料】中粗线

119

实物图

结构示意图

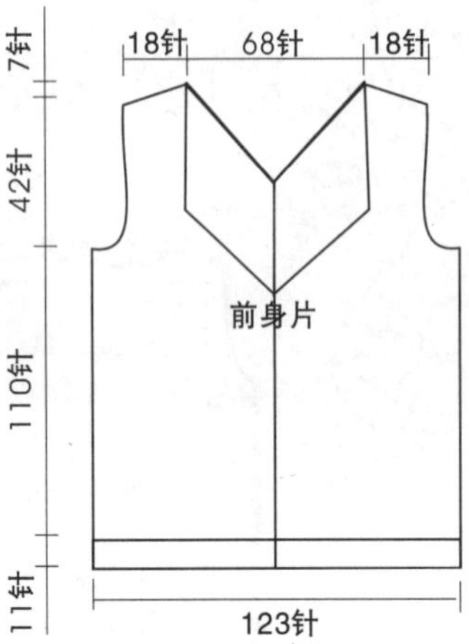

18针 68针 18针
7针
42针
前身片
110针
11针
123针

花样图

实物图

120

花朵形开衫

【成品规格】胸围120cm，背肩宽40cm，袖长58cm
【工　　具】钩针
【材　　料】中粗线

结构示意图

8cm 22cm 8cm
40cm
19.5cm
28cm
49cm

8cm
19.5cm
28cm
34cm
25cm

9cm
40cm
49cm
32cm

实物图

121

边缘花样

花样图

春天小花开衫

【成品规格】胸围120cm，背肩宽40cm，袖长58cm
【工　　具】钩针
【材　　料】中粗线

结构示意图

边缘花样

实物图

122

春天小花开衫

【成品规格】胸围120cm，背肩宽40cm，袖长58cm
【工　　具】钩针
【材　　料】中粗线

花样图

结构示意图

花样图

| 18针 | 68针 | 18针 |

前身片

实物图

123

结构示意图

123针

活泼时尚超短外套

【成品规格】胸围120cm，背肩宽38cm，袖长53cm
【工　　具】6号针
【材　　料】中粗线

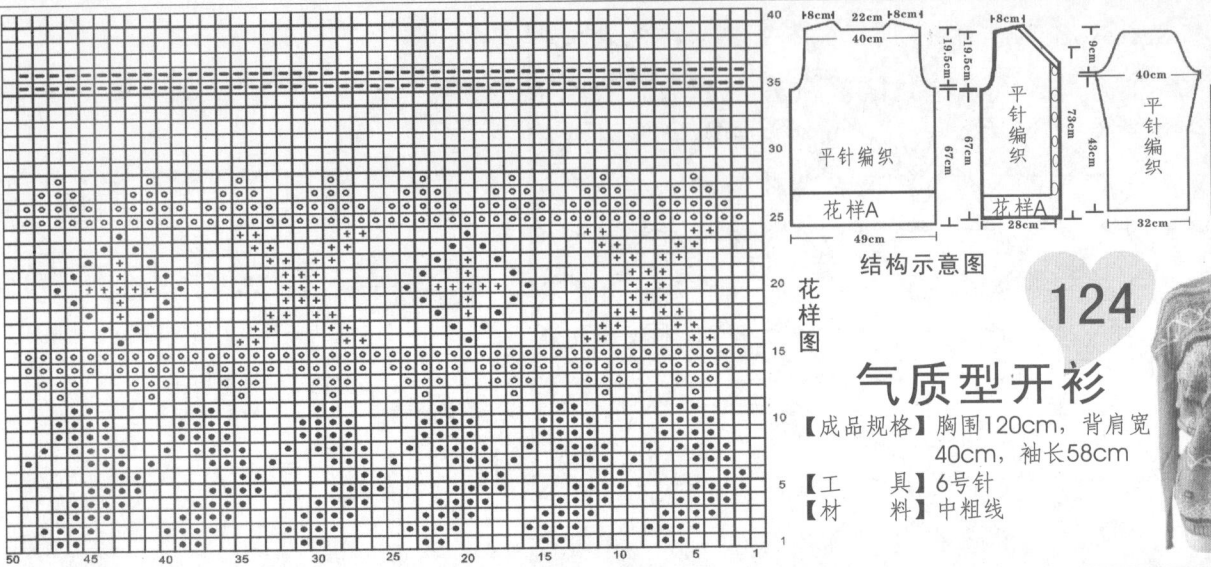

花样A

结构示意图

实物图

平针编织
花样A

平针编织
花样A

平针编织

花样图

124

气质型开衫

【成品规格】胸围120cm，背肩宽
40cm，袖长58cm

【工　　具】6号针
【材　　料】中粗线

花样B

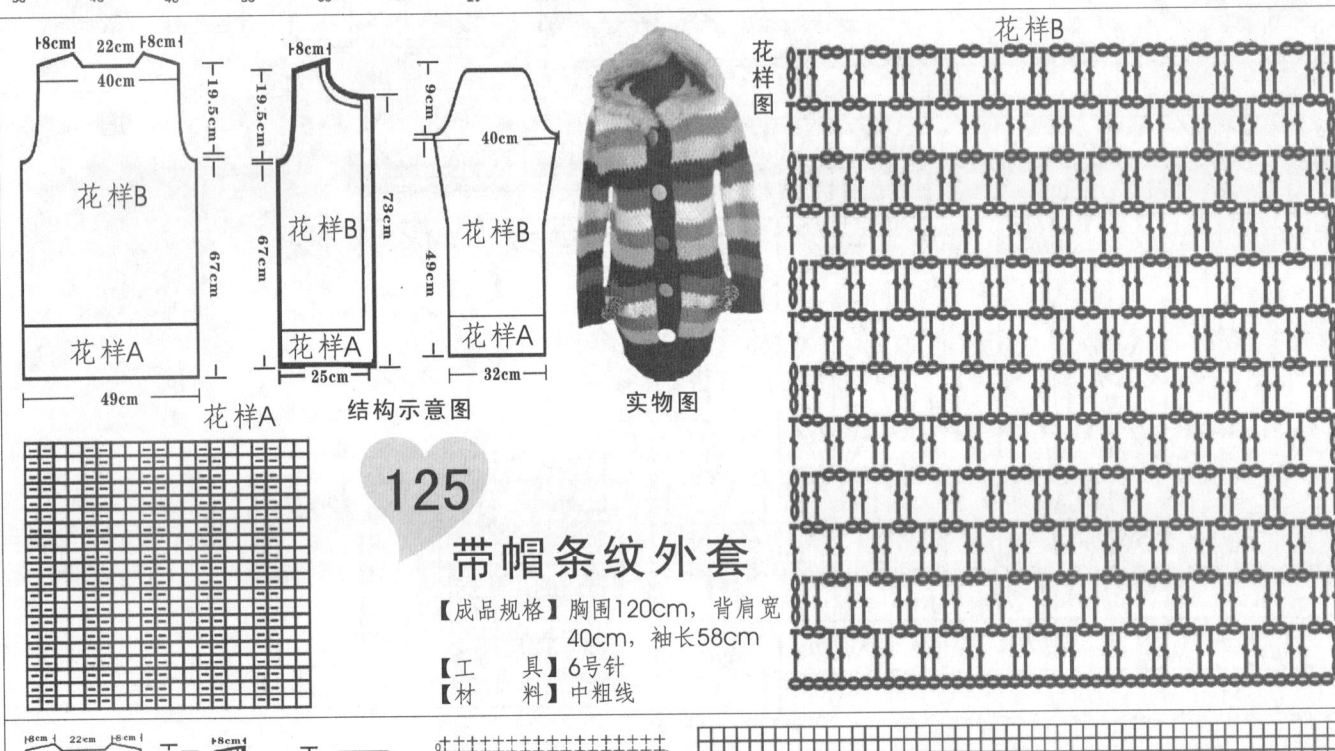

花样B

花样A
花样A

结构示意图

实物图

花样图

125

带帽条纹外套

【成品规格】胸围120cm，背肩宽
40cm，袖长58cm

【工　　具】6号针
【材　　料】中粗线

平针编织
平针编织
平针编织

结构示意图

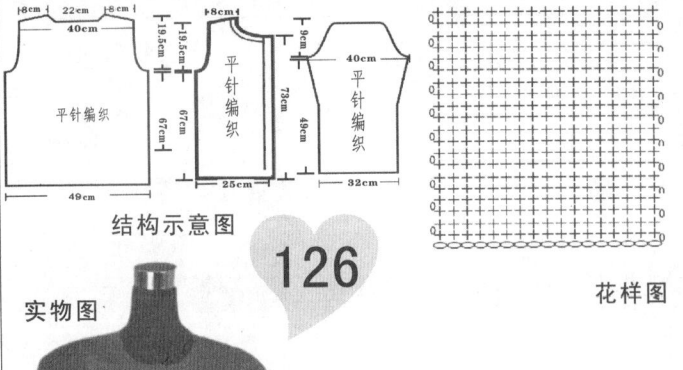

花样图

126

实物图

小圆领开衫

【成品规格】胸围120cm，背肩宽
40cm，袖长58cm

【工　　具】6号针
【材　　料】中粗线

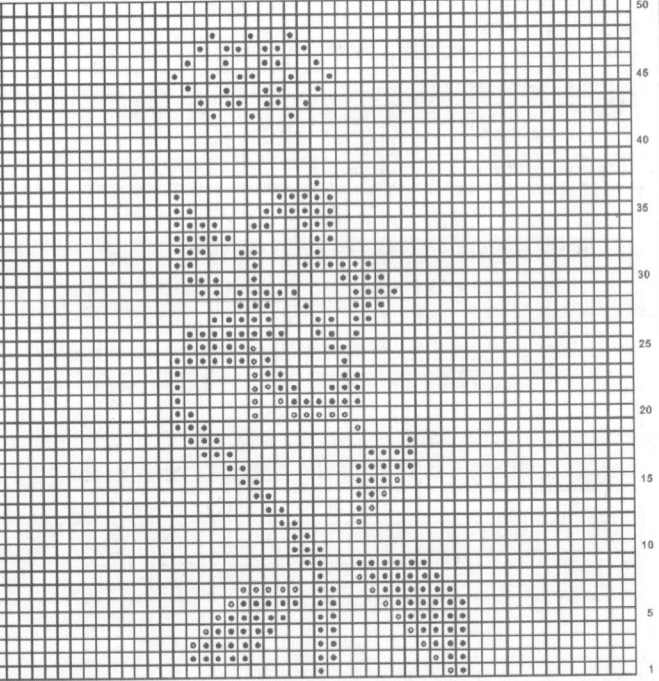

舒适自然外套

【成品规格】胸围120cm，背肩宽38cm，袖长53cm
【工　　具】6号针
【材　　料】中粗线

花样图

127

结构示意图

8针　68针　18针

前身片

123针

8cm　22cm　8cm
40cm
19.5cm

花样A

花样B

49cm

8cm
19.5cm
花样A
37cm
25cm

结构示意图

9cm
29cm
40cm
花样A
32cm

花样B

128

实物图

花样图

花样B
花样A

竖条纹开衫

【成品规格】胸围120cm，背肩宽40cm，袖长53cm
【工　　具】6号针
【材　　料】中粗线

花样图

花样A

129

皮革混搭领开衫

【成品规格】胸围120cm，背肩宽40cm，袖长58cm
【工　　具】6号针
【材　　料】中粗线

实物图

8cm　22cm　8cm
40cm
19.5cm
平针编织
37cm
49cm

8cm
19.5cm
花样A
平针编织
37cm
25cm

9cm
40cm
平针编织
49cm
32cm

花样A
花样A
花样A
结构示意图

流行韩式毛衣汇编1888

大开口领开衫

【成品规格】胸围120cm，背肩宽40cm，袖长58cm
【工　　具】10号针
【材　　料】中细线

花样A

花样图

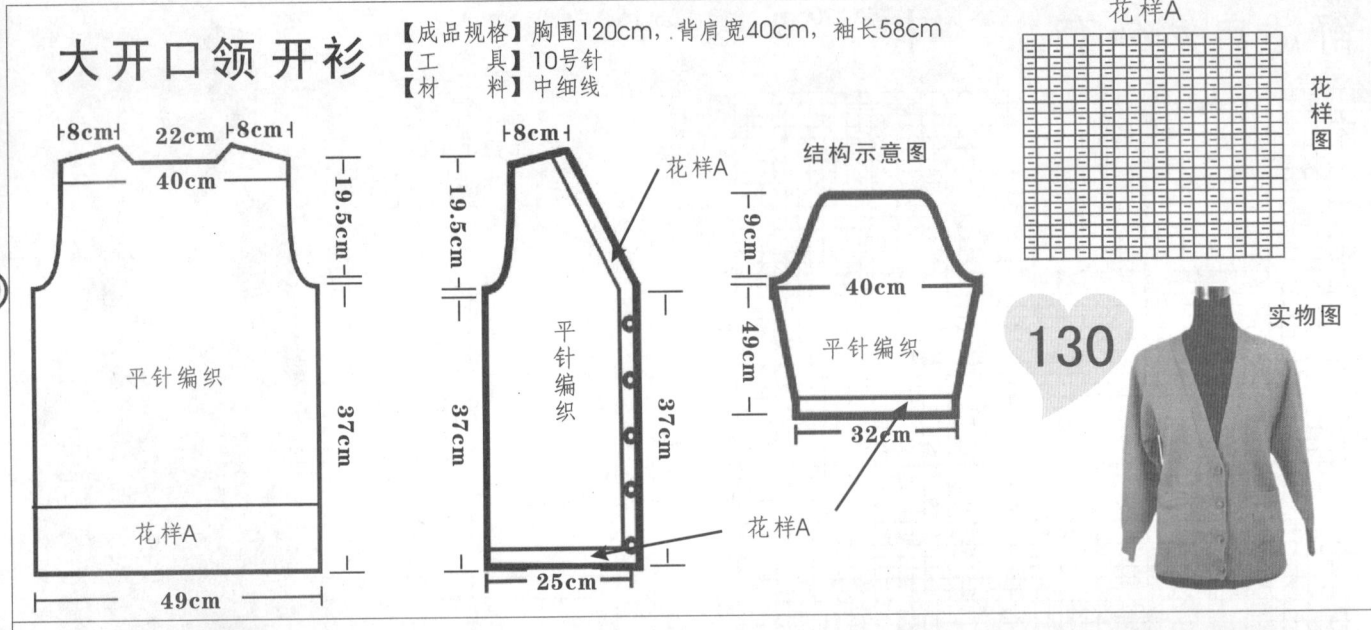

8cm　22cm　8cm
40cm
19.5cm
37cm
平针编织
花样A
49cm

8cm
19.5cm
37cm
平针编织
花样A
37cm
25cm

花样A

结构示意图
9cm
40cm
49cm
平针编织
32cm
花样A

130

实物图

131

实物图

休闲简约短外套

【成品规格】胸围120cm，背肩宽38cm，袖长53cm
【工　　具】6号针
【材　　料】中粗线

结构示意图

18针　68针　18针
7针
42针
110针
14针
前身片
123针

花样图

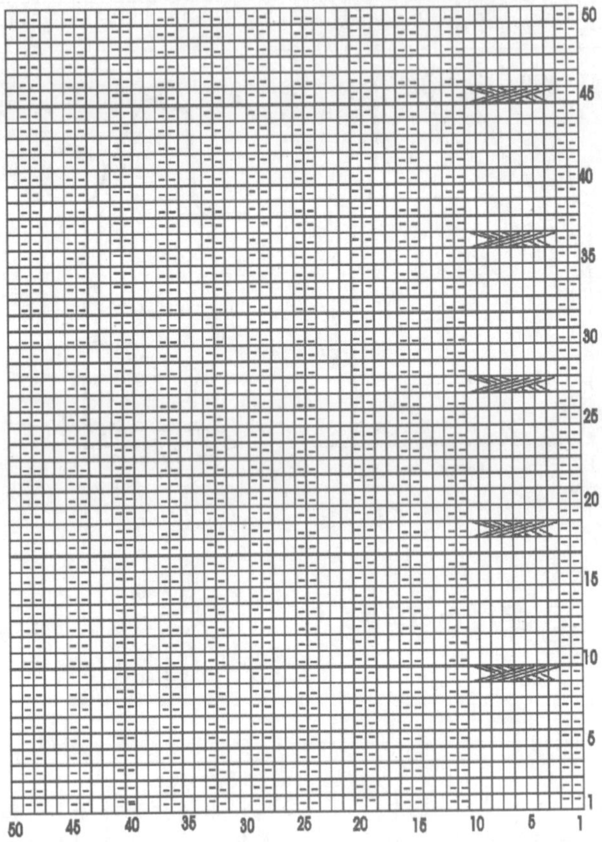

50
45
40
35
30
25
20
15
10
5
1

50　45　40　35　30　25　20　15　10　5　1

实物图

132

简洁开衫

【成品规格】胸围120cm，背肩宽40cm，袖长58cm
【工　　具】6号针
【材　　料】中粗线

花样图

花样A

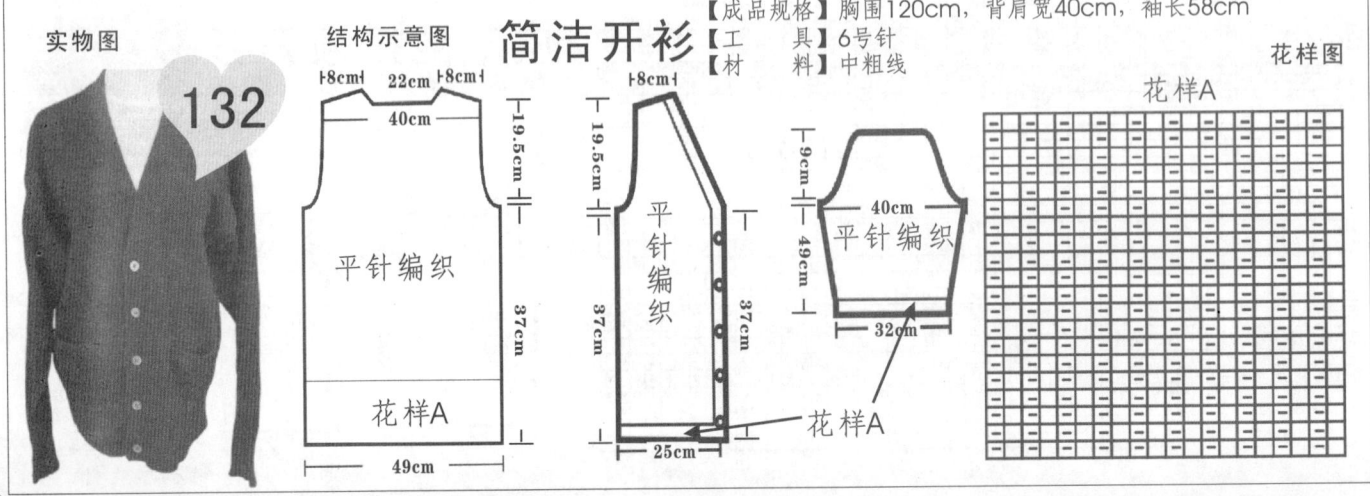

结构示意图
8cm　22cm　8cm
40cm
19.5cm
37cm
平针编织
花样A
49cm

8cm
19.5cm
37cm
平针编织
花样A
37cm
25cm

9cm
40cm
49cm
平针编织
32cm
花样A

花样A

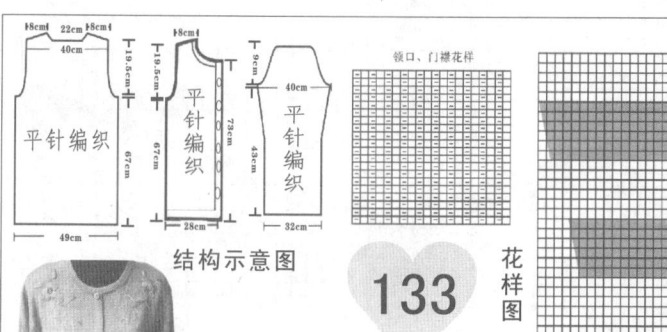

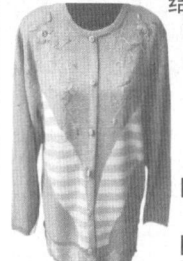

结构示意图

平针编织

40cm
22cm
8cm
8cm

平针编织
9cm

平针编织
40cm

领口、门襟花样

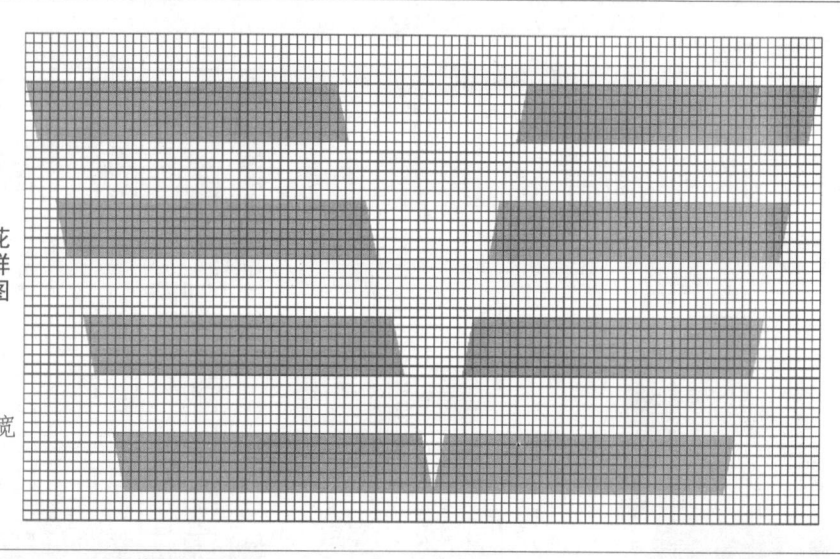

花样图

133

精致花纹外套

【成品规格】胸围120cm，背肩宽40cm，袖长58cm
【工　　具】6号针
【材　　料】中粗线

实物图

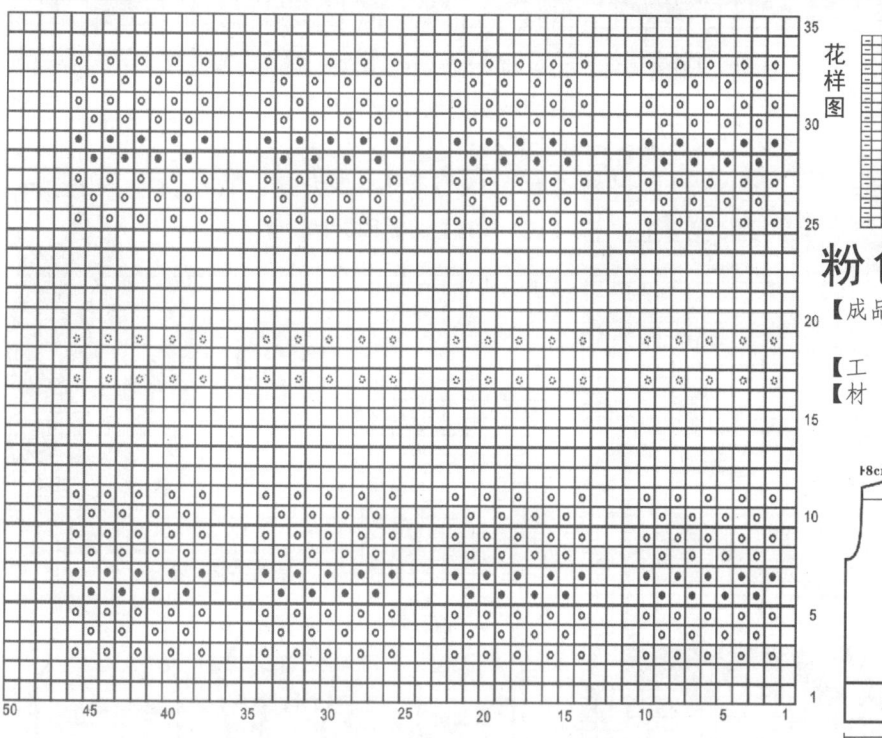

花样A

实物图

花样图

粉色小圆领外套

【成品规格】胸围120cm，背肩宽40cm，袖长58cm
【工　　具】6号针
【材　　料】中粗线

134

结构示意图

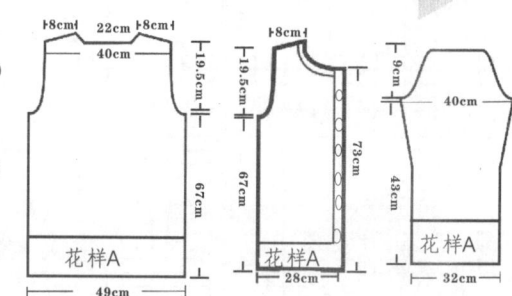

8cm　22cm　8cm
40cm
19.5cm
67cm

花样A
49cm

8cm
19.5cm
67cm
73cm

花样A
28cm

9cm
40cm
43cm

花样A
32cm

雪花纹青春时尚衫

【成品规格】胸围120cm，背肩宽38cm，袖长53cm
【工　　具】6号针
【材　　料】中粗线

135

实物图

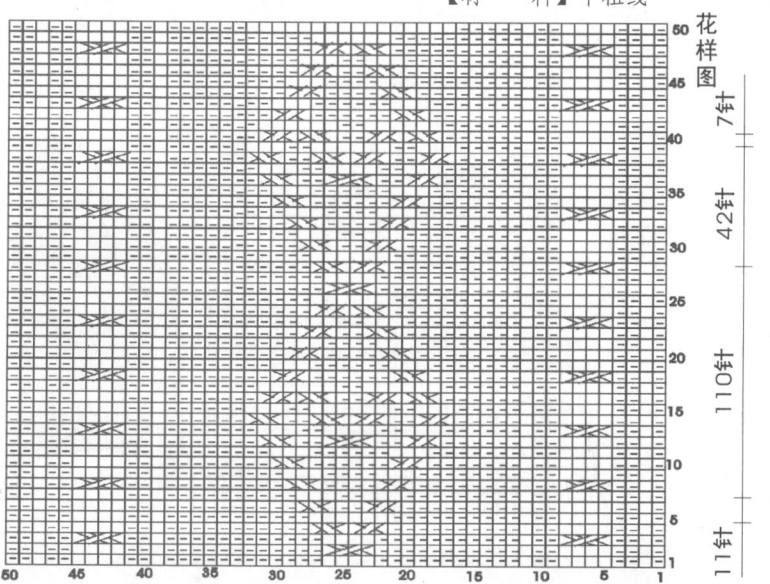

花样图

结构示意图

18针　68针　18针

7针

42针

前身片

110针

11针

123针

136

8cm 22cm 8cm
40cm
19.5cm
67cm
花样A
49cm

8cm
19.5cm
67cm
25cm

花样A
结构示意图
9cm
40cm
73cm
49cm
32cm
花样A

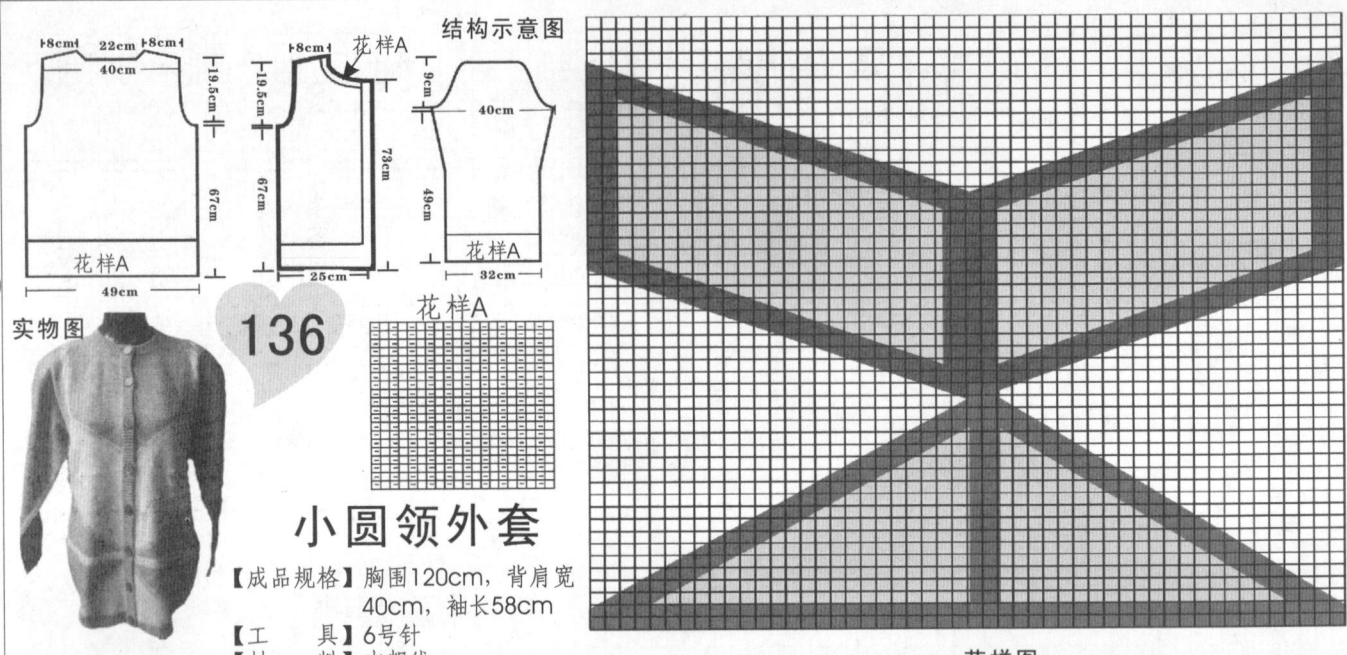
花样图

实物图

花样A

小圆领外套

【成品规格】胸围120cm，背肩宽40cm，袖长58cm
【工　　具】6号针
【材　　料】中粗线

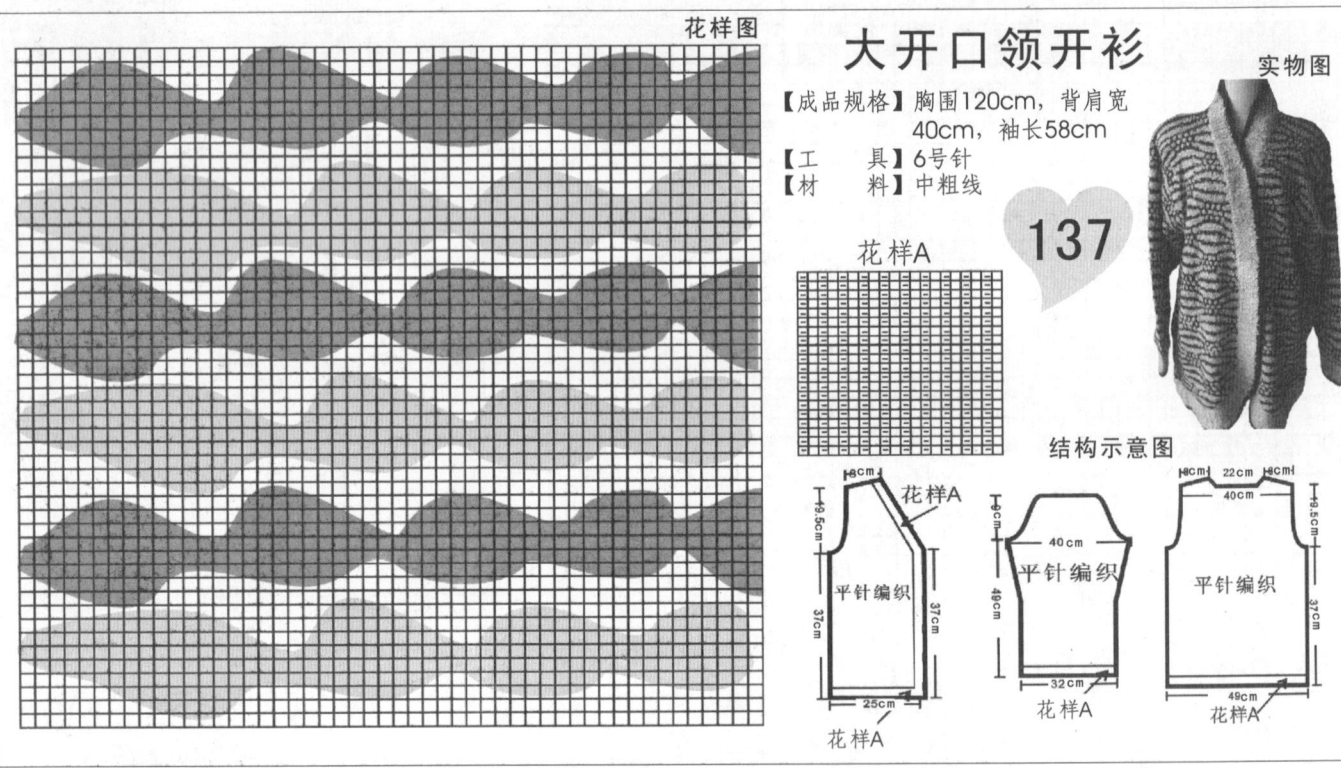
花样图

大开口领开衫

实物图

【成品规格】胸围120cm，背肩宽40cm，袖长58cm
【工　　具】6号针
【材　　料】中粗线

花样A

137

结构示意图

8cm
19.5cm
花样A
平针编织
37cm
25cm
花样A

9cm
40cm
49cm
平针编织
32cm
花样A

8cm 22cm 8cm
40cm
19.5cm
平针编织
37cm
49cm
花样A

休闲带帽外套

花样A
16cm
25cm
平针编织
44cm
60cm

2-1
2-1
1-1
花样A
25cm
平针编织
44cm
33cm

【成品规格】胸围120cm，背肩宽40cm，袖长44cm
【工　　具】6号针
【材　　料】中粗线

结构示意图
25cm
花样A
44cm

花样图　花样A

138

实物图

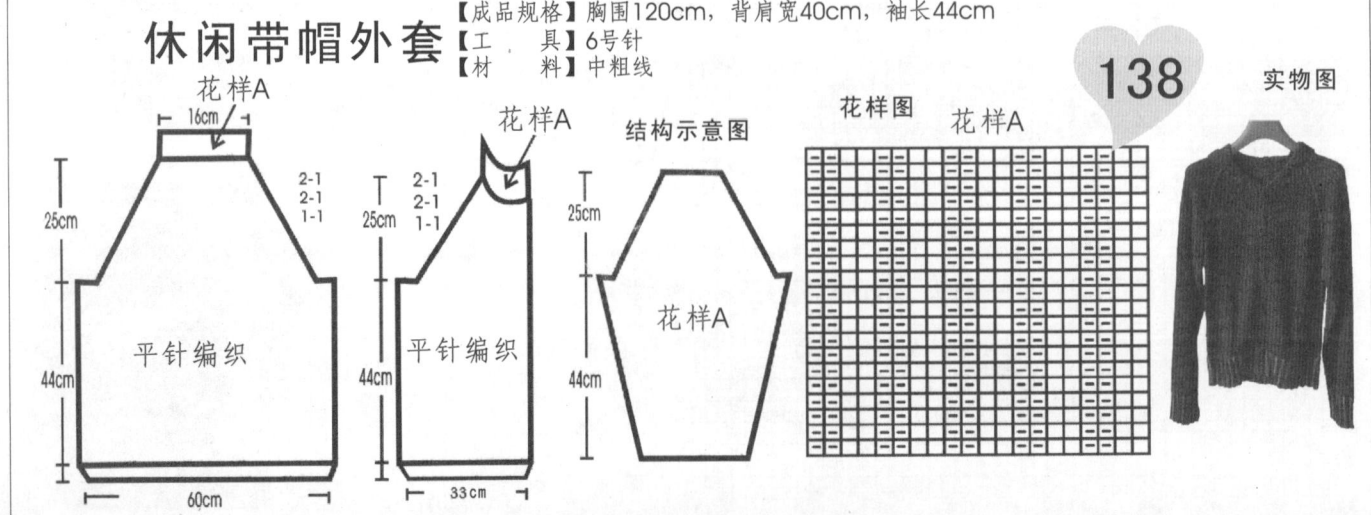

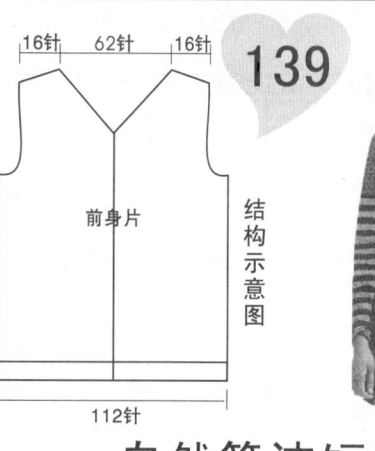

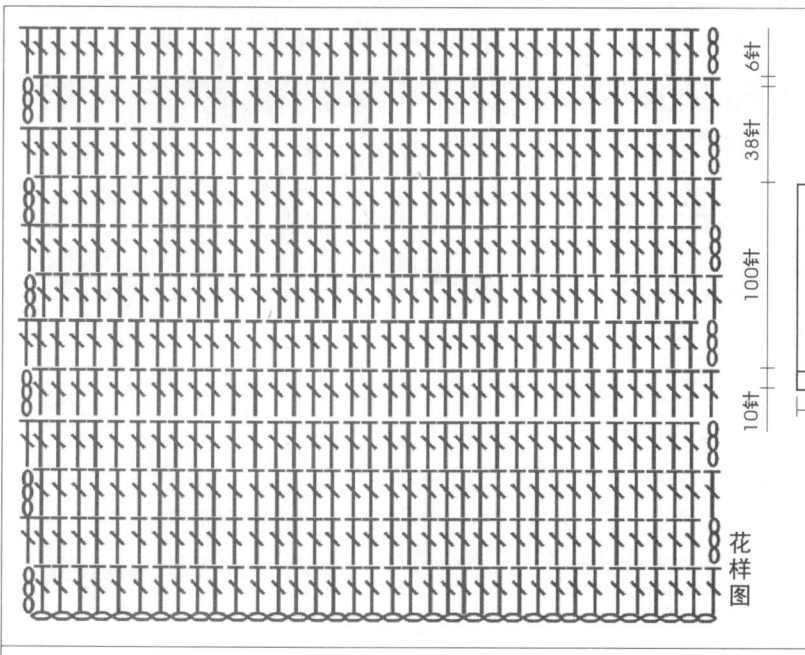

花样图

16针 62针 16针

139

实物图

前身片

结构示意图

112针

6针
38针
100针
10针

自然简洁短袖衫

【成品规格】胸围120cm，背肩宽
38cm，袖长53cm
【工　　具】4号针
【材　　料】粗线

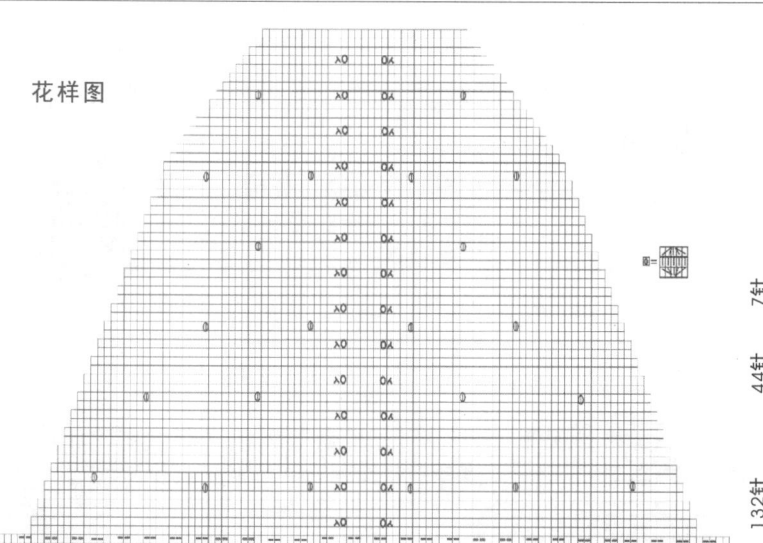

花样图

140

精致可爱外套

【成品规格】胸围120cm，背肩宽
38cm，袖长28cm
【工　　具】6号针
【材　　料】中粗线

实物图

结构示意图

18针 68针 18针

前身片

123针

7针
44针
132针
11针

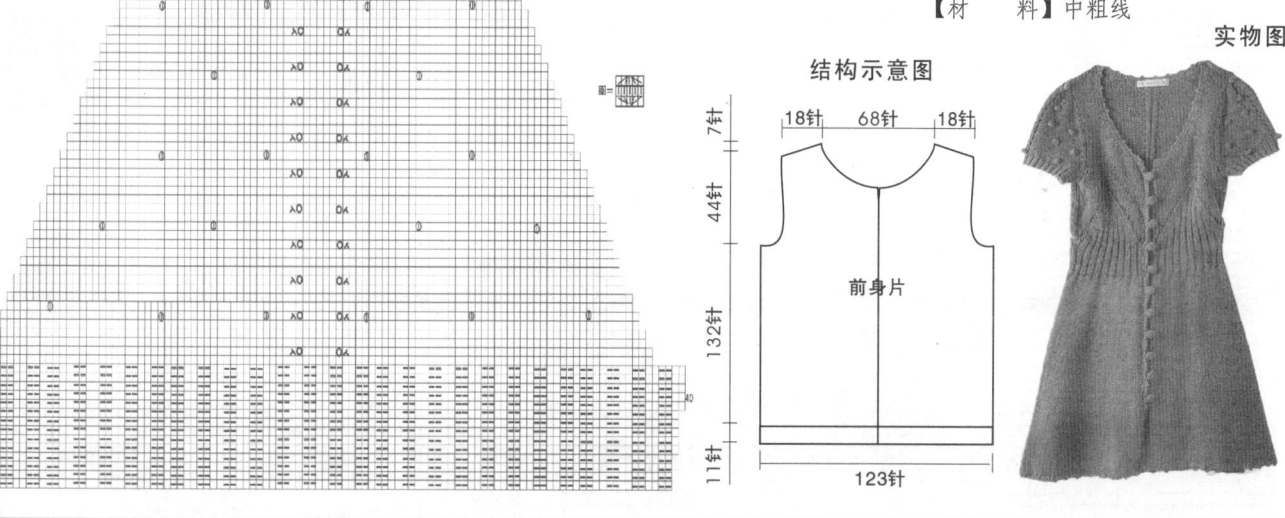

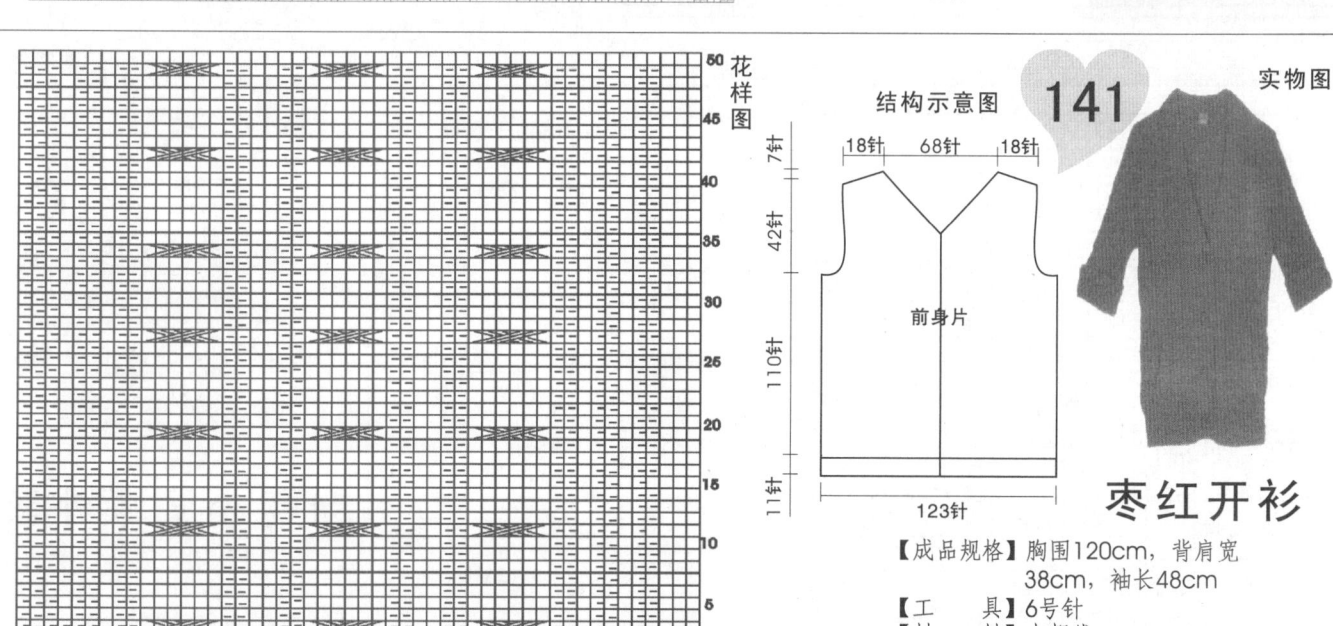

实物图

结构示意图

141

18针 68针 18针

前身片

123针

7针
42针
110针
11针

花样图

50 45 40 35 30 25 20 15 10 5 1

枣红开衫

【成品规格】胸围120cm，背肩宽
38cm，袖长48cm
【工　　具】6号针
【材　　料】中粗线

花样图

花样A

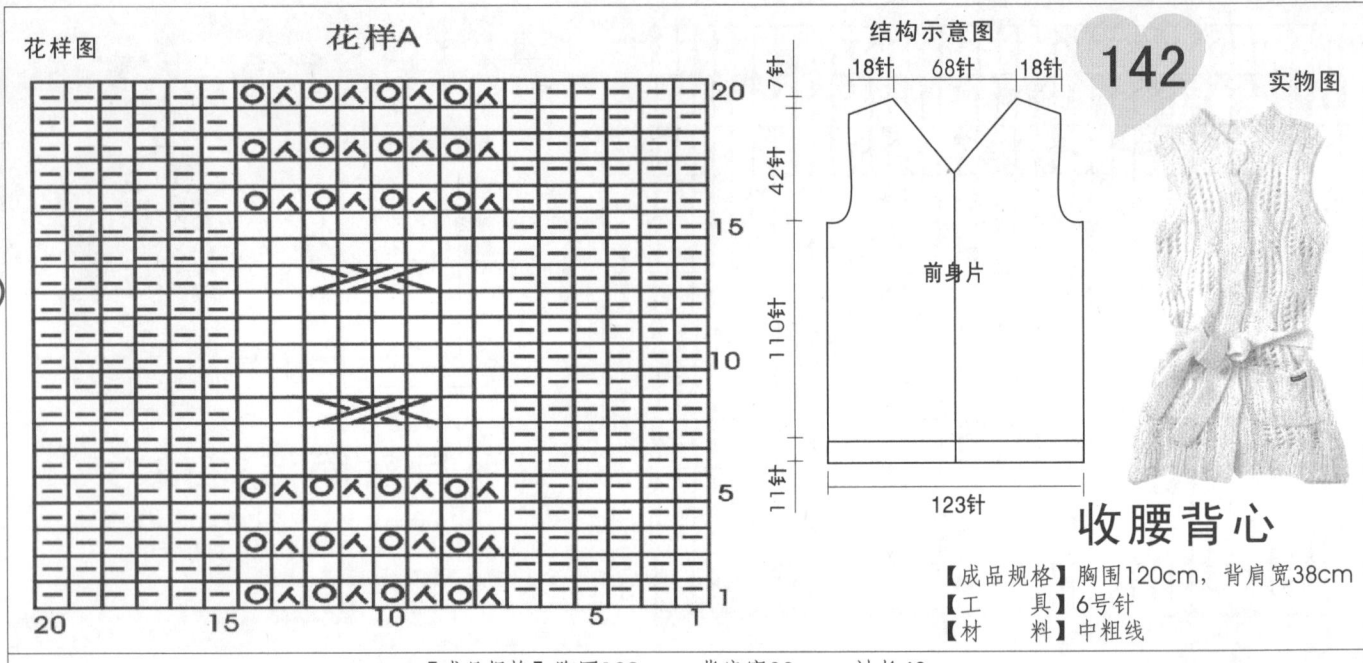

结构示意图

18针　68针　18针

7针
42针
110针
11针

前身片

123针

142

实物图

收腰背心

【成品规格】胸围120cm，背肩宽38cm
【工　　具】6号针
【材　　料】中粗线

喇叭袖休闲外套

【成品规格】胸围120cm，背肩宽38cm，袖长48cm
【工　　具】4号针
【材　　料】粗线

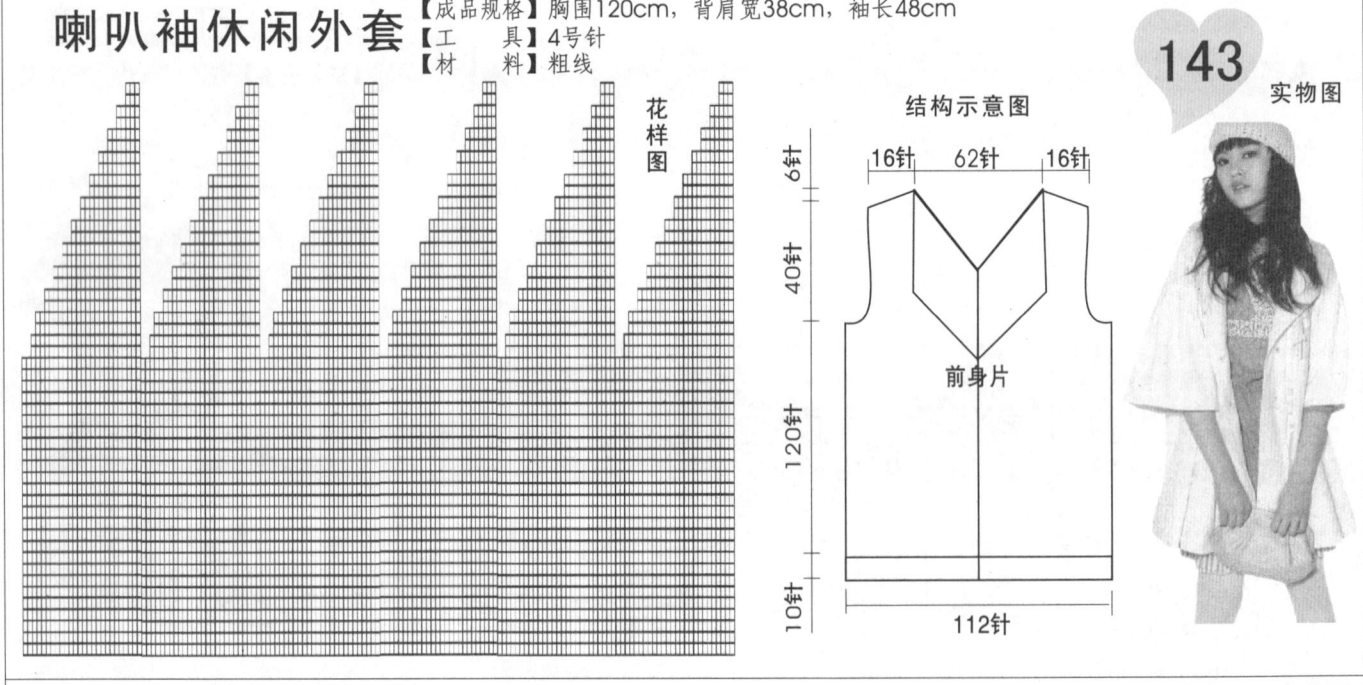

花样图

结构示意图

16针　62针　16针

6针
40针
120针
10针

前身片

112针

143

实物图

花样图

50
45
40
35
30
25
20
15
10
5

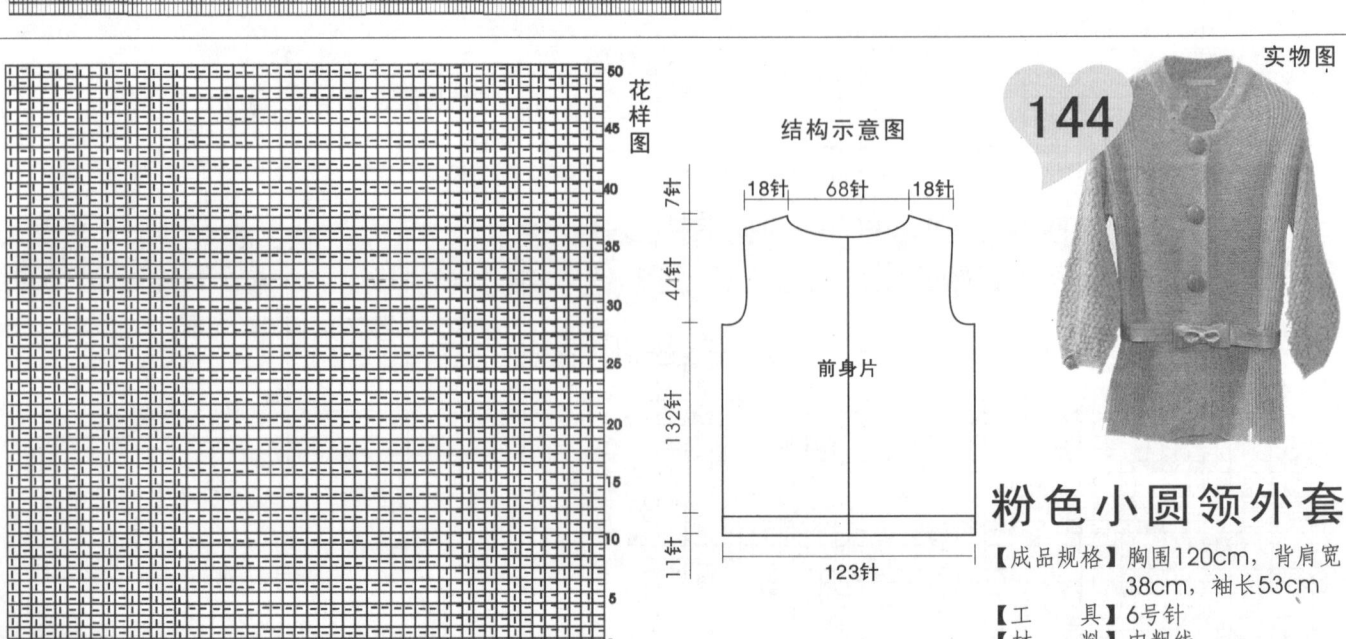

结构示意图

18针　68针　18针

7针
44针
132针
11针

前身片

123针

144

实物图

粉色小圆领外套

【成品规格】胸围120cm，背肩宽
38cm，袖长53cm
【工　　具】6号针
【材　　料】中粗线

花样图

粉绿开衫

【成品规格】胸围120cm，背肩宽
38cm，袖长53cm
【工　　具】6号针
【材　　料】中粗线

145

结构示意图

18针　68针　18针

7针
42针
110针
11针

前身片

123针

实物图

花样图

小圆领开衫

【成品规格】胸围120cm，背肩宽38cm，袖长53cm
【工　　具】钩针
【材　　料】中粗线

146

结构示意图

18针　68针　18针

7针
42针
110针
11针

前身片

123针

实物图

清纯迷人长外套

【成品规格】胸围120cm，背肩宽38cm，袖长53cm
【工　　具】6号针
【材　　料】中粗线

147

结构示意图

18针　68针　18针

7针
46针
154针
11针

前身片

123针

蓝色
红色
白色

花样图

50
45
40
35
30
25
20
15
10
5

35　　30　　25　　20　　15　　10　　5　　1

实物图

结构示意图

黑色酷装.

【成品规格】胸围120cm，背肩宽38cm，袖长53cm
【工　　具】10号针
【材　　料】中细线

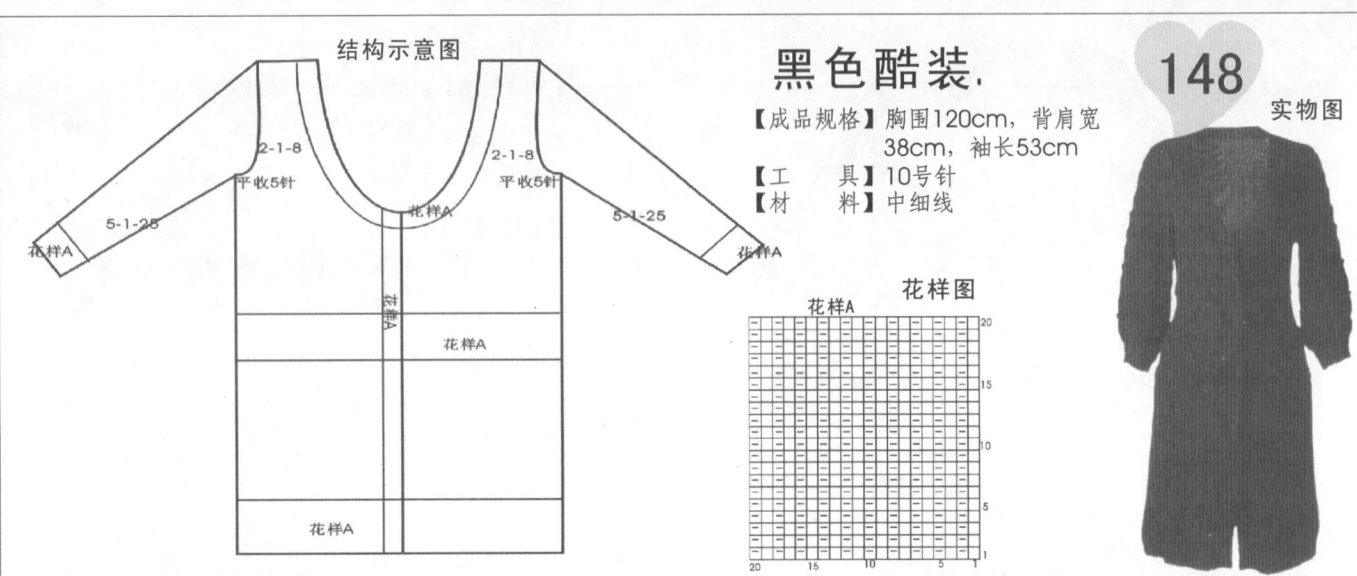

2-1-8
平收5针
2-1-8
平收5针
5-1-25
5-1-25
花样A
花样A
花样A
花样A
花样A
花样A

花样图
花样A

148
实物图

花样图

8cm — 17cm — 8cm   8cm

21cm   21cm
52CM   52CM
44cm   23CM

暖暖的皮毛连体外套

【成品规格】胸围120cm，背肩宽38cm，袖长53cm
【工　　具】6号针
【材　　料】中粗线

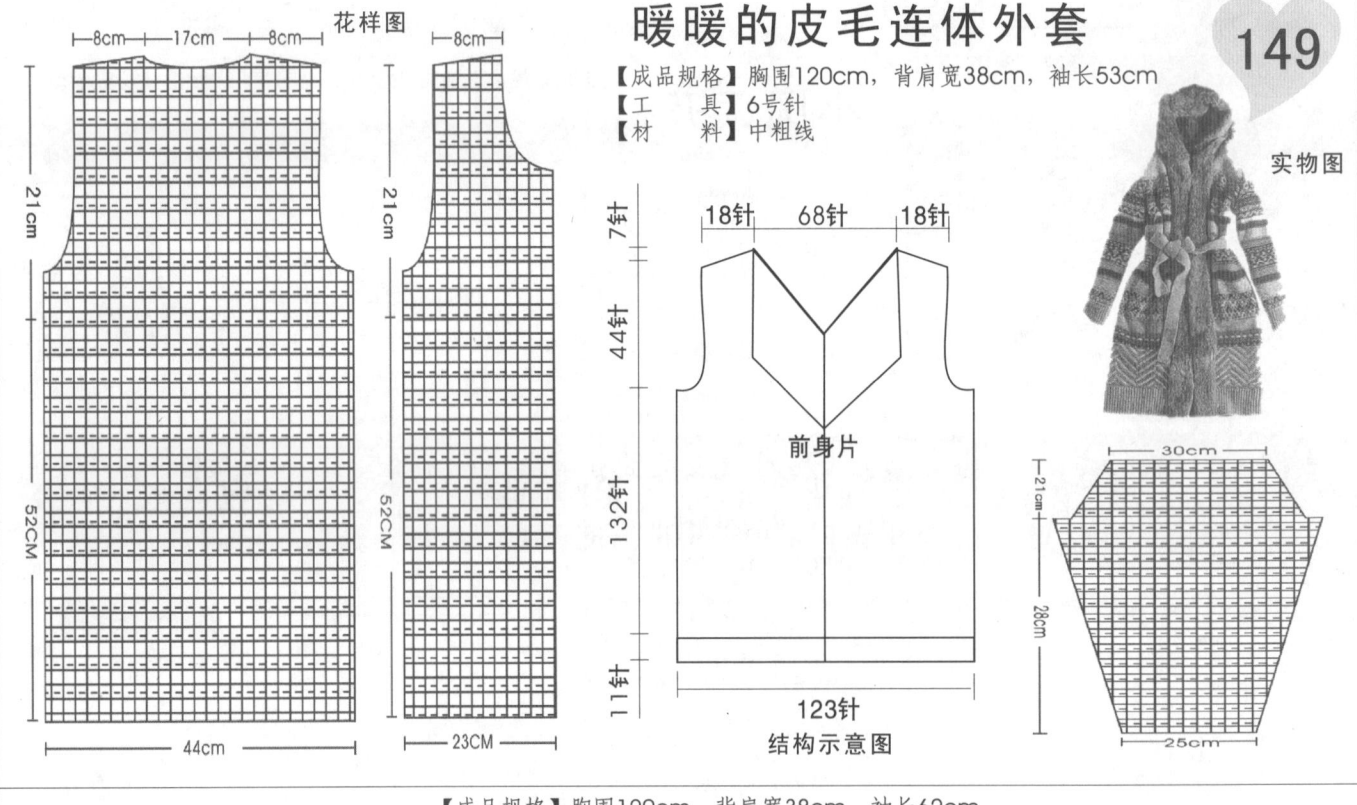

7针   18针   68针   18针
44针
132针
前身片
11针
123针
结构示意图

149
实物图

30cm
21cm
28cm
25cm

带帽收腰外套

【成品规格】胸围120cm，背肩宽38cm，袖长62cm
【工　　具】6号针
【材　　料】中粗线

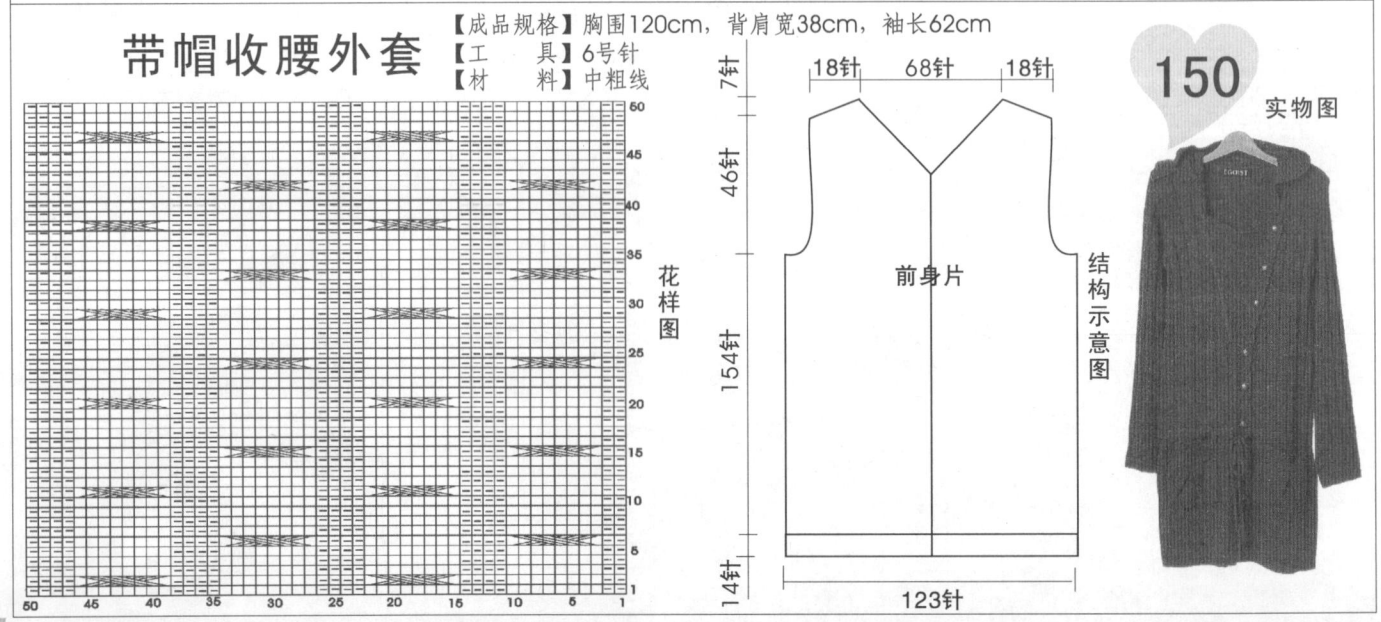

花样图

50
45
40
35
30
25
20
15
10
5

50 45 40 35 30 25 20 15 10 5 1

7针   18针   68针   18针
46针
154针
前身片
结构示意图
14针
123针

150
实物图

舒适简约外套

实物图

151

花样图

【成品规格】胸围120cm，背肩宽38cm，袖长53cm
【工　　具】6号针
【材　　料】中粗线

结构示意图

18针　68针　18针

7针
44针
132针
11针

前身片

23针

花样图

结构示意图

实物图

152

16针　62针　16针

6针
38针
100针
10针

前身片

112针

大翻领外套

【成品规格】胸围120cm，背肩宽38cm，袖长53cm
【工　　具】4号针
【材　　料】粗线

花样图

结构示意图

153

实物图

18针　68针　18针

7针
42针
110针
11针

前身片

123针

小圆翻领外套

【成品规格】胸围120cm，背肩宽38cm，袖长53cm
【工　　具】6号针
【材　　料】中粗线

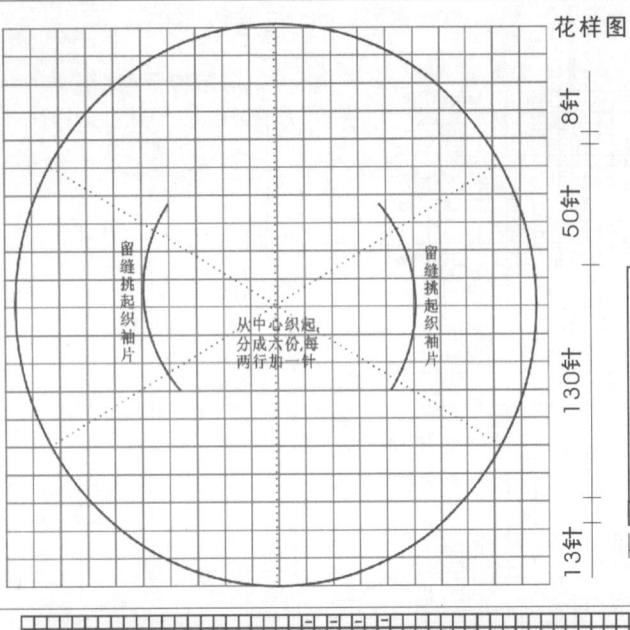

花样图

结构示意图

21针　81针　21针

前身片

146针

实物图

154

浪漫领口外套

【成品规格】胸围120cm，背肩宽
　　　　　　38cm，袖长53cm
【工　　具】10号针
【材　　料】细线

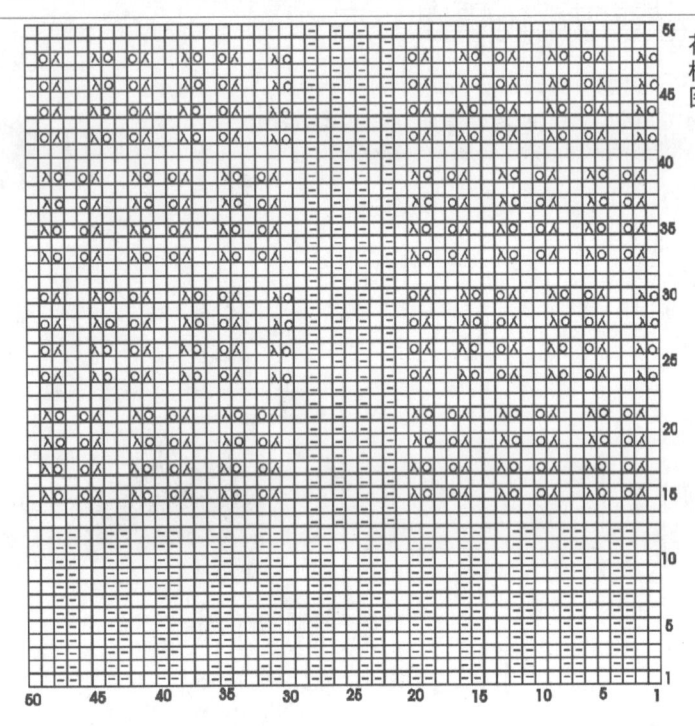

花样图

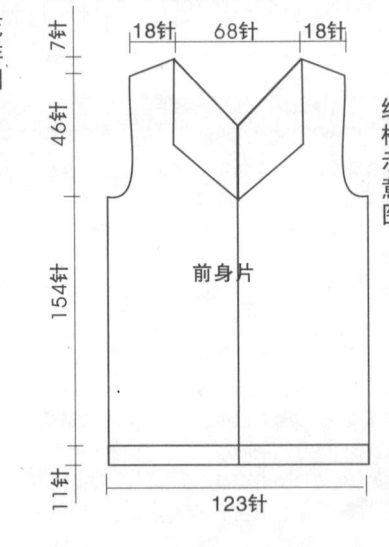

结构示意图

7针

18针　68针　18针

46针

154针

前身片

11针

123针

155

实物图

秀气逼人长外套

【成品规格】胸围120cm，背肩宽
　　　　　　38cm，袖长53cm
【工　　具】6号针
【材　　料】中粗线

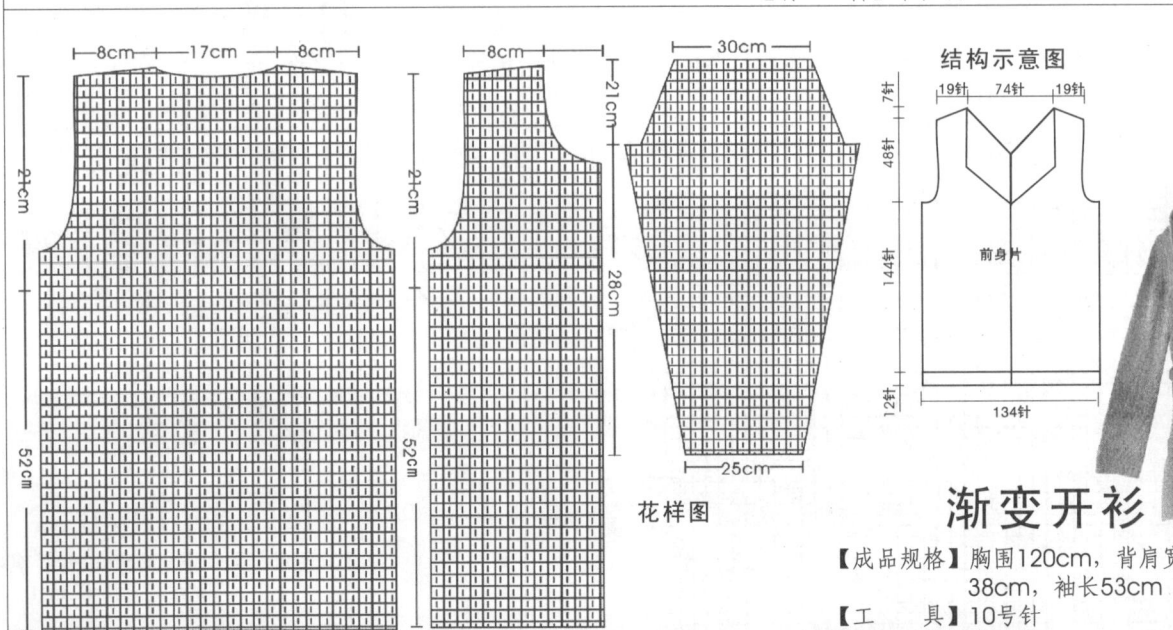

8cm　17cm　8cm

8cm

30cm

21cm

21cm

28cm

52cm

52cm

44cm

23cm

25cm

花样图

结构示意图

7针

19针　74针　19针

48针

144针

前身片

12针

134针

156

实物图

渐变开衫

【成品规格】胸围120cm，背肩宽
　　　　　　38cm，袖长53cm
【工　　具】10号针
【材　　料】中细线

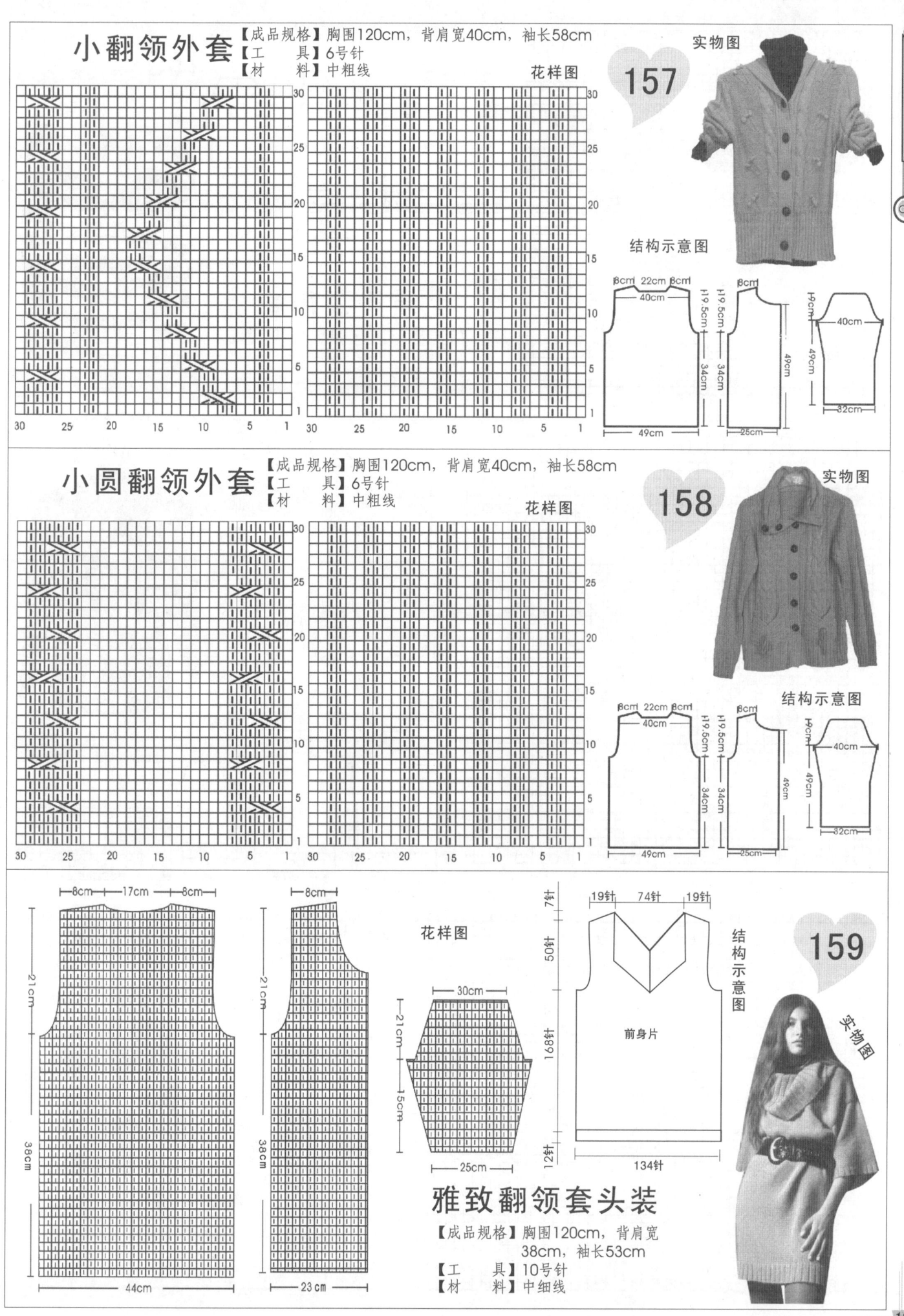

小翻领外套

【成品规格】胸围120cm，背肩宽40cm，袖长58cm
【工　　具】6号针
【材　　料】中粗线

花样图

实物图

157

结构示意图

8cm 22cm 8cm
40cm
49cm

8cm

40cm

49cm

49cm

32cm

34cm

34cm

49cm

25cm

小圆翻领外套

【成品规格】胸围120cm，背肩宽40cm，袖长58cm
【工　　具】6号针
【材　　料】中粗线

花样图

实物图

158

结构示意图

8cm 22cm 8cm
40cm

8cm

40cm

49cm

49cm

49cm

32cm

34cm

34cm

49cm

25cm

花样图

8cm 17cm 8cm

8cm

21cm

21cm

38cm

38cm

44cm

23 cm

30cm

21cm

15cm

25cm

19针 74针 19针

前身片

134针

结构示意图

159

实物图

雅致翻领套头装

【成品规格】胸围120cm，背肩宽
38cm，袖长53cm
【工　　具】10号针
【材　　料】中细线

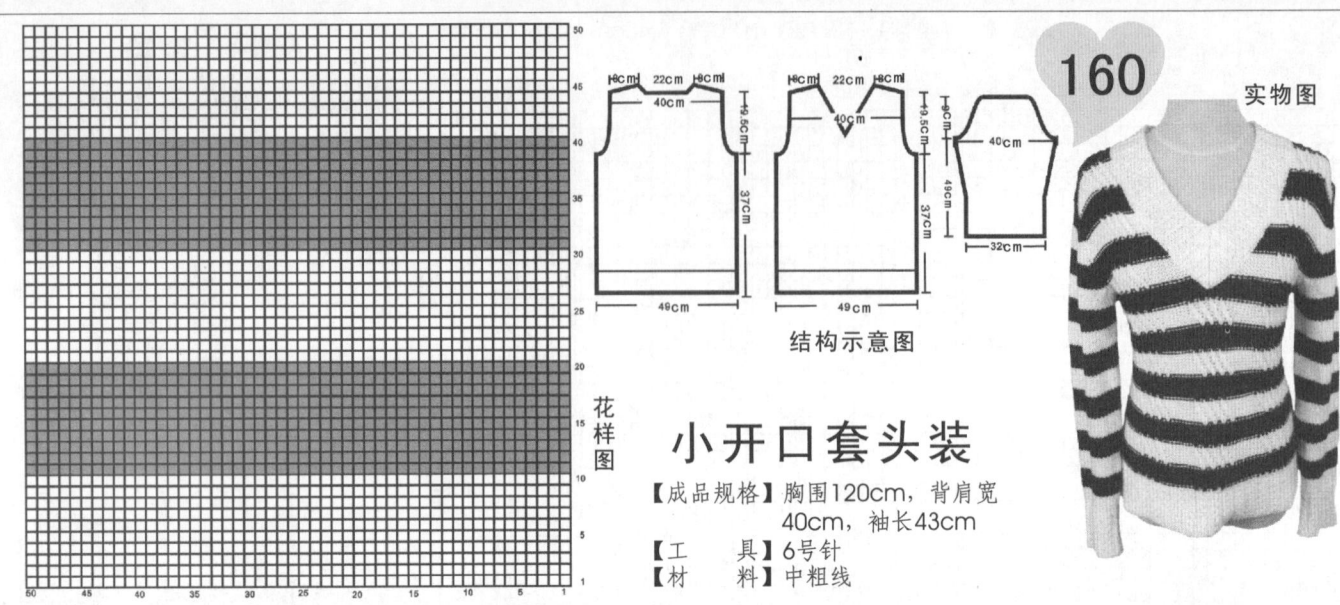

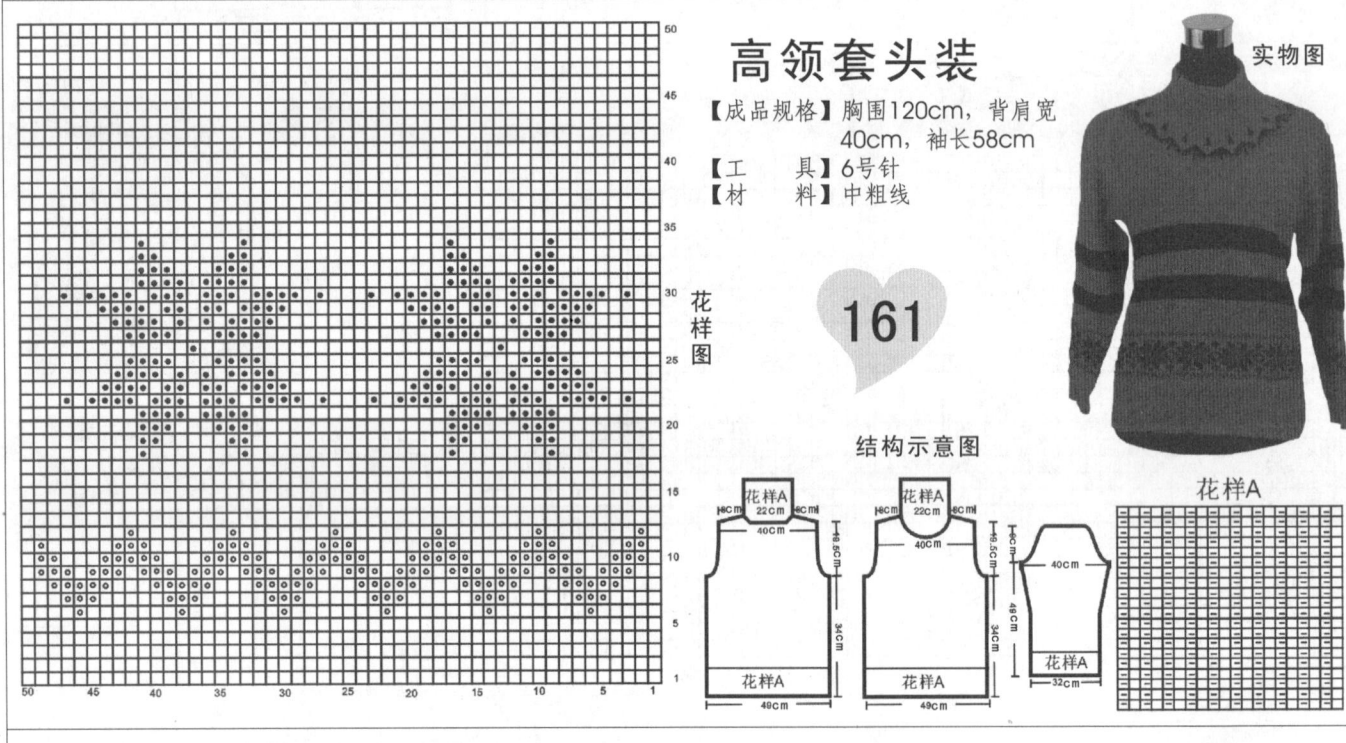

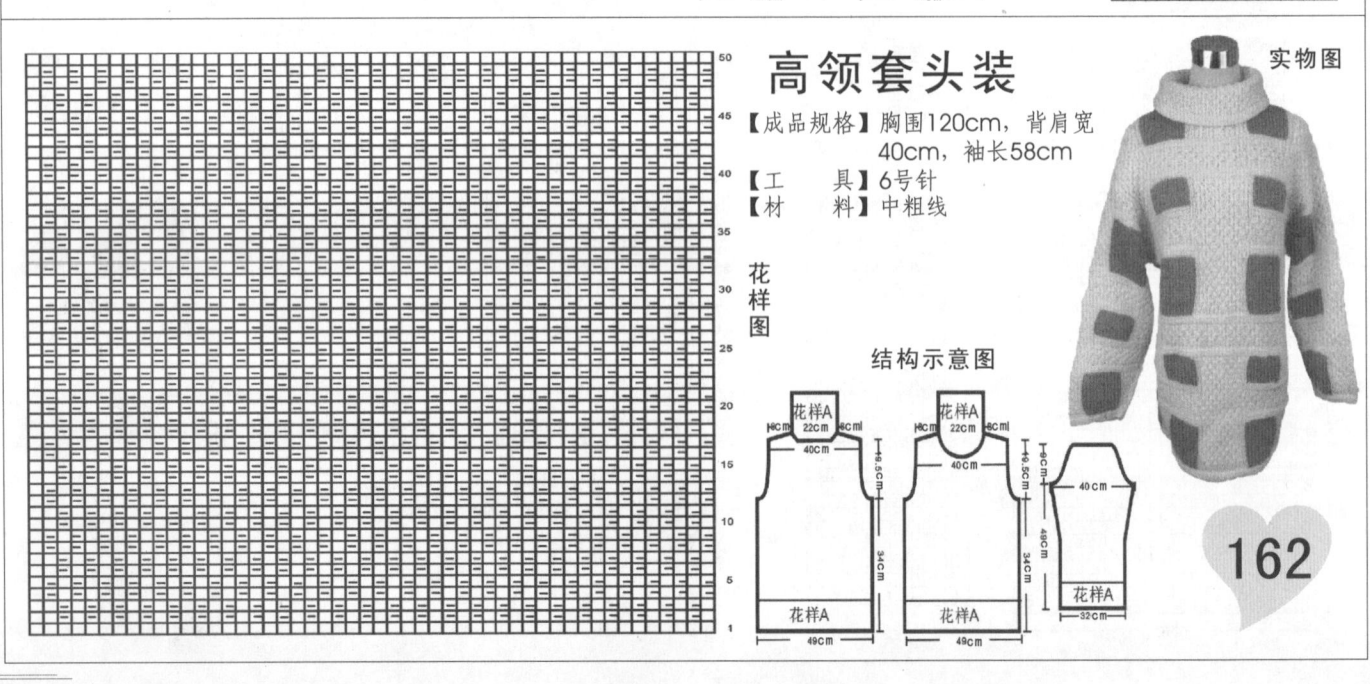

小开口套头装

【成品规格】胸围120cm，背肩宽
40cm，袖长43cm
【工　　具】6号针
【材　　料】中粗线

160

实物图

结构示意图

花样图

高领套头装

【成品规格】胸围120cm，背肩宽
40cm，袖长58cm
【工　　具】6号针
【材　　料】中粗线

161

花样图

结构示意图

花样A

花样A

高领套头装

【成品规格】胸围120cm，背肩宽
40cm，袖长58cm
【工　　具】6号针
【材　　料】中粗线

花样图

结构示意图

实物图

162

流行韩式毛衣汇编1888

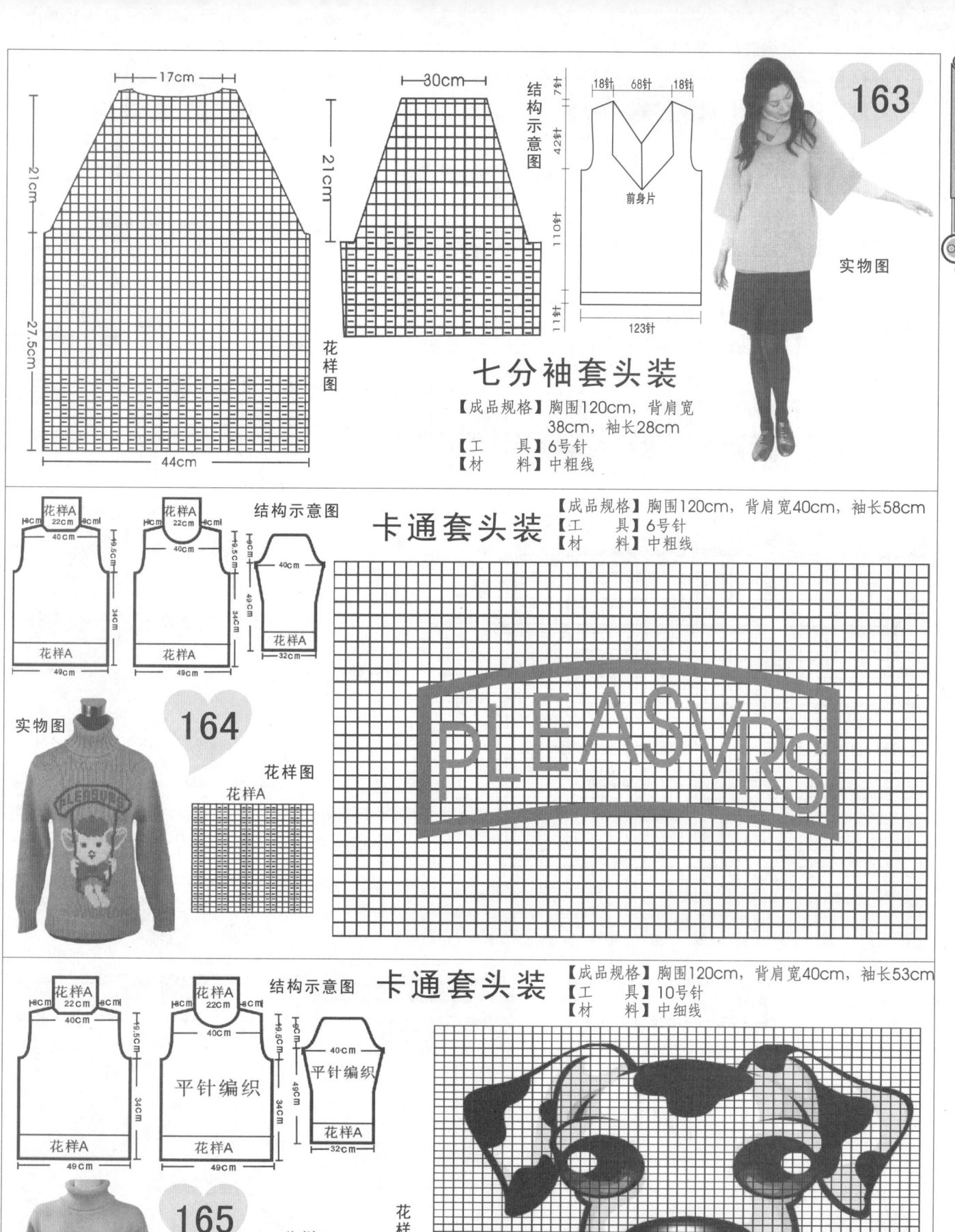

17cm

30cm

21cm

21cm

27.5cm

44cm

花样图

结构示意图

18针 68针 18针

7针

42针

前身片

110针

11针

123针

实物图

163

七分袖套头装

【成品规格】胸围120cm，背肩宽
38cm，袖长28cm
【工　　具】6号针
【材　　料】中粗线

花样A
8cm 22cm 8cm
40cm
49.5cm
34cm
花样A
49cm

花样A
8cm 22cm 8cm
40cm
49.5cm
34cm
花样A
49cm

结构示意图
40cm
49cm
花样A
32cm

卡通套头装

【成品规格】胸围120cm，背肩宽40cm，袖长58cm
【工　　具】6号针
【材　　料】中粗线

实物图

164

花样图

花样A

PLEASVRS

花样A
8cm 22cm 8cm
40cm
49.5cm
34cm
花样A
49cm

花样A
8cm 22cm 8cm
40cm
49.5cm
34cm
平针编织
花样A
49cm

结构示意图
40cm
平针编织
49cm
花样A
32cm

卡通套头装

【成品规格】胸围120cm，背肩宽40cm，袖长53cm
【工　　具】10号针
【材　　料】中细线

实物图

165

花样A

花样图

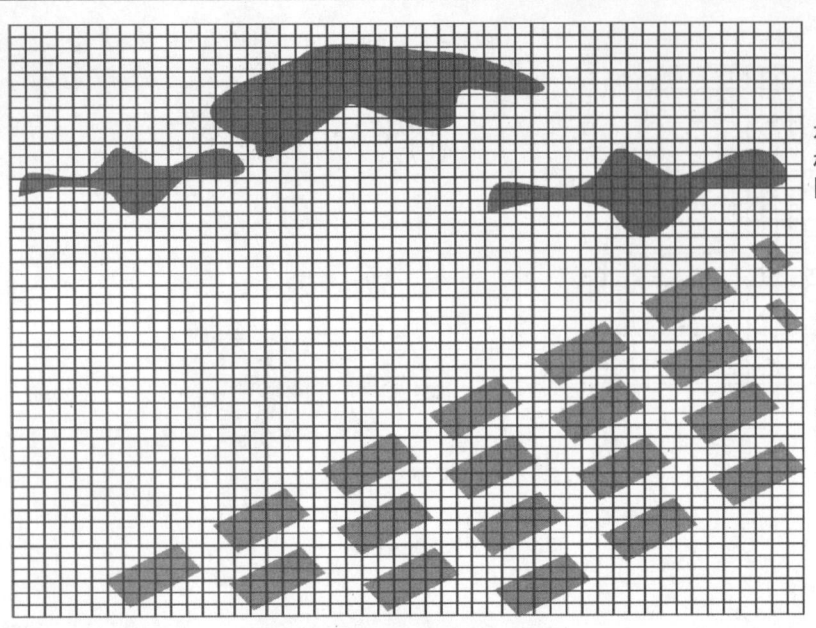

花样图

18cm 22cm 18cm
40cm
平针编织
34cm
49cm
花样A

花样A
22cm
18cm
40cm
平针编织
34cm
49cm
结构示意图

40cm
平针编织
49cm
32cm

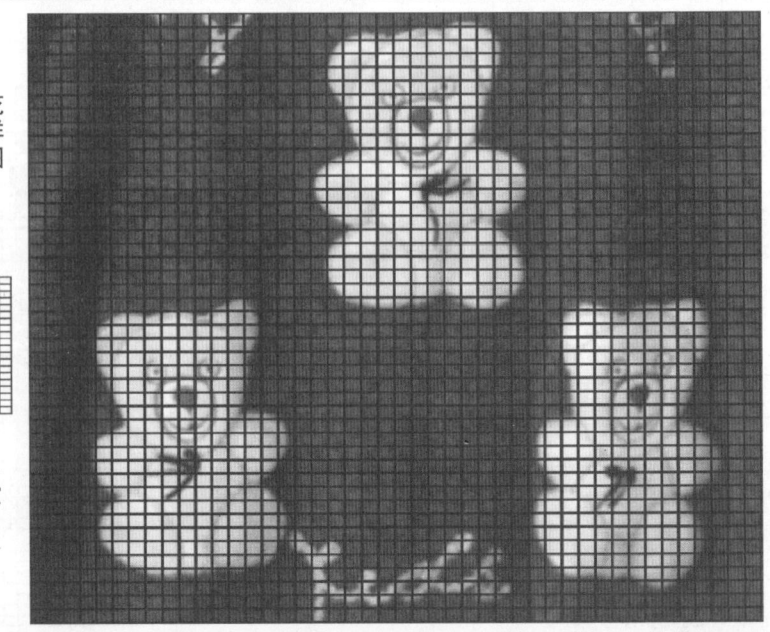

166

云朵图案装

【成品规格】胸围120cm，背肩宽
40cm，袖长58cm
【工　　具】6号针
【材　　料】中粗线

实物图

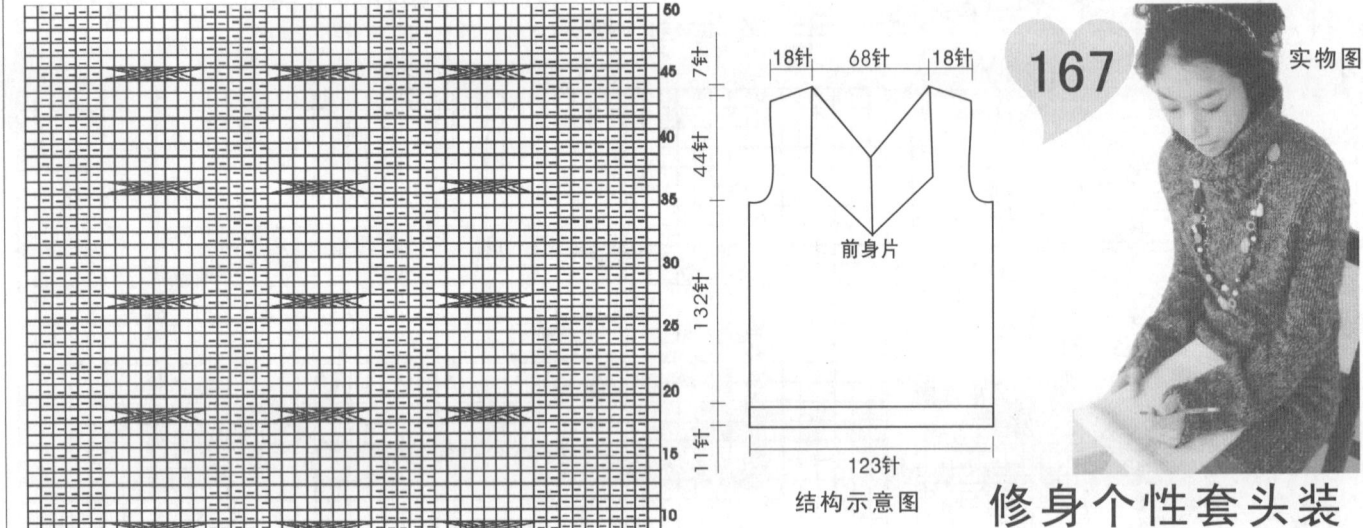

花样图

18针 68针 18针

前身片

132针

123针

结构示意图

167 实物图

修身个性套头装

【成品规格】胸围120cm，背肩宽
38cm，袖长53cm
【工　　具】6号针
【材　　料】中粗线

18cm 22cm 18cm
40cm
34cm
49cm

花样A
22cm 18cm
40cm
34cm
49cm

结构示意图
40cm
49cm
32cm

花样图

花样A

实物图

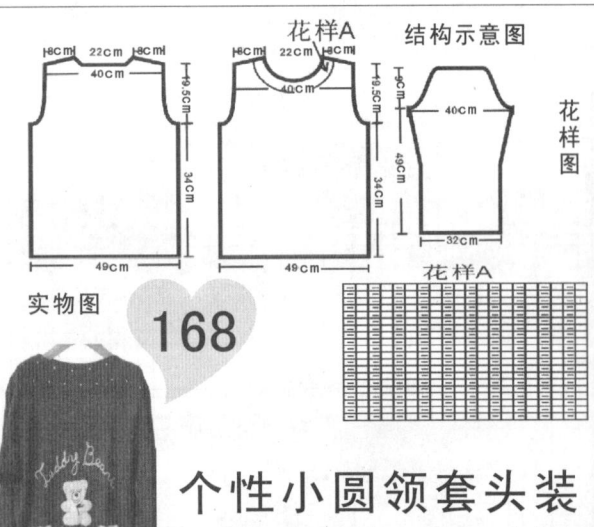

168

个性小圆领套头装

【成品规格】胸围120cm，背肩宽
40cm，袖长58cm
【工　　具】6号针
【材　　料】中粗线

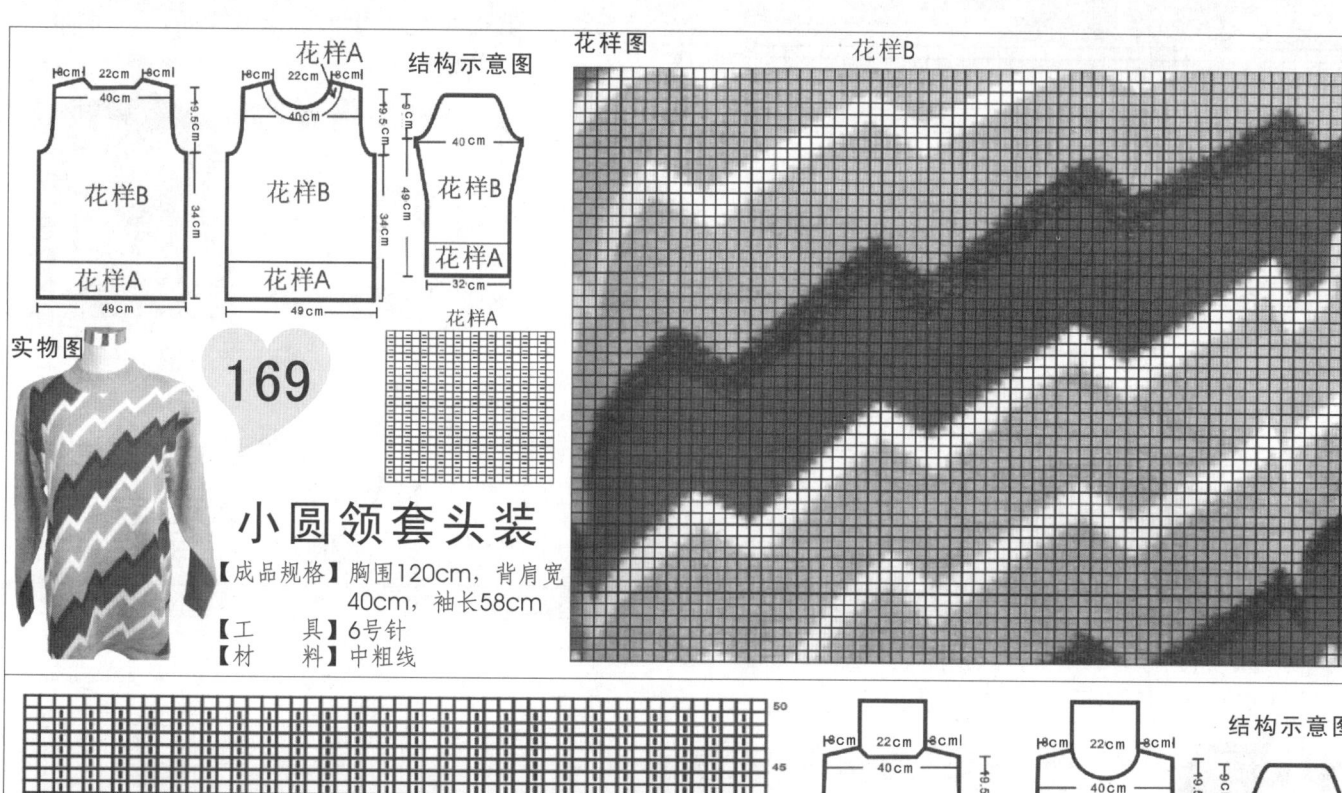

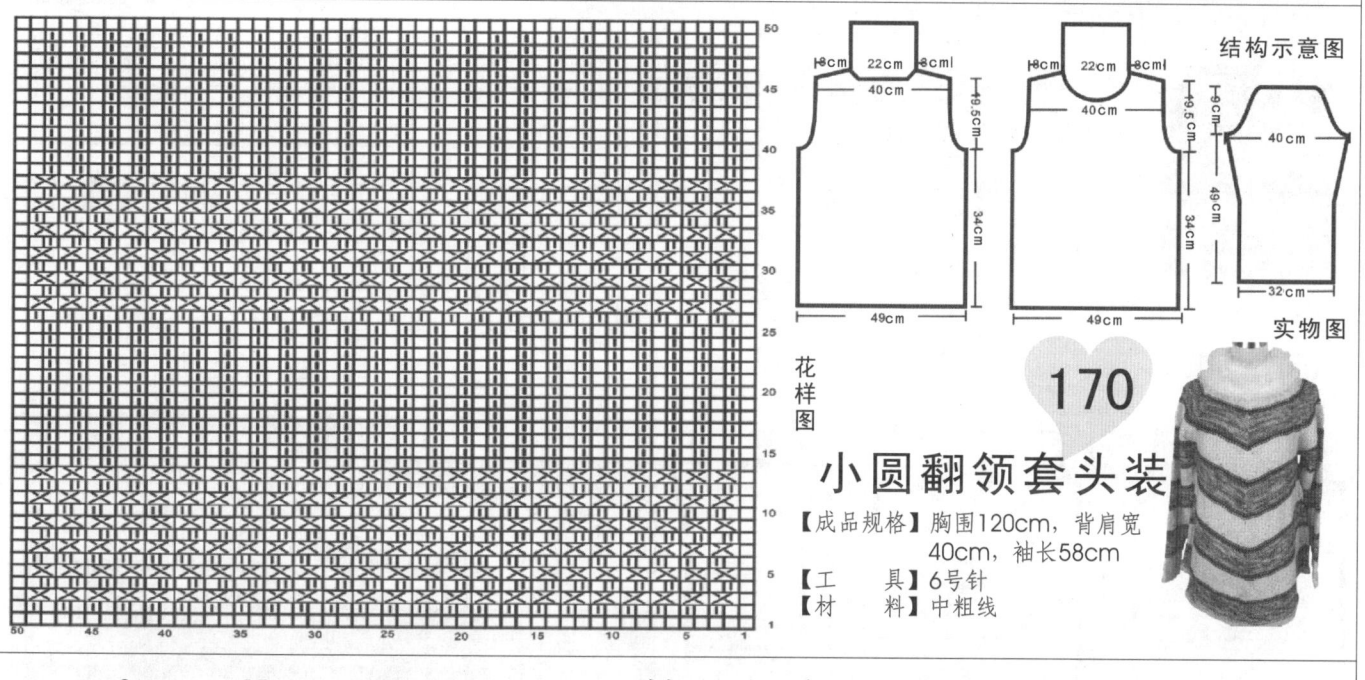

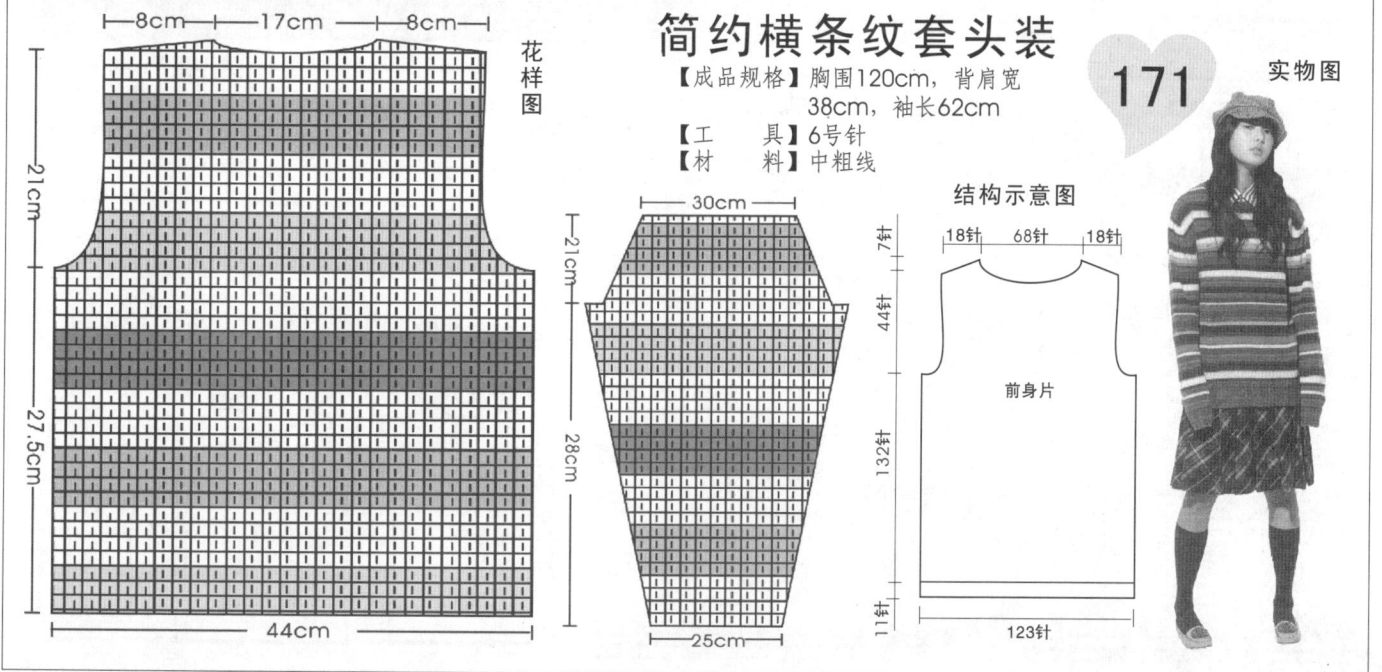

小圆领套头装

169

【成品规格】胸围120cm，背肩宽40cm，袖长58cm
【工　　具】6号针
【材　　料】中粗线

花样A

花样B

结构示意图

实物图

小圆翻领套头装

170

【成品规格】胸围120cm，背肩宽40cm，袖长58cm
【工　　具】6号针
【材　　料】中粗线

花样图

结构示意图

实物图

简约横条纹套头装

171

【成品规格】胸围120cm，背肩宽38cm，袖长62cm
【工　　具】6号针
【材　　料】中粗线

花样图

结构示意图

前身片

实物图

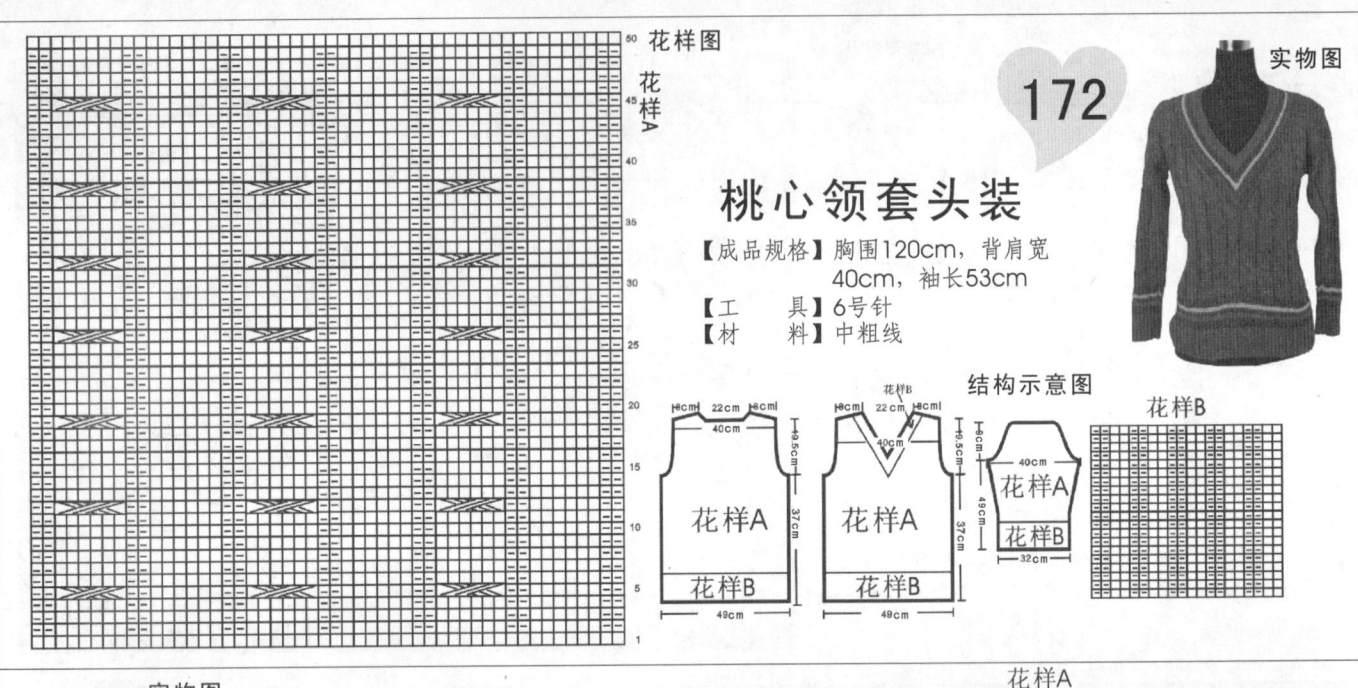

花样图

花样A

172

实物图

桃心领套头装

【成品规格】胸围120cm，背肩宽
40cm，袖长53cm
【工　　具】6号针
【材　　料】中粗线

结构示意图

花样B

花样A
花样A
花样B

花样A
花样B

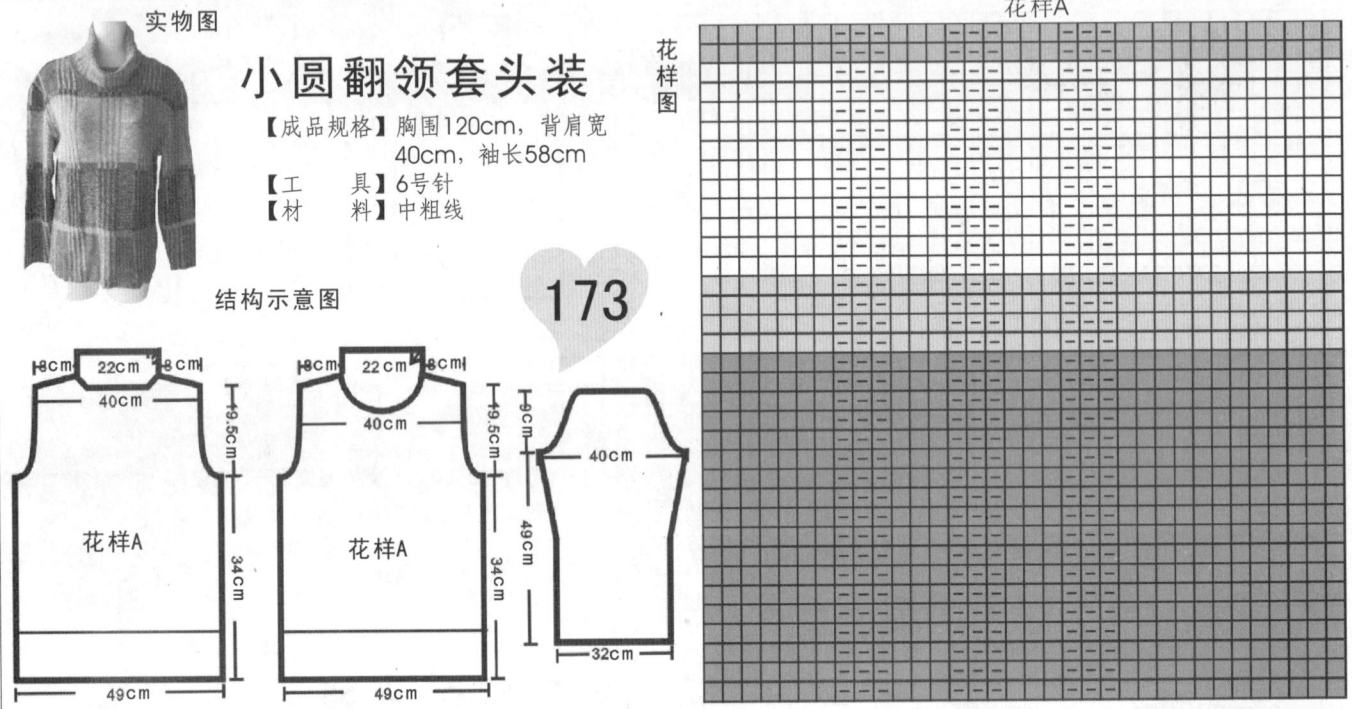

实物图

小圆翻领套头装

【成品规格】胸围120cm，背肩宽
40cm，袖长58cm
【工　　具】6号针
【材　　料】中粗线

173

花样图

花样A

结构示意图

花样A
花样A

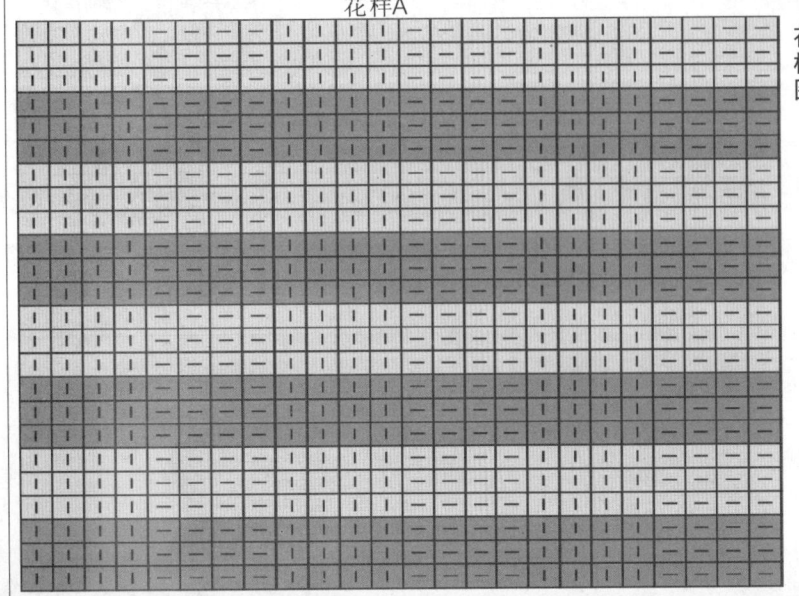

花样A

花样图

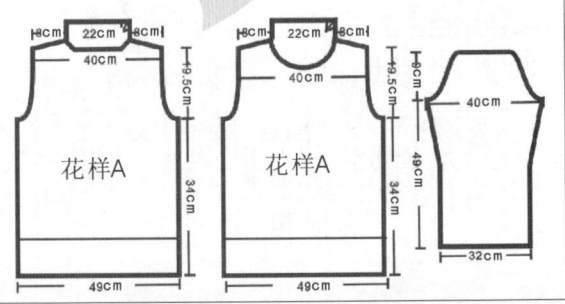

实物图

小圆高领套头装

【成品规格】胸围120cm，背肩宽
40cm，袖长58cm
【工　　具】6号针
【材　　料】中粗线

174

结构示意图

花样A
花样A

流行韩式毛衣汇编1888

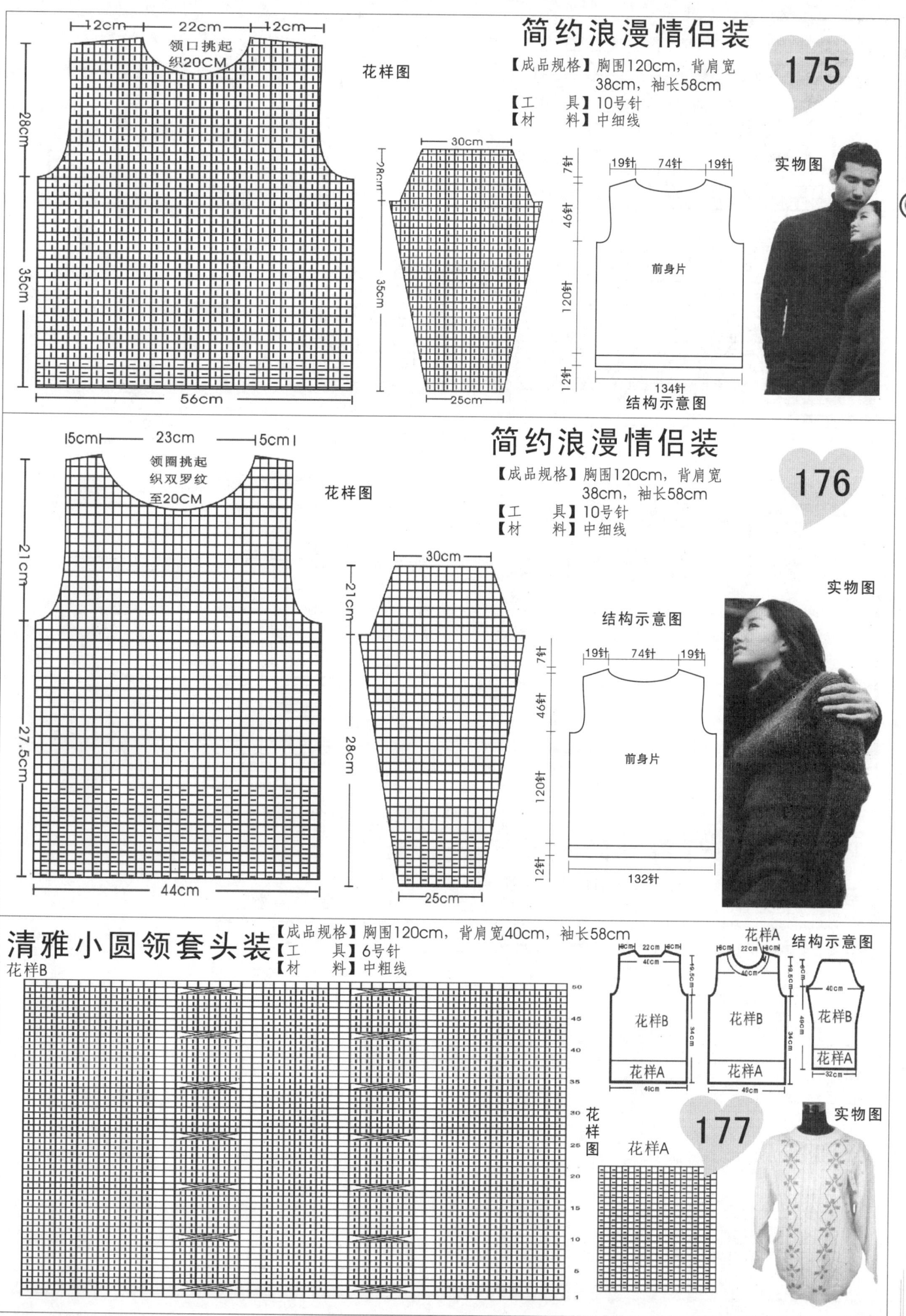

简约浪漫情侣装

175

【成品规格】胸围120cm，背肩宽38cm，袖长58cm
【工　具】10号针
【材　料】中细线

—12cm— —22cm— —12cm—

领口挑起
织20CM

花样图

28cm
35cm

56cm

30cm
28cm
35cm
25cm

实物图

19针　74针　19针
7针
46针
前身片
120针
12针
134针
结构示意图

简约浪漫情侣装

176

【成品规格】胸围120cm，背肩宽38cm，袖长58cm
【工　具】10号针
【材　料】中细线

I5cm— —23cm— —I5cmI

领圈挑起
织双罗纹
至20CM

花样图

21cm
27.5cm

44cm

30cm
21cm
28cm
25cm

实物图

结构示意图

19针　74针　19针
7针
46针
前身片
120针
12针
132针

清雅小圆领套头装

花样B

【成品规格】胸围120cm，背肩宽40cm，袖长58cm
【工　具】6号针
【材　料】中粗线

花样A 结构示意图

177

花样图

花样A

花样B
花样A

花样B
花样A

花样B
花样A

实物图

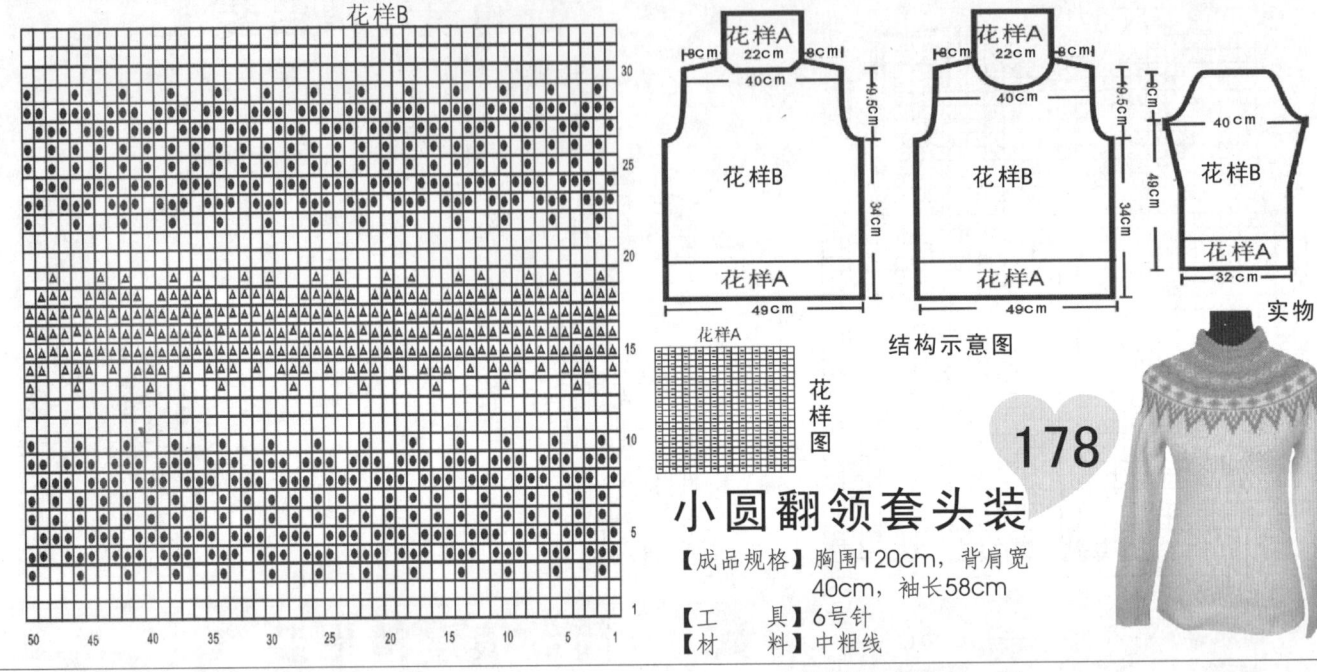

花样B

结构示意图

花样A

花样图

实物图

小圆翻领套头装

178

【成品规格】胸围120cm，背肩宽40cm，袖长58cm

【工　　具】6号针
【材　　料】中粗线

成熟套头装

179

【成品规格】胸围120cm，背肩宽40cm，袖长58cm

【工　　具】6号针
【材　　料】中粗线

实物图

花样A　　花样图

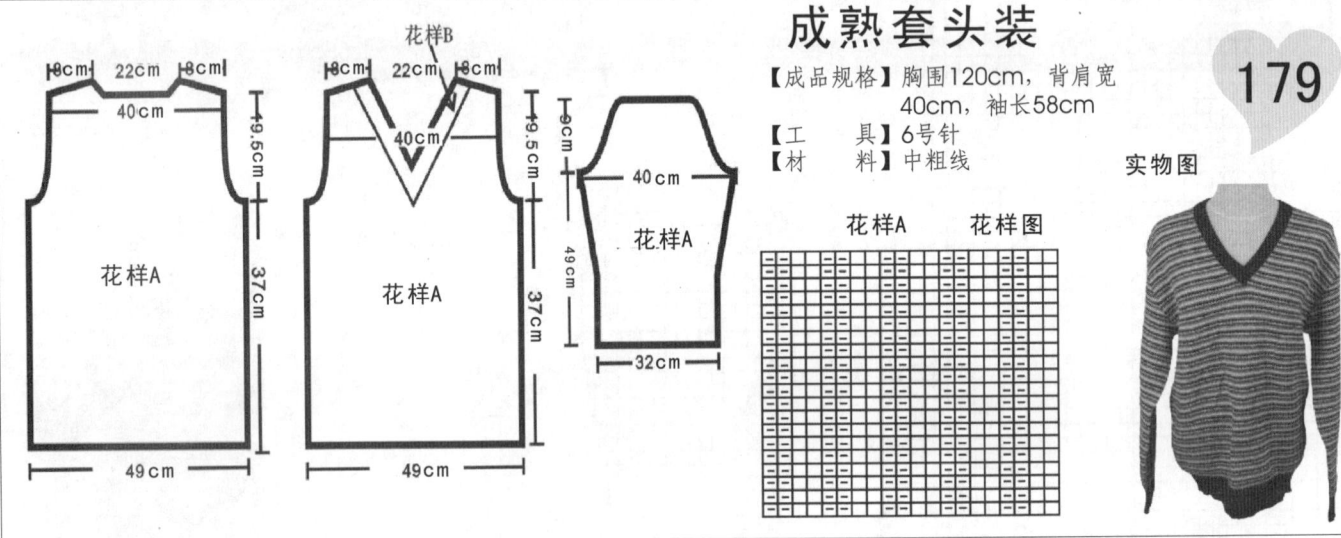

花样B

舒适简洁长套头装

180

【成品规格】胸围120cm，背肩宽38cm，袖长53cm
【工　　具】6号针
【材　　料】中粗线

结构示意图

实物图

花样图

前身片

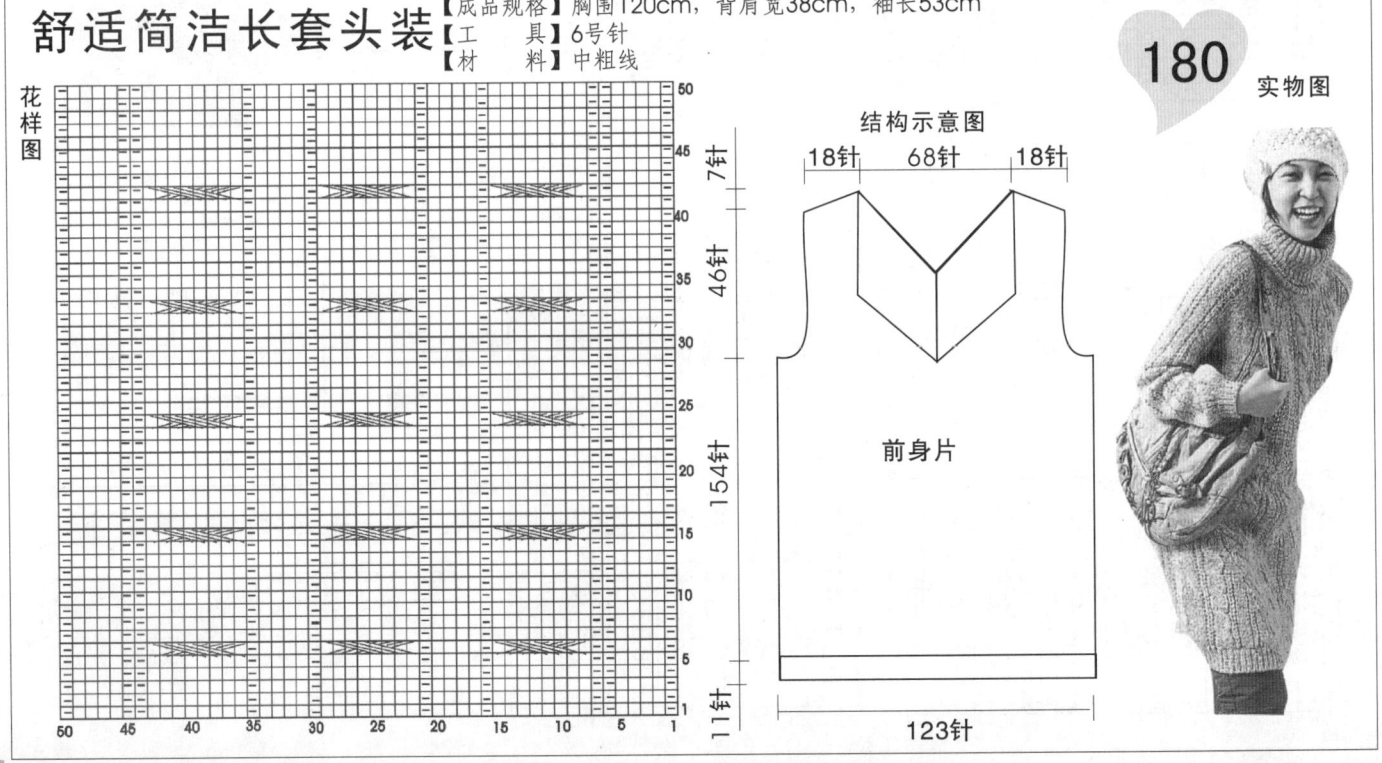

132

成熟花纹套头装

【成品规格】胸围120cm，背肩宽40cm，袖长58cm
【工　　具】6号针
【材　　料】中粗线

181

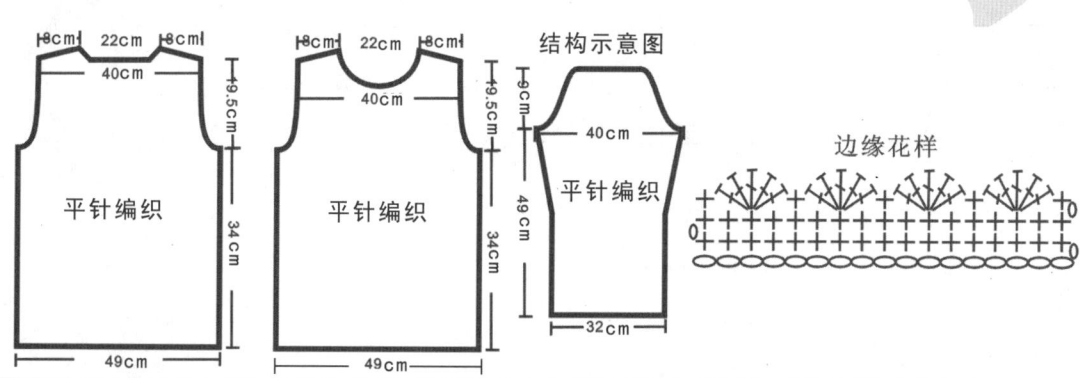

8cm　22cm　8cm
40cm
19.5cm

平针编织

34cm

49cm

8cm　22cm　8cm
40cm
19.5cm

平针编织

34cm

49cm

结构示意图

40cm

9cm

平针编织

49cm

32cm

边缘花样

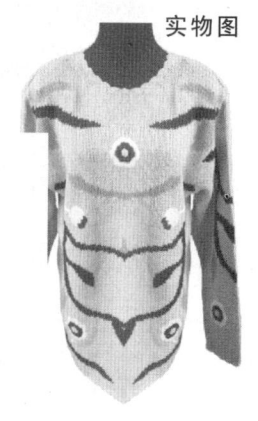

花样A

8cm 22cm 8cm
40cm
19.5cm

花样A

34cm

49cm

花样A
22cm
40cm
19.5cm

花样B

花样A

49cm

34cm

40cm

花样A

32cm

49cm

结构示意图

花样图　　花样B

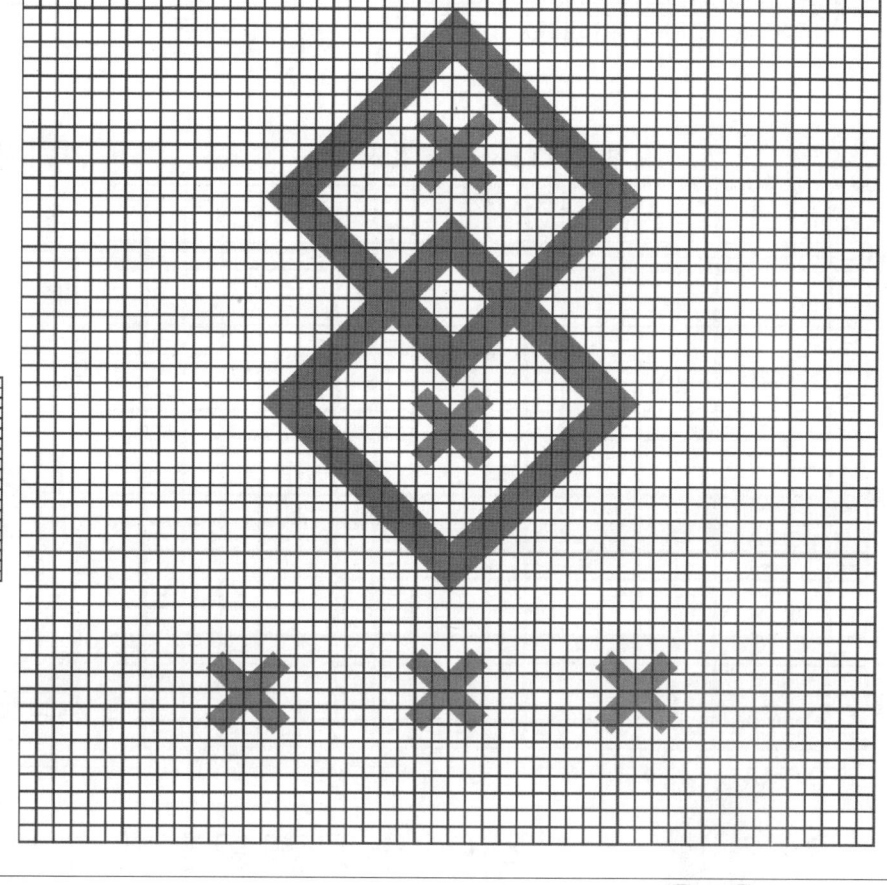

实物图

182

花样A

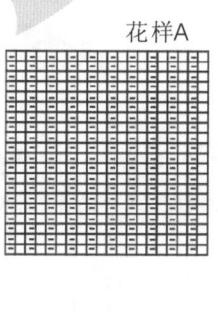

小圆领套头装

【成品规格】胸围120cm，背肩宽
40cm，袖长58cm
【工　　具】6号针
【材　　料】中粗线

卡通翻领套头装

【成品规格】胸围120cm，背肩宽40cm，袖长58cm
【工　　具】6号针
【材　　料】中粗线

183

花样A
8cm　22cm　8cm
40cm
19.5cm

平针编织

34cm

花样A

49cm

花样A
22cm
40cm
19.5cm

平针编织

34cm

花样A

49cm

结构示意图

40cm

9cm

平针编织

49cm

花样A

32cm

花样图　　花样A

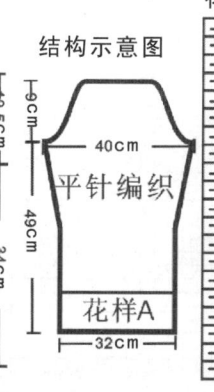

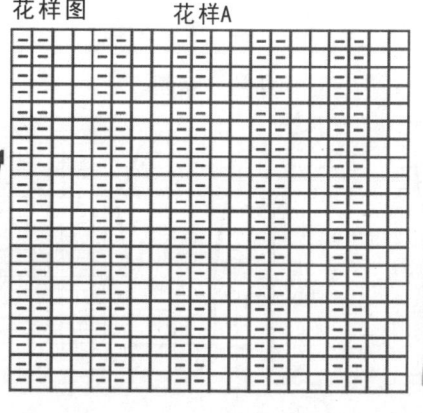

实物图

运动风套头装

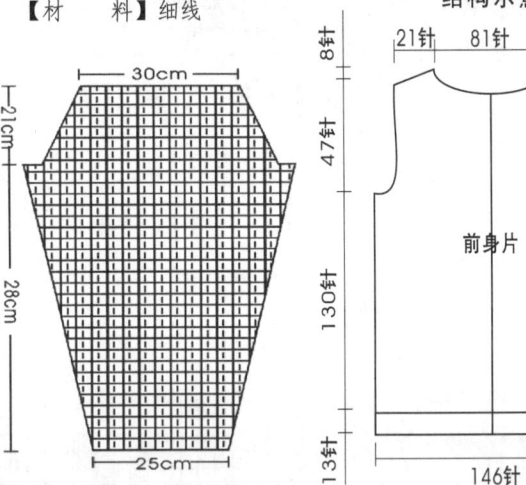

实物图

184

【成品规格】胸围120cm，背肩宽
　　　　　38cm，袖长58cm
【工　　具】10号针
【材　　料】细线

花样图

8cm　17cm　8cm

21cm

80cm

44cm

30cm

21cm

28cm

25cm

结构示意图

21针　81针　21针

8针

47针

130针

13针

前身片

146针

门襟、领口、下摆花样

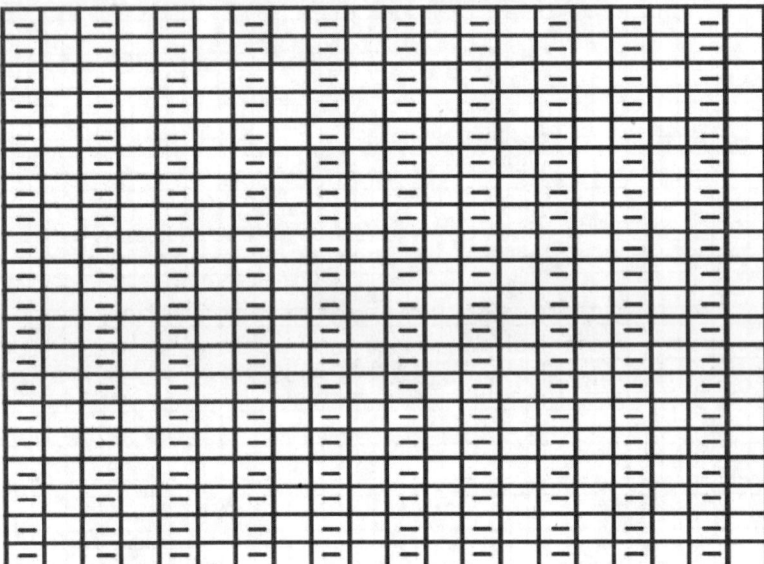

花样图

小圆翻领套头装

实物图

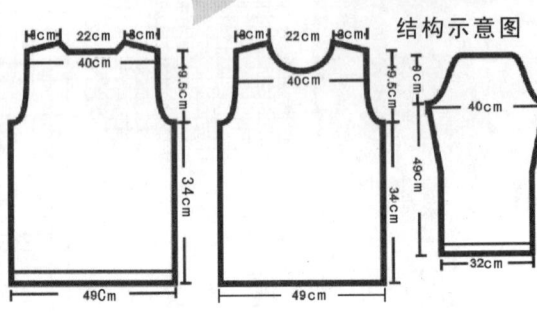

185

【成品规格】胸围120cm，背肩宽
　　　　　40cm，袖长58cm
【工　　具】10号针
【材　　料】中细线

结构示意图

8cm　22cm　8cm
40cm
19.5cm
34cm
49Cm

8cm　22cm　8cm
40cm
19.5cm
34cm
49cm

40cm
49cm
32cm

实物图

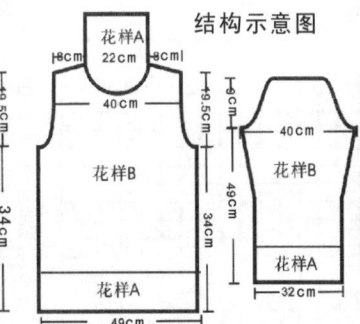

186

小圆翻领套头装

【成品规格】胸围120cm，背肩宽
　　　　　40cm，袖长58cm
【工　　具】10号针
【材　　料】中细线

花样图

花样B

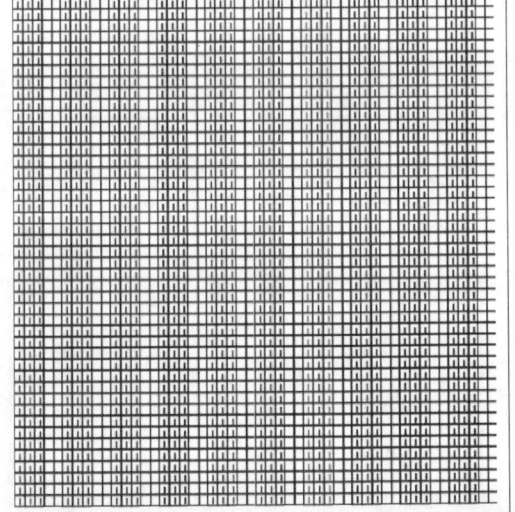

结构示意图

花样A
22cm
8cm　8cm
40cm
19.5cm
花样B
34cm
花样A
49cm

花样A
22cm
8cm　8cm
40cm
19.5cm
花样B
34cm
花样A
49cm

9cm
40cm
49cm
花样B
34cm
花样A
32cm

花样A

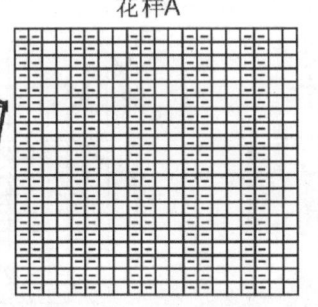

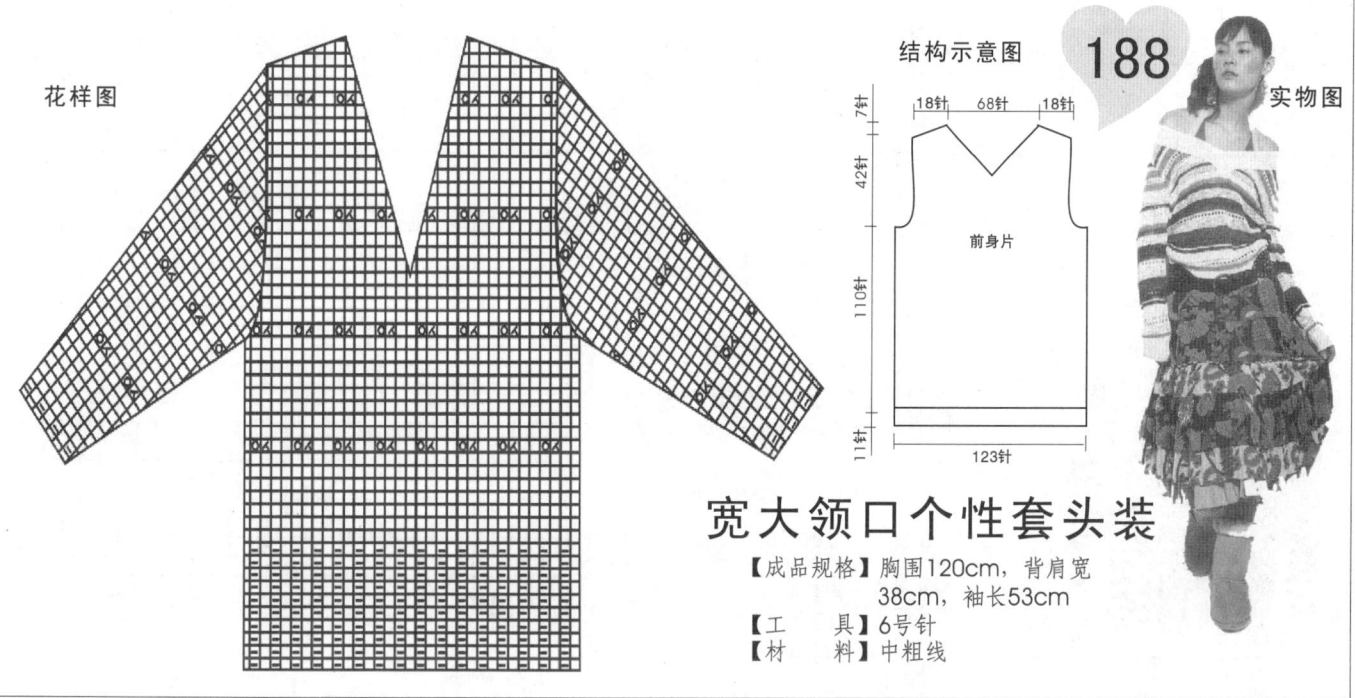

187

浪漫套头装

【成品规格】胸围120cm，背肩宽
40cm，袖长58cm
【工　　具】钩针
【材　　料】中粗线

花样图

实物图

花样A

结构示意图

花样图

结构示意图

188

实物图

宽大领口个性套头装

【成品规格】胸围120cm，背肩宽
38cm，袖长53cm
【工　　具】6号针
【材　　料】中粗线

前身片

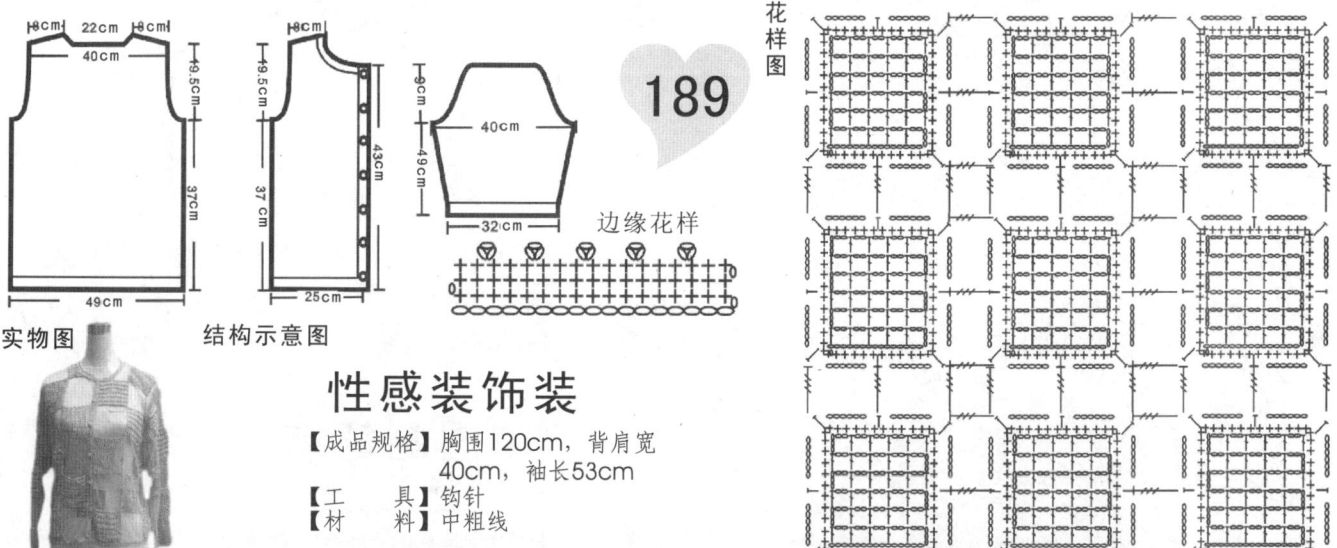

189

实物图

结构示意图

边缘花样

性感装饰装

【成品规格】胸围120cm，背肩宽
40cm，袖长53cm
【工　　具】钩针
【材　　料】中粗线

花样图

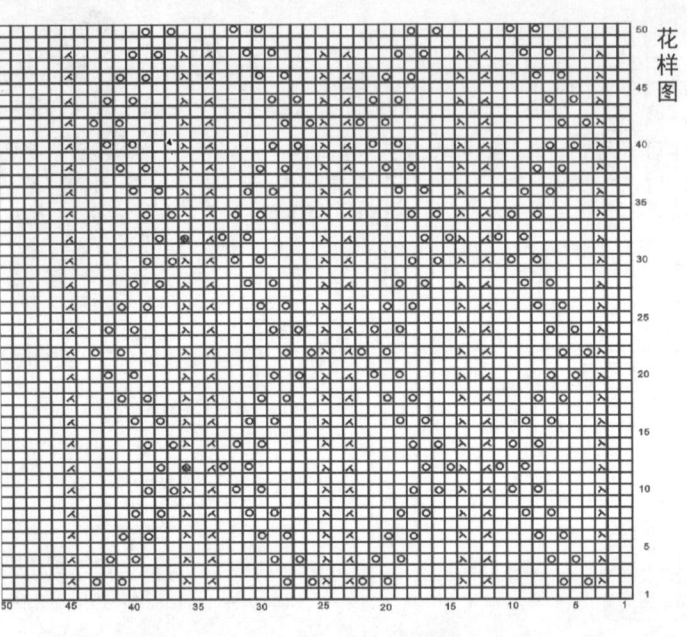

花样图

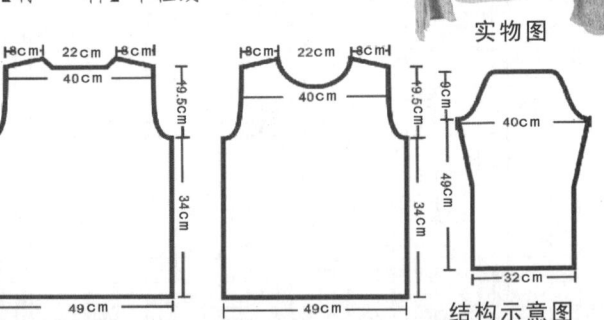

190

镂空花套头衫

【成品规格】胸围120cm，背肩宽40cm，袖长58cm
【工　　具】钩针
【材　　料】中粗线

实物图

结构示意图

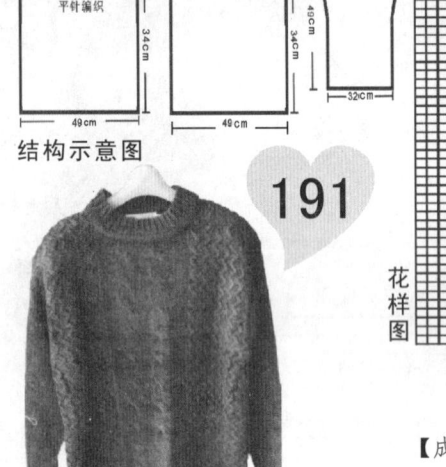

结构示意图

平针编织

191

实物图

花样图

小圆领装

【成品规格】胸围120cm，背肩宽40cm，袖长58cm
【工　　具】6号针
【材　　料】中粗线

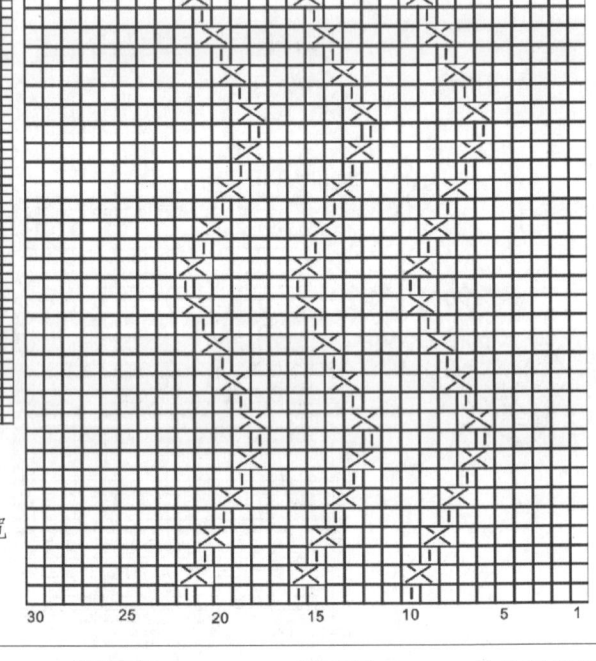

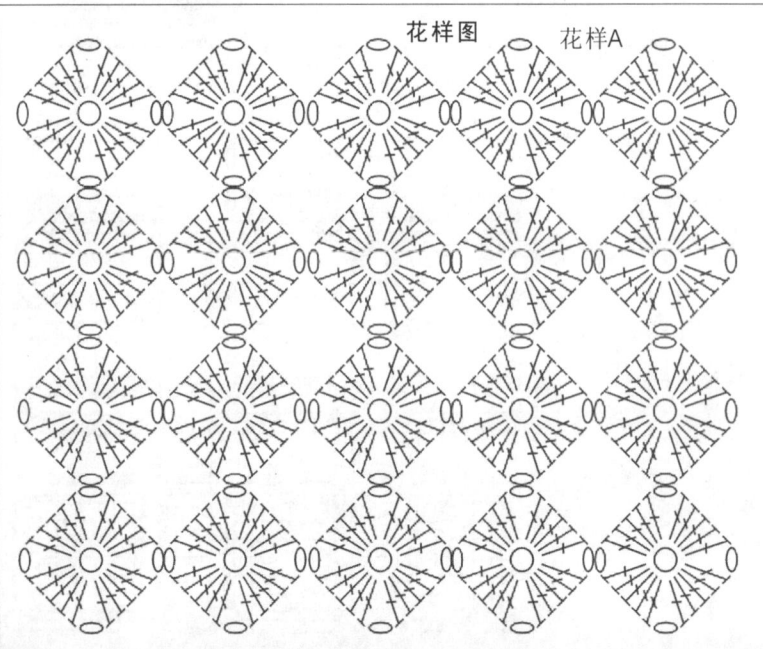

花样图　　花样A

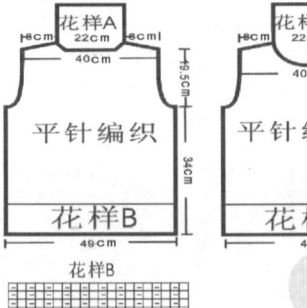

结构示意图

花样A　　　22cm

平针编织　　　平针编织

花样B　　　花样B

花样B

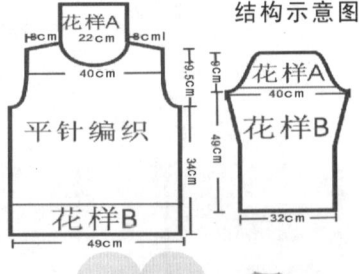

192

小圆翻领装

【成品规格】胸围120cm，背肩宽40cm，袖长58cm
【工　　具】10号针
【材　　料】中细线

实物图

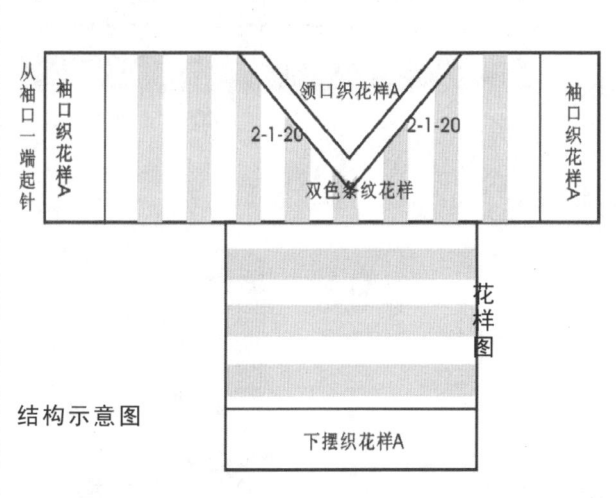

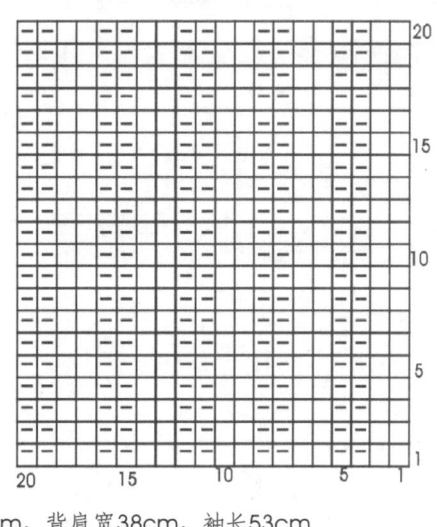

花样A

193

实物图

绣花民族风套头装

【成品规格】胸围120cm，背肩宽38cm，袖长53cm
【工　　具】6号针
【材　　料】中粗线

结构示意图

领口织花样A

2-1-20　　2-1-20

袖口织花样A

从袖口一端起针

双色紧纹花样

袖口织花样A

花样图

下摆织花样A

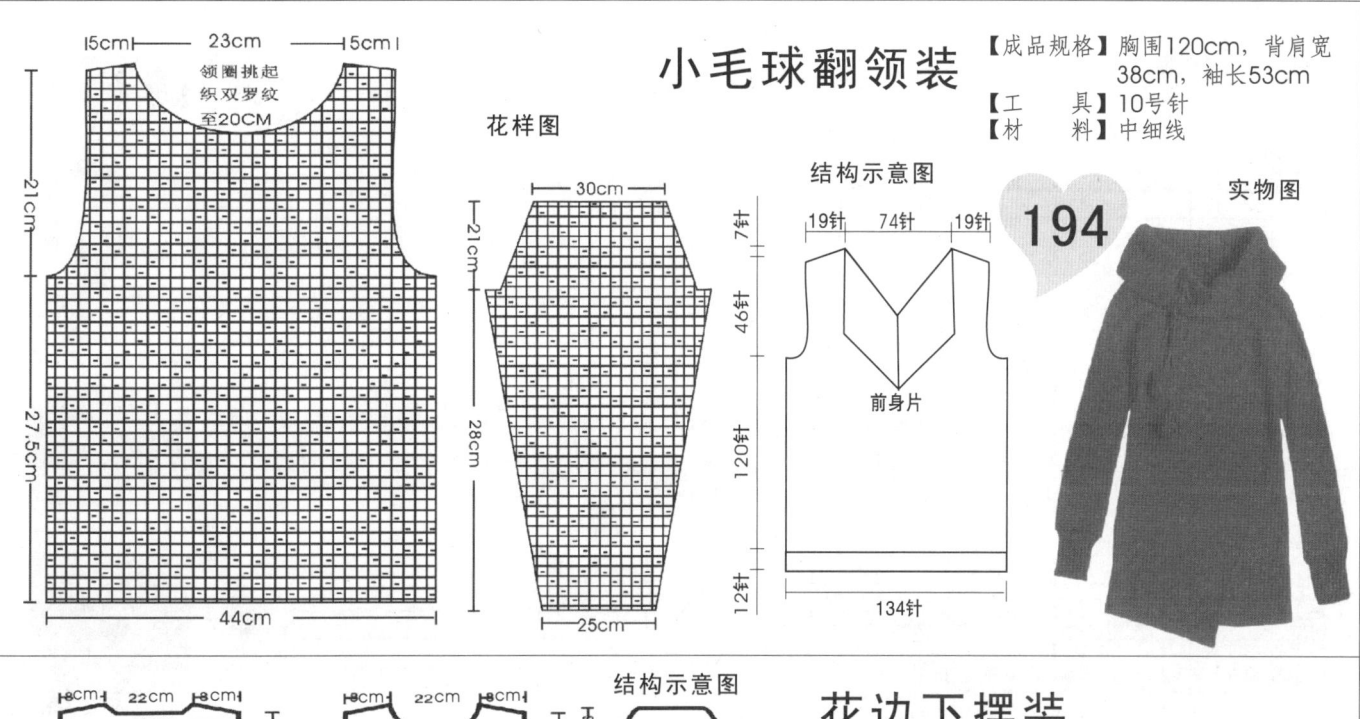

小毛球翻领装

【成品规格】胸围120cm，背肩宽38cm，袖长53cm
【工　　具】10号针
【材　　料】中细线

194

实物图

花样图

结构示意图

19针　74针　19针

前身片

134针

领圈挑起织双罗纹至20CM

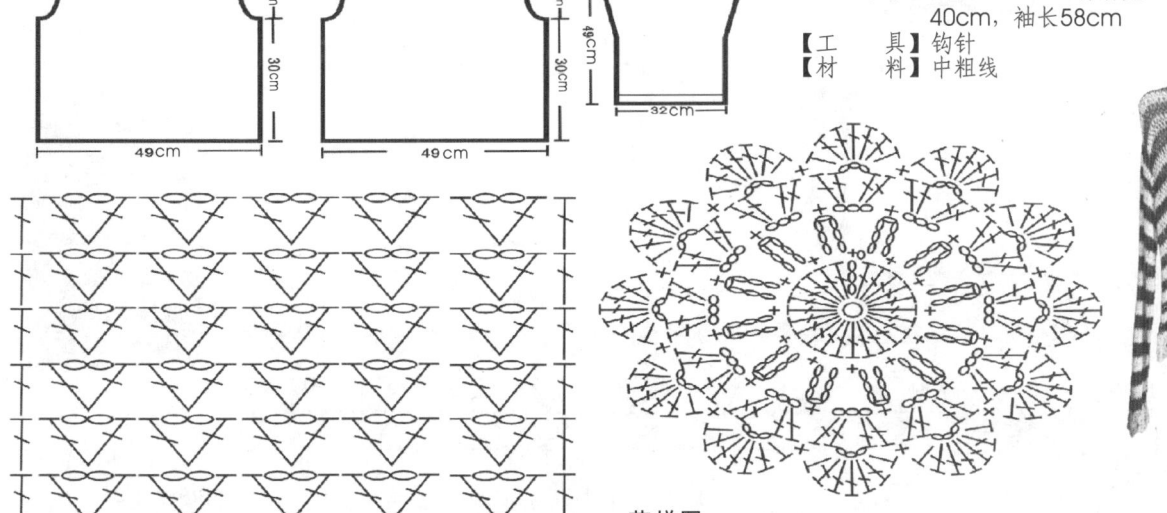

花边下摆装

【成品规格】胸围120cm，背肩宽40cm，袖长58cm
【工　　具】钩针
【材　　料】中粗线

结构示意图

195

实物图

花样图

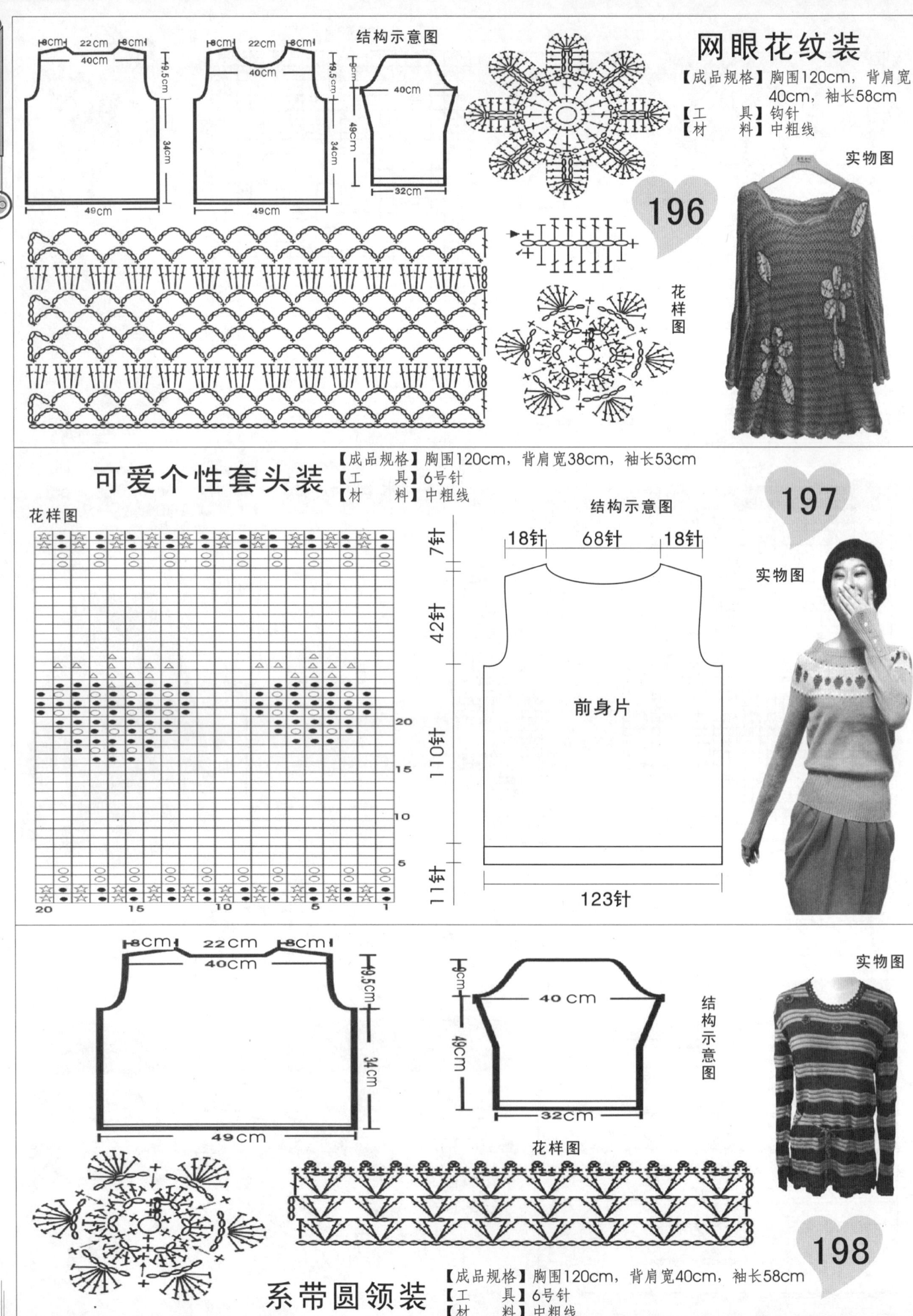

网眼花纹装

【成品规格】胸围120cm，背肩宽40cm，袖长58cm

【工　　具】钩针

【材　　料】中粗线

196

实物图

花样图

可爱个性套头装

【成品规格】胸围120cm，背肩宽38cm，袖长53cm

【工　　具】6号针

【材　　料】中粗线

197

实物图

花样图

结构示意图

18针　68针　18针

前身片

123针

系带圆领装

【成品规格】胸围120cm，背肩宽40cm，袖长58cm

【工　　具】6号针

【材　　料】中粗线

198

实物图

结构示意图

花样图

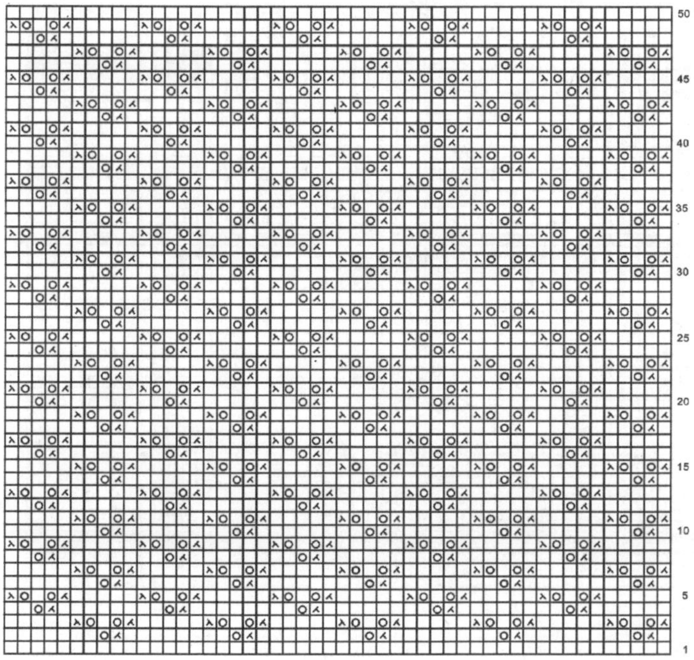

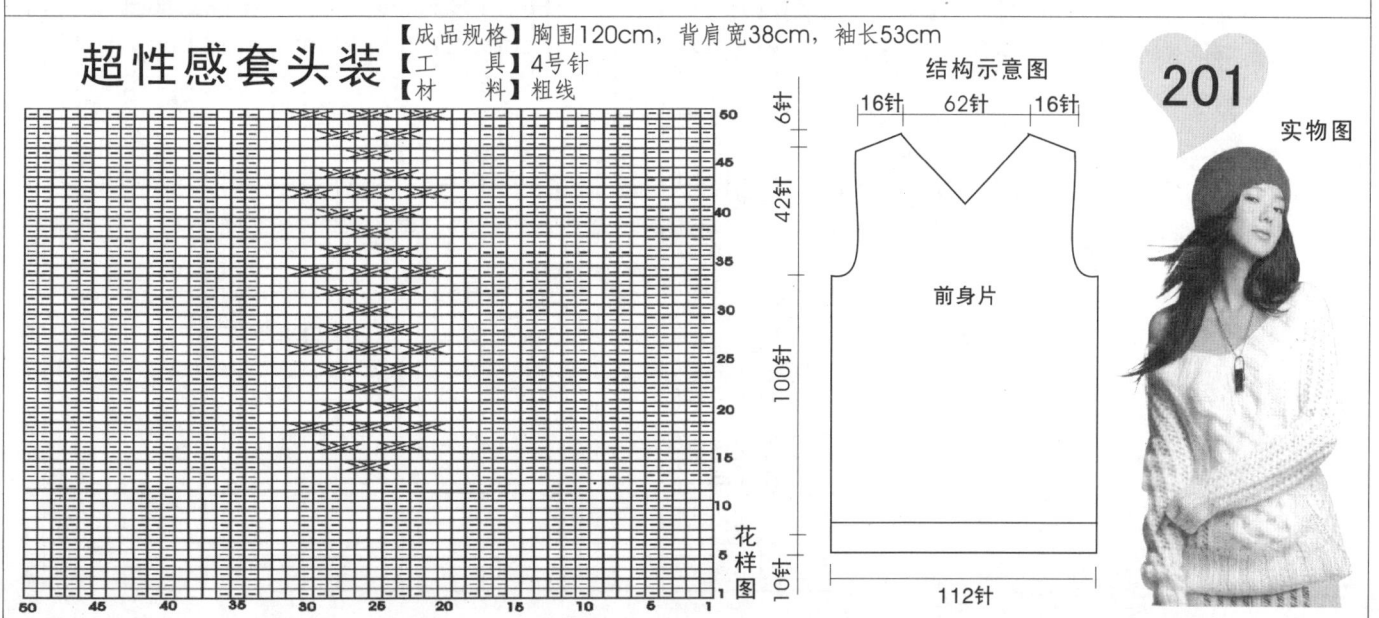

199

V领套头装

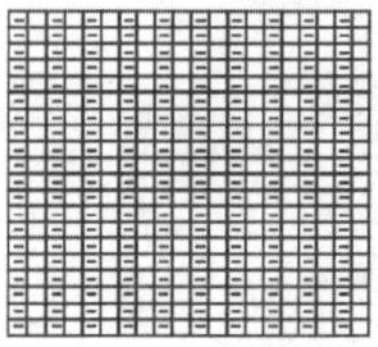

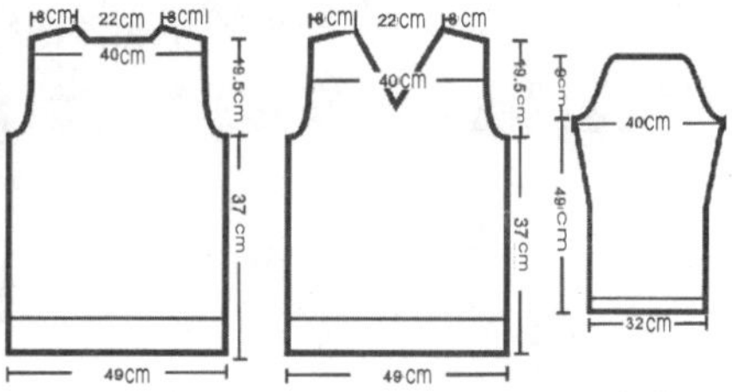

【成品规格】胸围120cm，背肩宽40cm，袖长58cm
【工　　具】钩针
【材　　料】中粗线

花样图

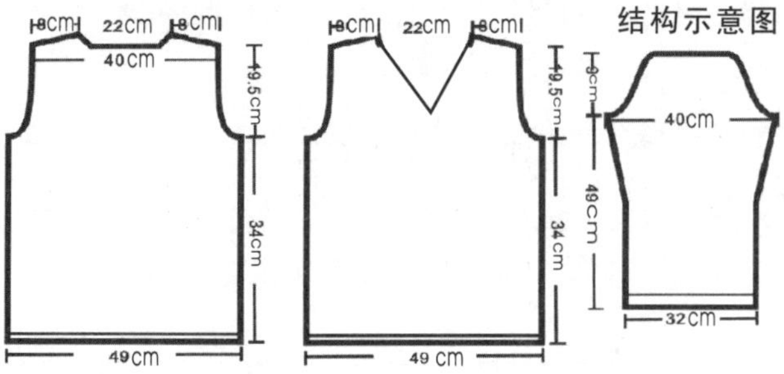

结构示意图 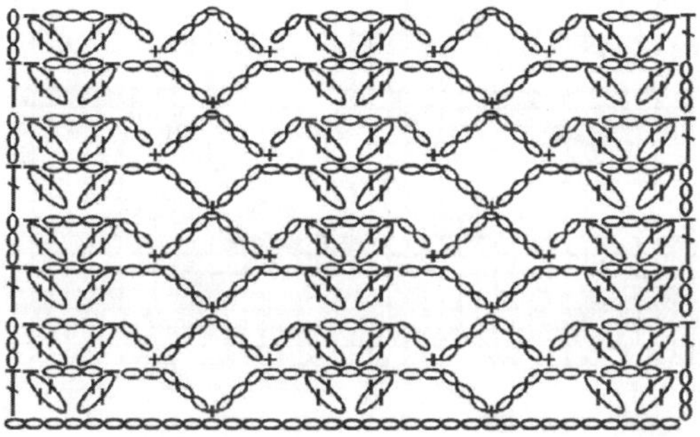 　　实物图

200

浪漫尖领装

【成品规格】胸围120cm，背肩宽40cm，袖长58cm
【工　　具】钩针
【材　　料】中粗线

结构示意图　　实物图

超性感套头装

【成品规格】胸围120cm，背肩宽38cm，袖长53cm
【工　　具】4号针
【材　　料】粗线

201

实物图

结构示意图

16针　62针　16针

前身片

112针

花样图

小圆翻领装 202

【成品规格】胸围120cm，背肩宽40cm，袖长58cm

【工　具】4号针
【材　料】粗线

结构示意图

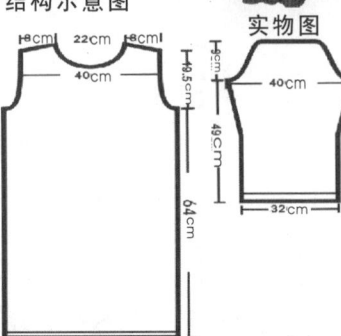

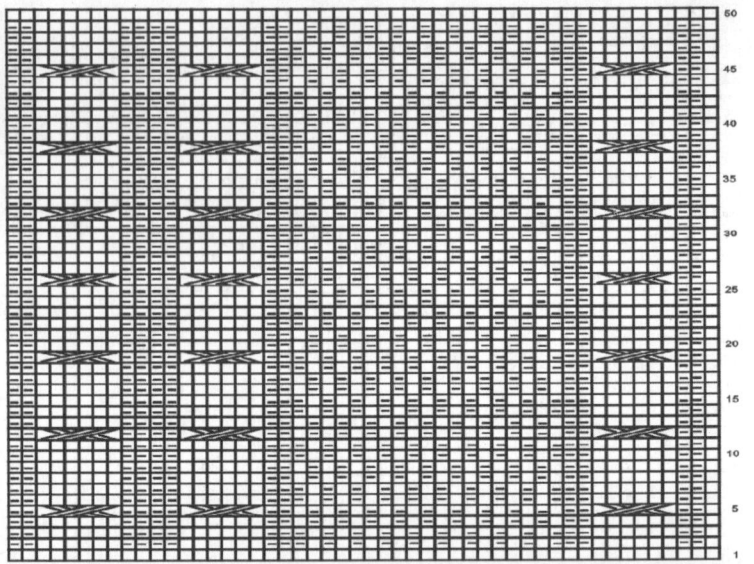

花样图

实物图

实物图

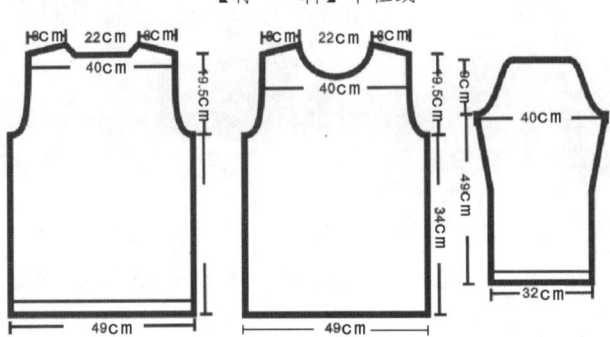

203

小圆领装

【成品规格】胸围120cm，背肩宽40cm，袖长58cm

【工　具】6号针
【材　料】中粗线

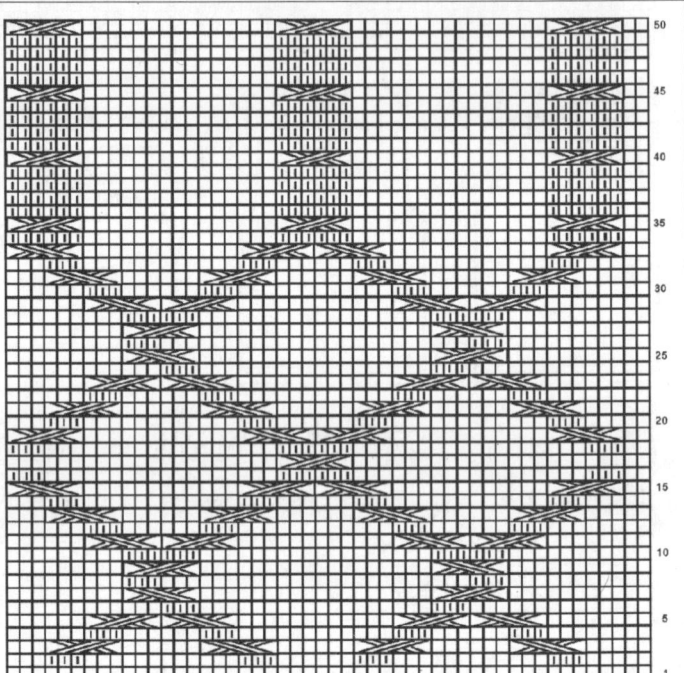

花样图

实物图

V领套头装

【成品规格】胸围120cm，背肩宽40cm，袖长58cm

【工　具】6号针
【材　料】中粗线

204

前身片

结构示意图

16针　62针　16针

前身片

112针

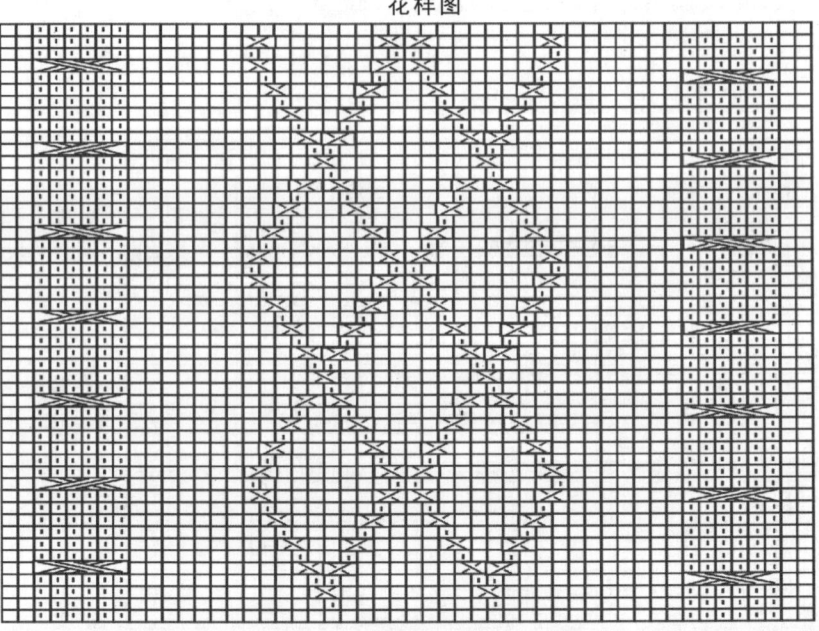

花样图

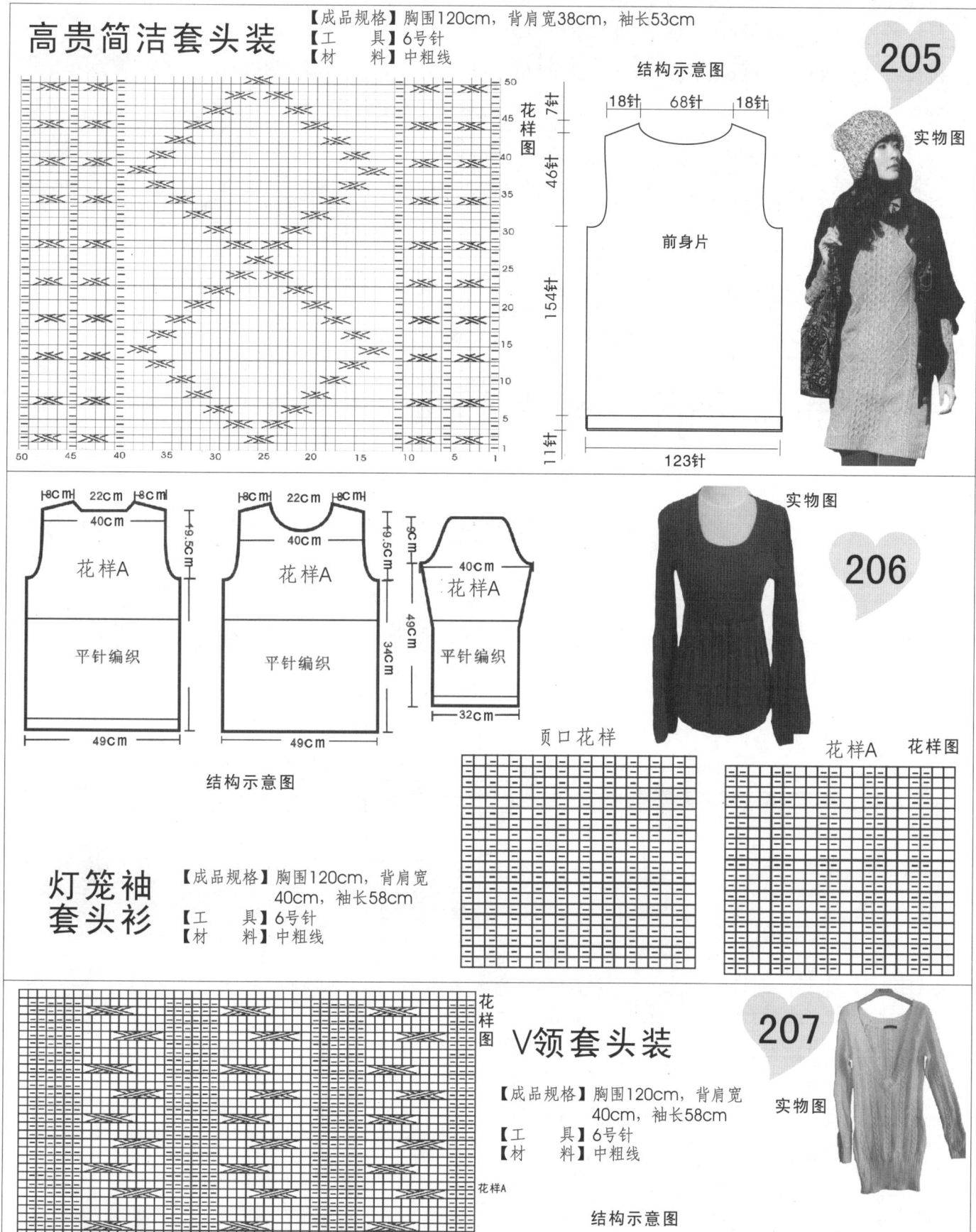

高贵简洁套头装

【成品规格】胸围120cm，背肩宽38cm，袖长53cm
【工　　具】6号针
【材　　料】中粗线

205

结构示意图

花样图

18针　68针　18针

7针
46针
154针
11针

前身片

123针

实物图

206

实物图

花样A
40cm
平针编织
49cm

花样A
40cm
平针编织
49cm

花样A
40cm
平针编织
32cm

结构示意图

页口花样

花样A　花样图

灯笼袖套头衫

【成品规格】胸围120cm，背肩宽40cm，袖长58cm
【工　　具】6号针
【材　　料】中粗线

207

实物图

花样图

花样A

V领套头装

【成品规格】胸围120cm，背肩宽40cm，袖长58cm
【工　　具】6号针
【材　　料】中粗线

结构示意图

花样B

花样A

花样A

花样B

花样B

49cm　49cm

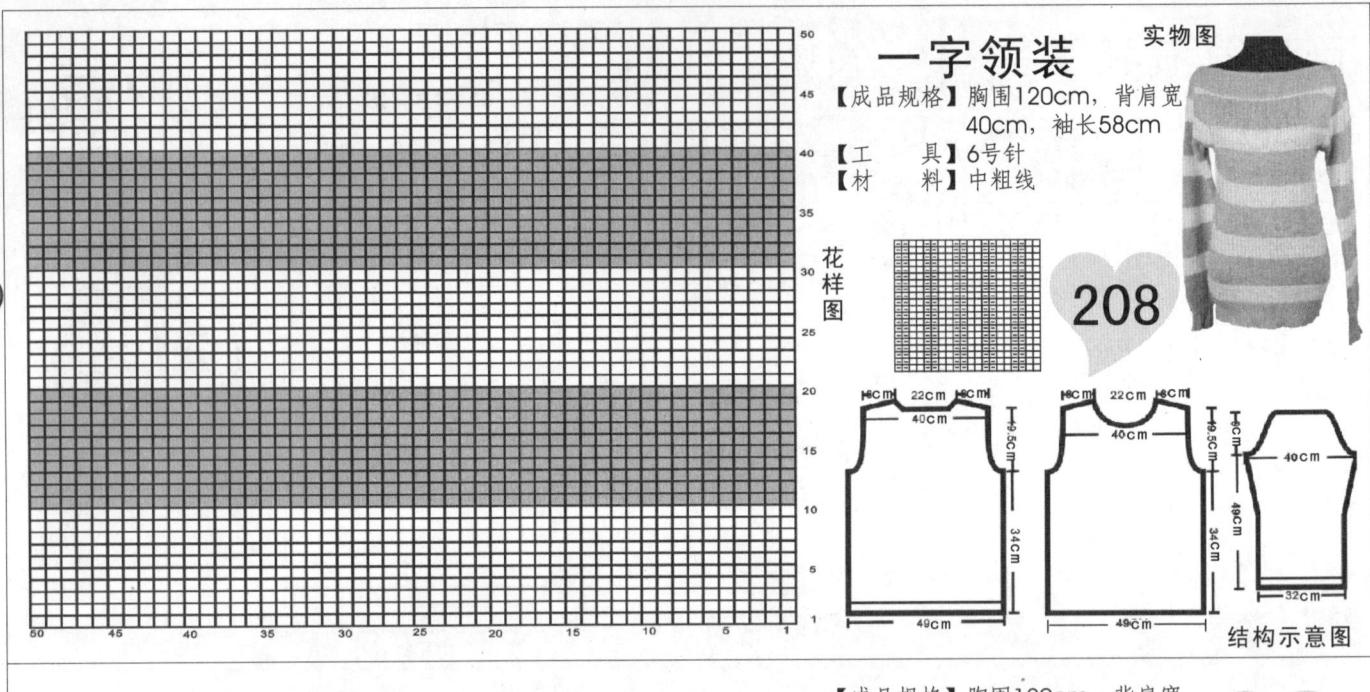

一字领装

实物图

【成品规格】胸围120cm，背肩宽
40cm，袖长58cm
【工　　具】6号针
【材　　料】中粗线

花样图

208

40cm
8cm 22cm 8cm
9.5cm
40cm
8cm 22cm 8cm
9.5cm
40cm
8cm
49cm
34cm
49cm
34cm
32cm
49cm

结构示意图

简约超短套头装

结构示意图

【成品规格】胸围120cm，背肩宽
40cm，袖长53cm
【工　　具】6号针
【材　　料】中粗线

209

实物图

2-1-10　　2-1-10
平收10针
2-1-8　　2-1-8
平收5针　　平收5针
花样A　　　　花样A
花样A

花样图　花样A

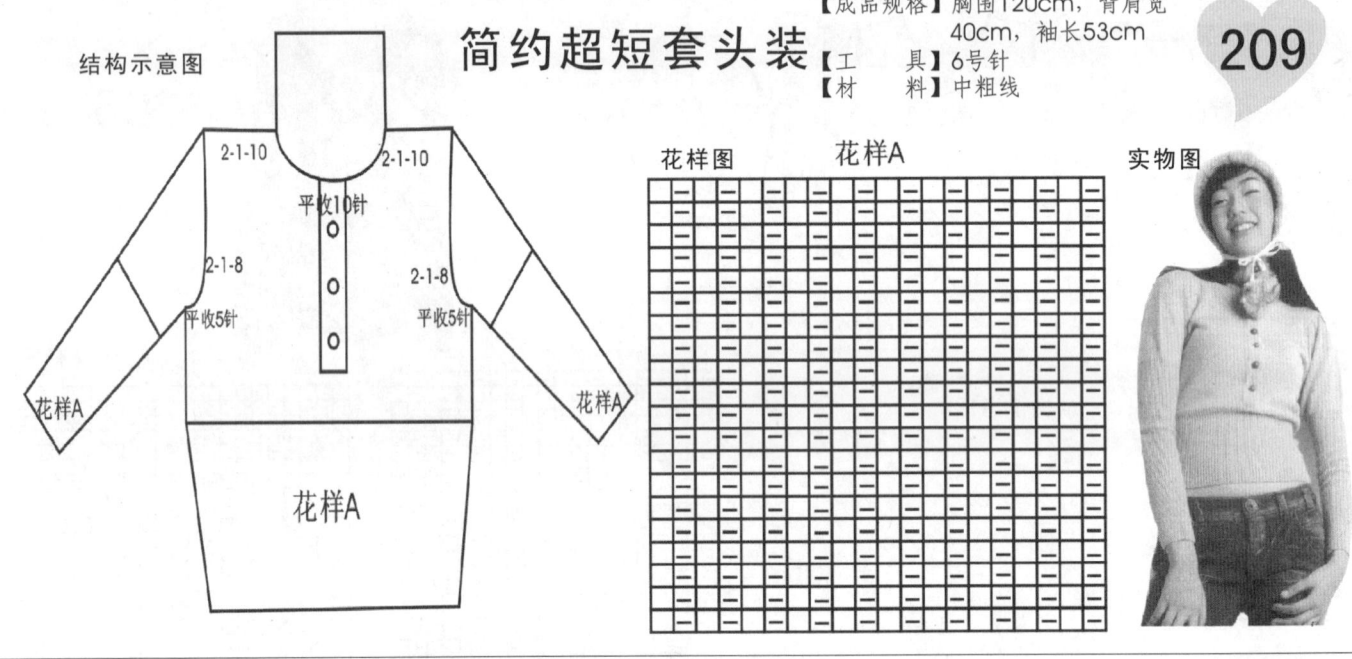

花样图

花样B

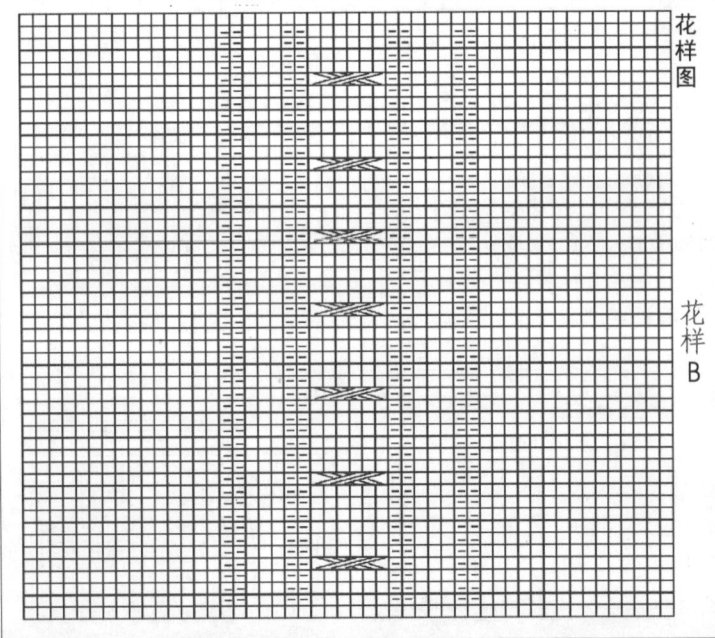

花样A　　结构示意图

8cm 22cm 8cm
40cm
8cm 22cm 8cm
40cm
40cm
19.5cm
19.5cm
49cm
花样B
花样A　　花样A　　花样A
34cm　　34cm
49cm　　49cm　　32cm

210

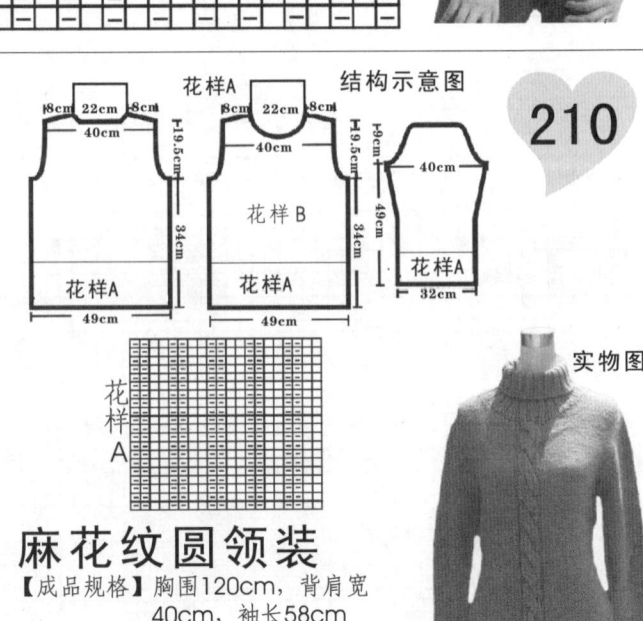

花样A

实物图

麻花纹圆领装

【成品规格】胸围120cm，背肩宽
40cm，袖长58cm
【工　　具】6号针
【材　　料】中粗线

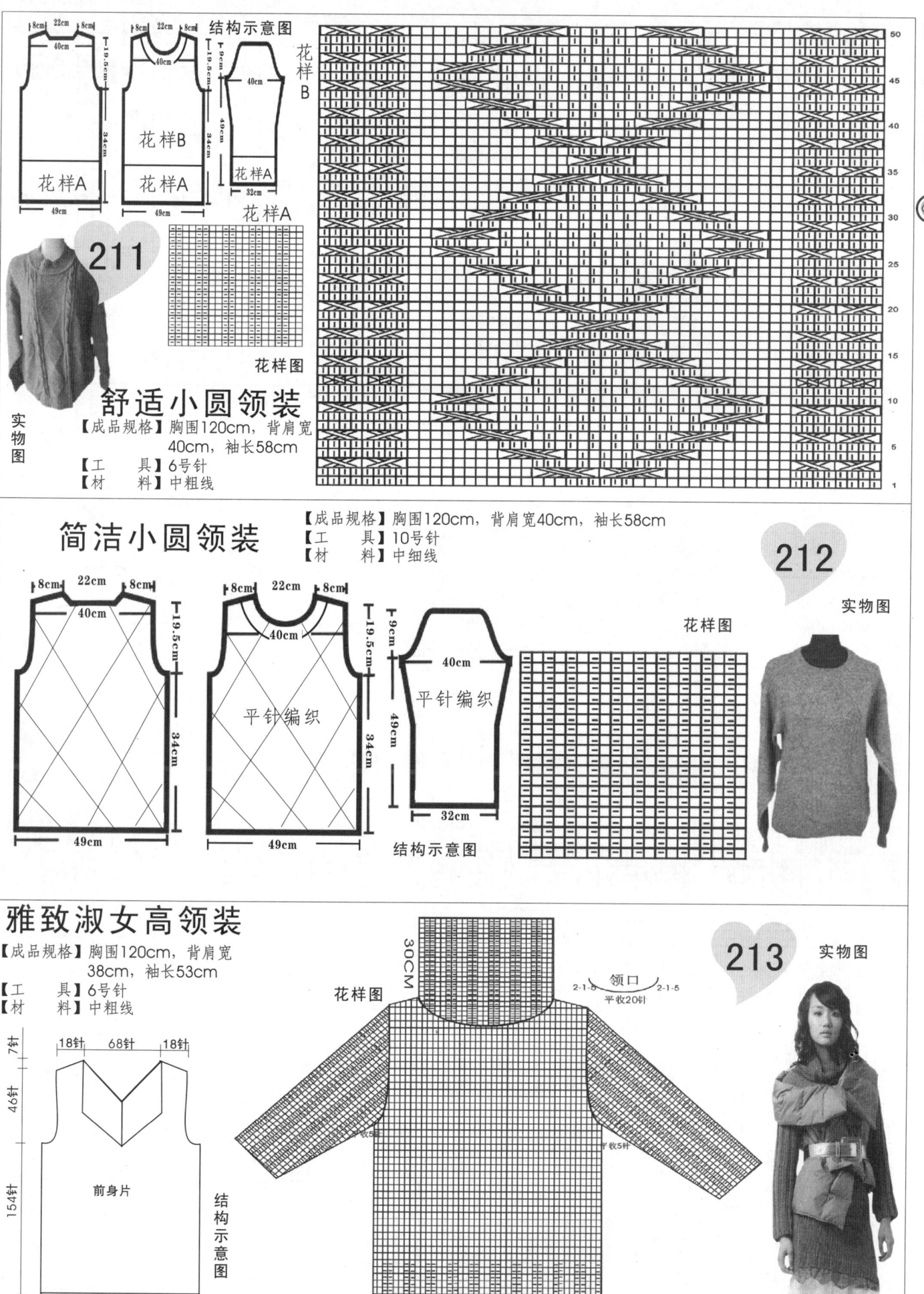

211

8cm 22cm 8cm
40cm
49cm
花样A
19.5cm
34cm

8cm 22cm 8cm
40cm
49cm
花样B
花样A
19.5cm
34cm

结构示意图

9cm
40cm
花样A
32cm
19.5cm
49cm

花样B

花样图

实物图

舒适小圆领装

【成品规格】胸围120cm，背肩宽
40cm，袖长58cm

【工 具】6号针
【材 料】中粗线

简洁小圆领装

【成品规格】胸围120cm，背肩宽40cm，袖长58cm
【工 具】10号针
【材 料】中细线

212

实物图

8cm 22cm 8cm
40cm
49cm
19.5cm
34cm

8cm 22cm 8cm
40cm
平针编织
49cm
19.5cm
34cm

9cm
40cm
平针编织
32cm
19.5cm
49cm

花样图

结构示意图

雅致淑女高领装

【成品规格】胸围120cm，背肩宽
38cm，袖长53cm

【工 具】6号针
【材 料】中粗线

18针 68针 18针
7针
46针
154针
前身片
11针
123针

结构示意图

213 实物图

30CM

花样图

领口
2-1-5 2-1-5
平收20针

收5针
扩收5针

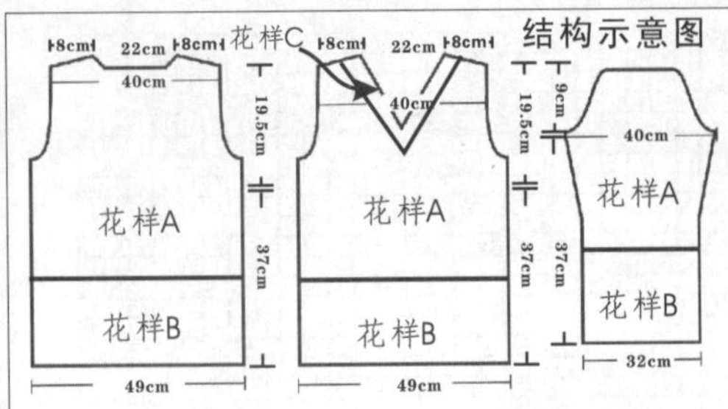

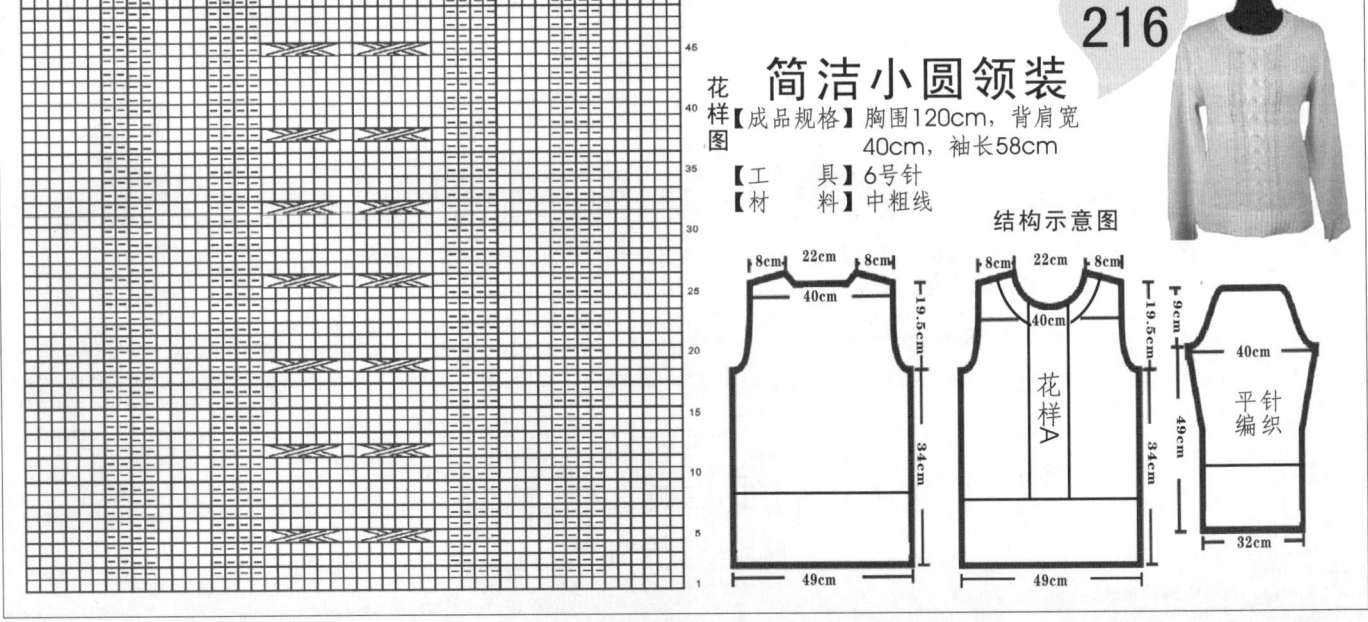

别致领口套头装

【成品规格】胸围120cm，背肩宽40cm，袖长58cm

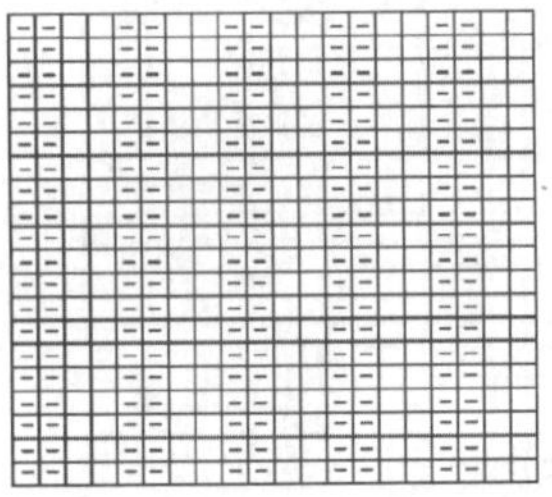

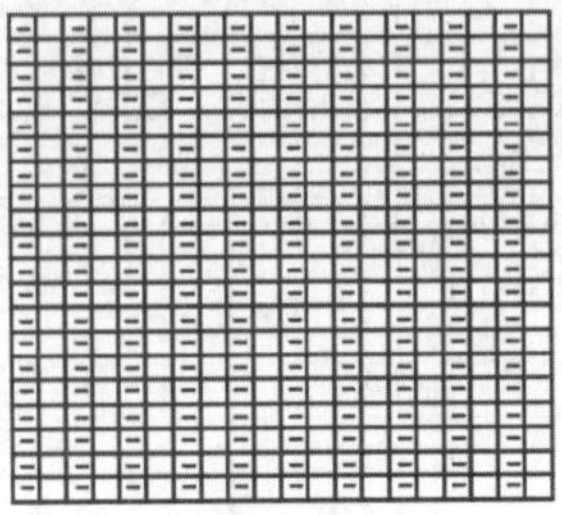

【工　　具】6号针
【材　　料】中粗线

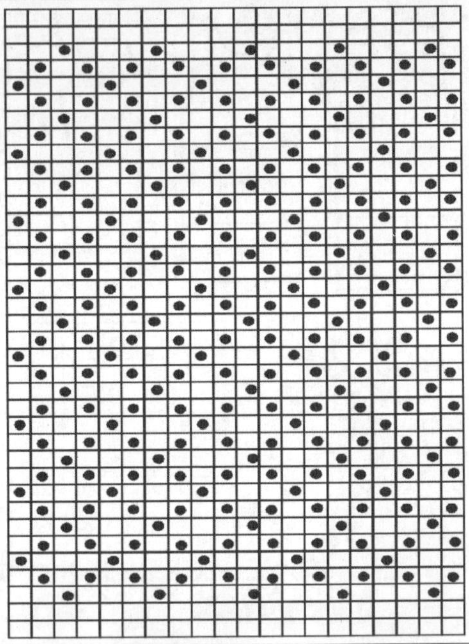

214

结构示意图

花样C

花样B

花样图

花样A

8cm 22cm 8cm 花样C 8cm 22cm 8cm
40cm 40cm
花样A 花样A 花样A
花样B 花样B 花样B
49cm 49cm 32cm

19.5cm 9cm
37cm 37cm

实物图

麻花高领装

【成品规格】胸围120cm，背肩宽40cm，袖长58cm

【工　　具】6号针
【材　　料】中粗线

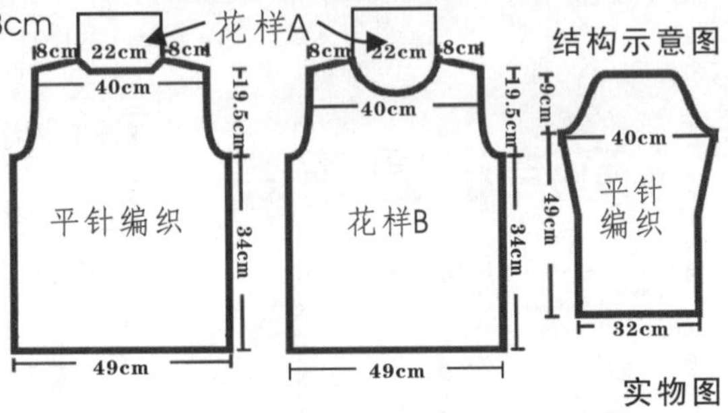

花样B

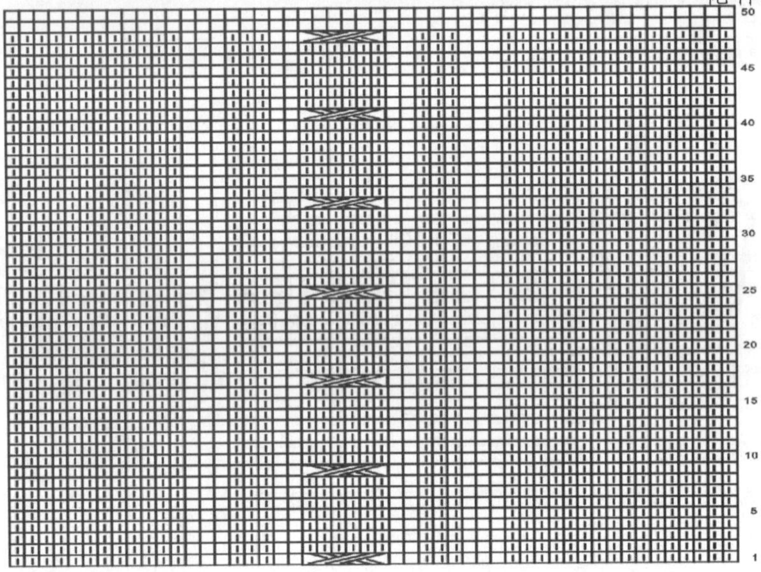

花样图

花样A

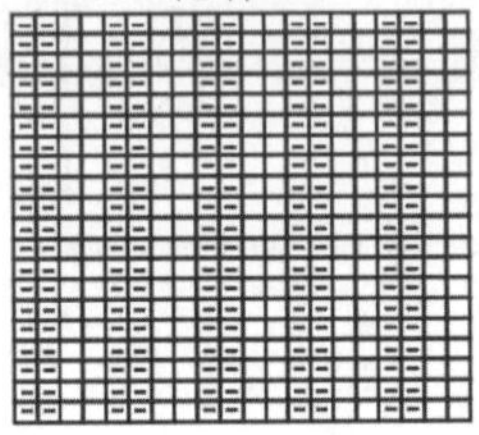

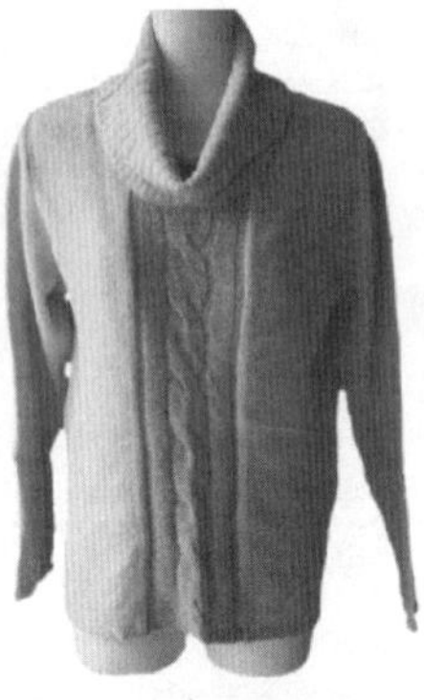

215

结构示意图

8cm 22cm 8cm 花样A 8cm 22cm 8cm
40cm 40cm 40cm
平针编织 花样B 平针编织
49cm 49cm 32cm

19.5cm 9cm
34cm 49cm

实物图

简洁小圆领装

216

【成品规格】胸围120cm，背肩宽40cm，袖长58cm

【工　　具】6号针
【材　　料】中粗线

实物图

花样A

花样图

结构示意图

8cm 22cm 8cm 8cm 22cm 8cm
40cm 40cm 40cm
花样A 平针编织
49cm 49cm 32cm

19.5cm 9cm
34cm 49cm

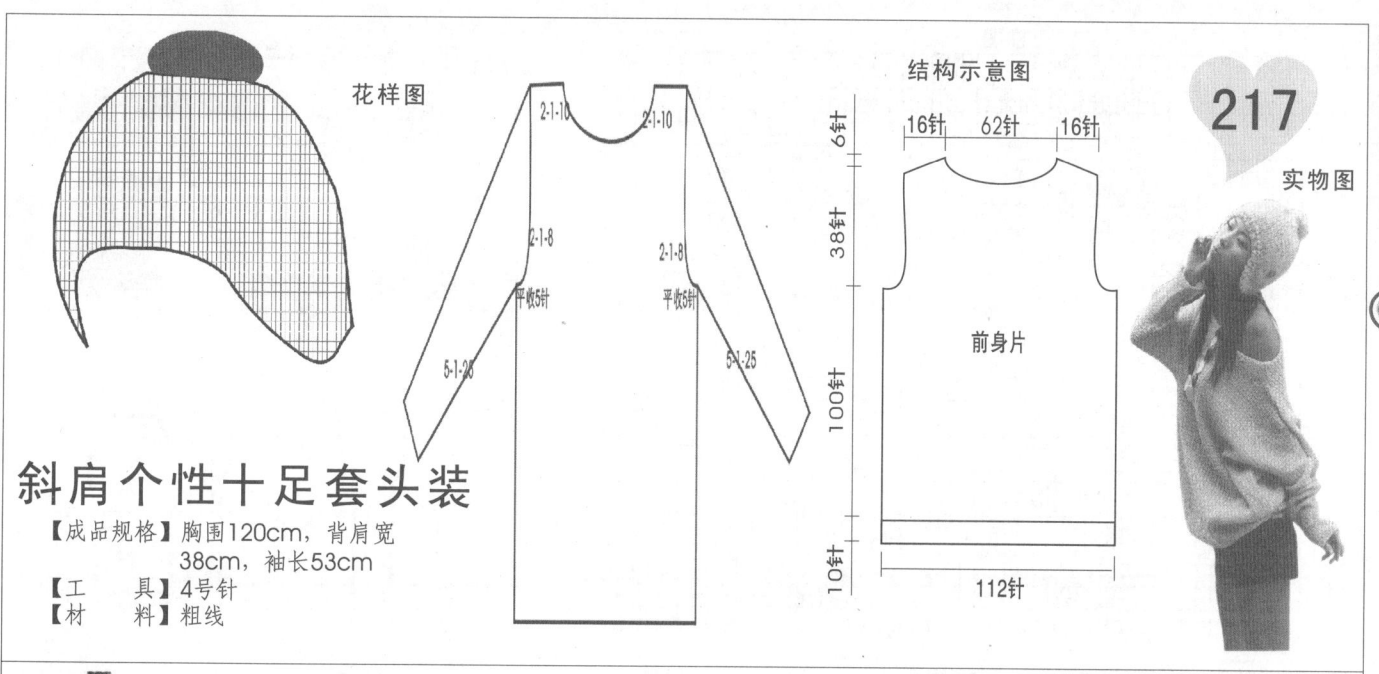

217

实物图

花样图

结构示意图

16针　62针　16针

前身片

112针

斜肩个性十足套头装

【成品规格】胸围120cm，背肩宽
　　　　　　38cm，袖长53cm
【工　　具】4号针
【材　　料】粗线

2-1-10　　2-1-10

2-1-8　　2-1-8

平收5针　平收5针

5-1-25　　5-1-25

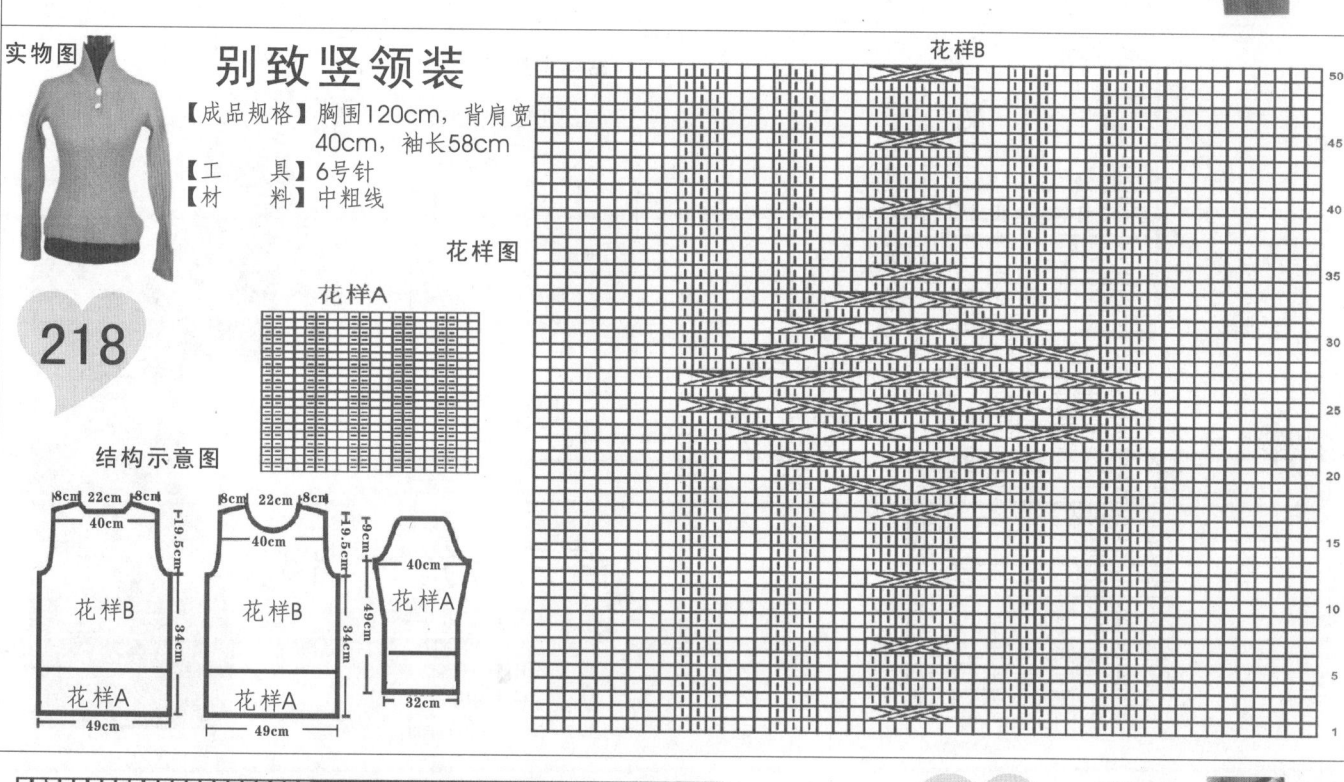

实物图

别致竖领装

【成品规格】胸围120cm，背肩宽
　　　　　　40cm，袖长58cm
【工　　具】6号针
【材　　料】中粗线

花样图

花样A

花样B

结构示意图

218

8cm　22cm　8cm
40cm
花样B
花样A
49cm

8cm　22cm　8cm
40cm
花样B
花样A
49cm

9cm
40cm
花样A
32cm

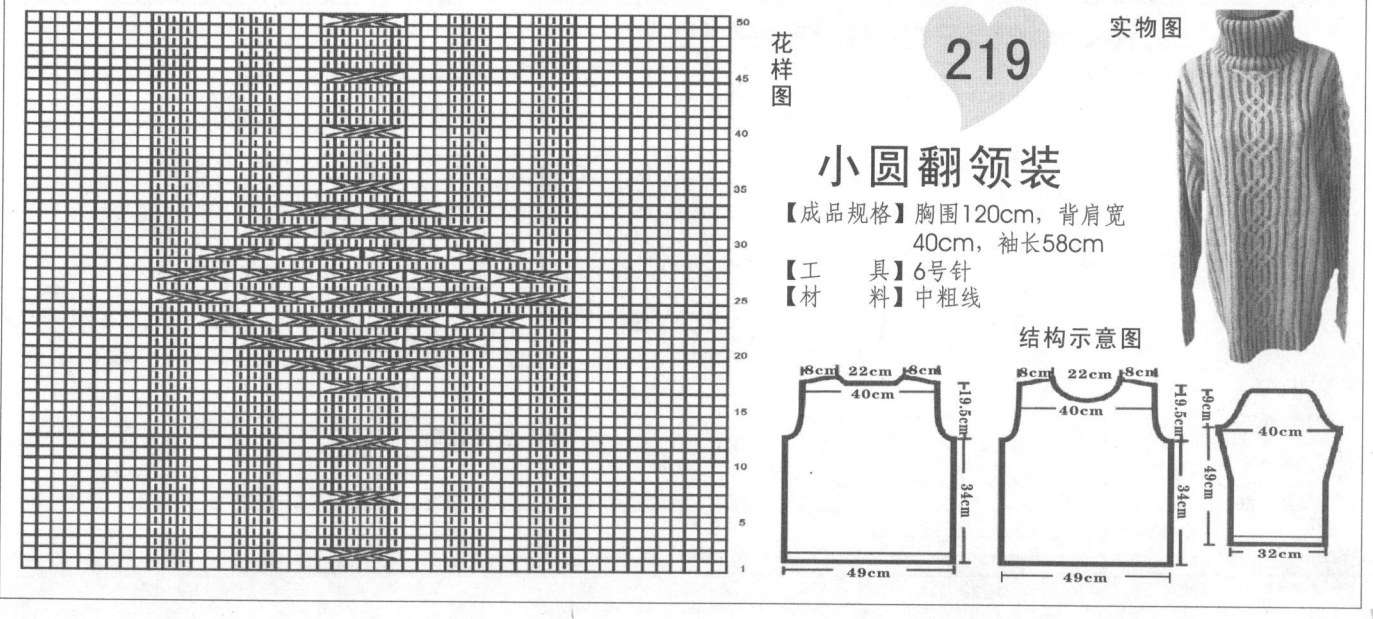

花样图

219

实物图

小圆翻领装

【成品规格】胸围120cm，背肩宽
　　　　　　40cm，袖长58cm
【工　　具】6号针
【材　　料】中粗线

结构示意图

8cm　22cm　8cm
40cm
49cm

8cm　22cm　8cm
40cm
49cm

9cm
40cm
32cm

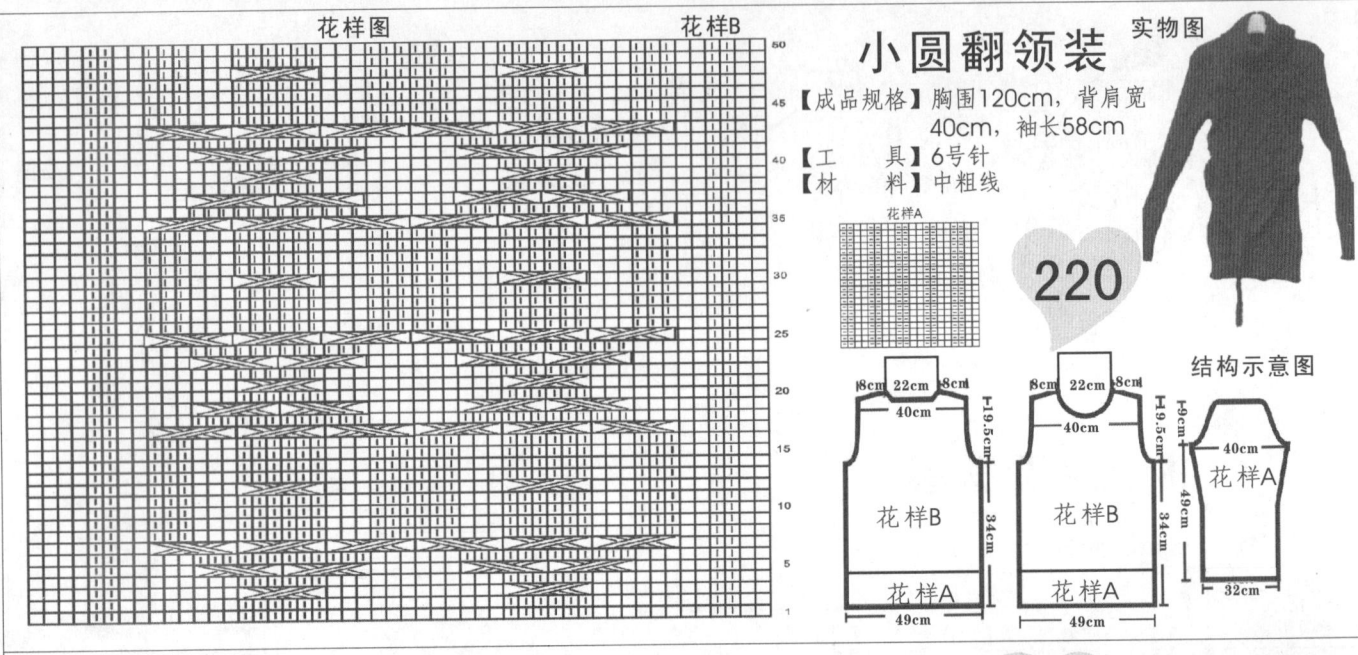

花样图　　　　　　　　　　　花样B

实物图

小圆翻领装

【成品规格】胸围120cm，背肩宽
　　　　　40cm，袖长58cm
【工　　具】6号针
【材　　料】中粗线

花样A

220

结构示意图

8cm 22cm 8cm
40cm
↕19.5cm

8cm 22cm 8cm
40cm
↕19.5cm

40cm
↕9cm
49cm
花样A
32cm

花样B

花样B

34cm

34cm

花样A

花样A

49cm

49cm

花样图

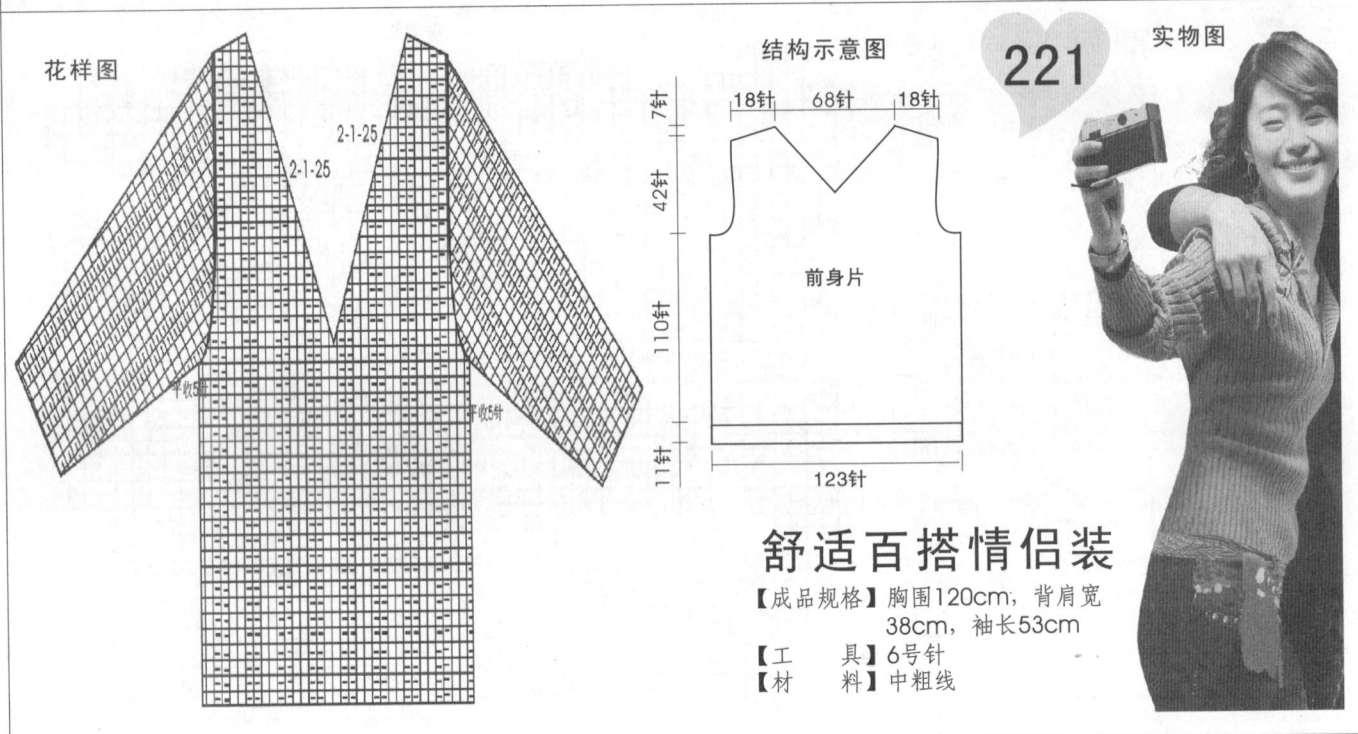

2-1-25

2-1-25

平收5针

平收5针

结构示意图

221

实物图

18针　68针　18针

7针

42针

110针

前身片

11针

123针

舒适百搭情侣装

【成品规格】胸围120cm，背肩宽
　　　　　38cm，袖长53cm
【工　　具】6号针
【材　　料】中粗线

实物图

222

舒适百搭情侣装

【成品规格】胸围120cm，背肩宽
　　　　　38cm，袖长53cm
【工　　具】6号针
【材　　料】中粗线

18针　68针　18针

7针

42针

110针

前身片

11针

123针

结构示意图

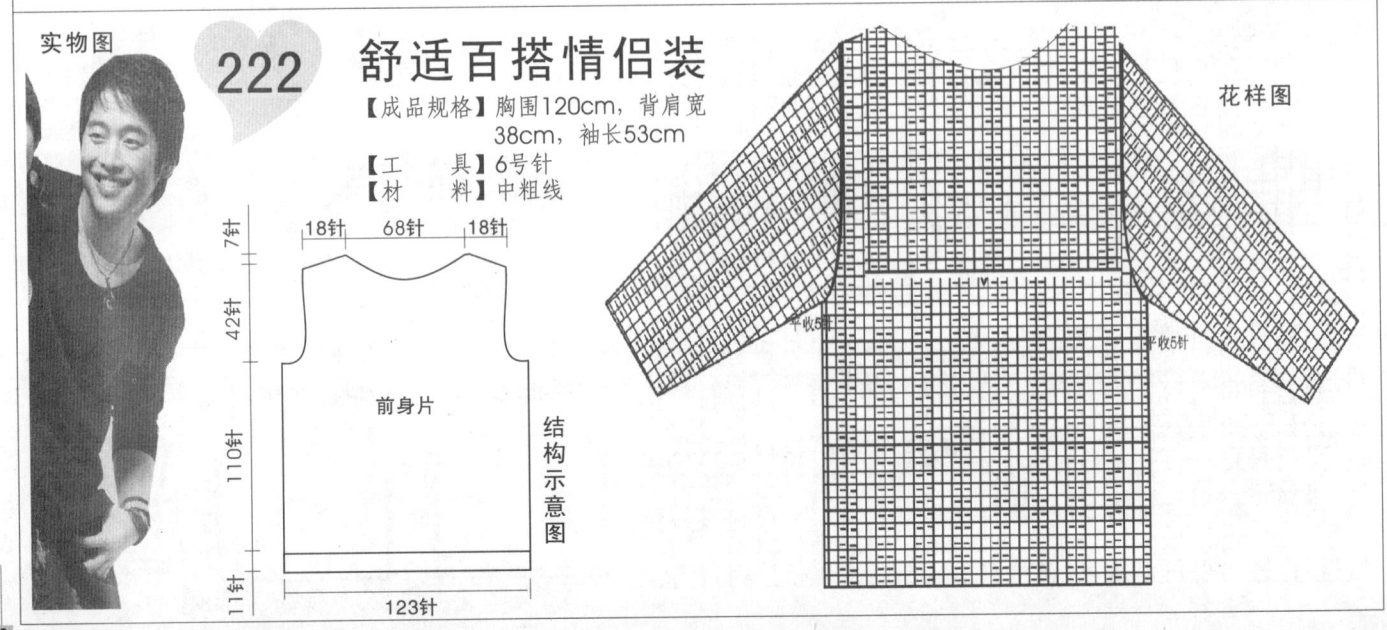

花样图

平收5针

平收5针

流行韩式毛衣汇编1888

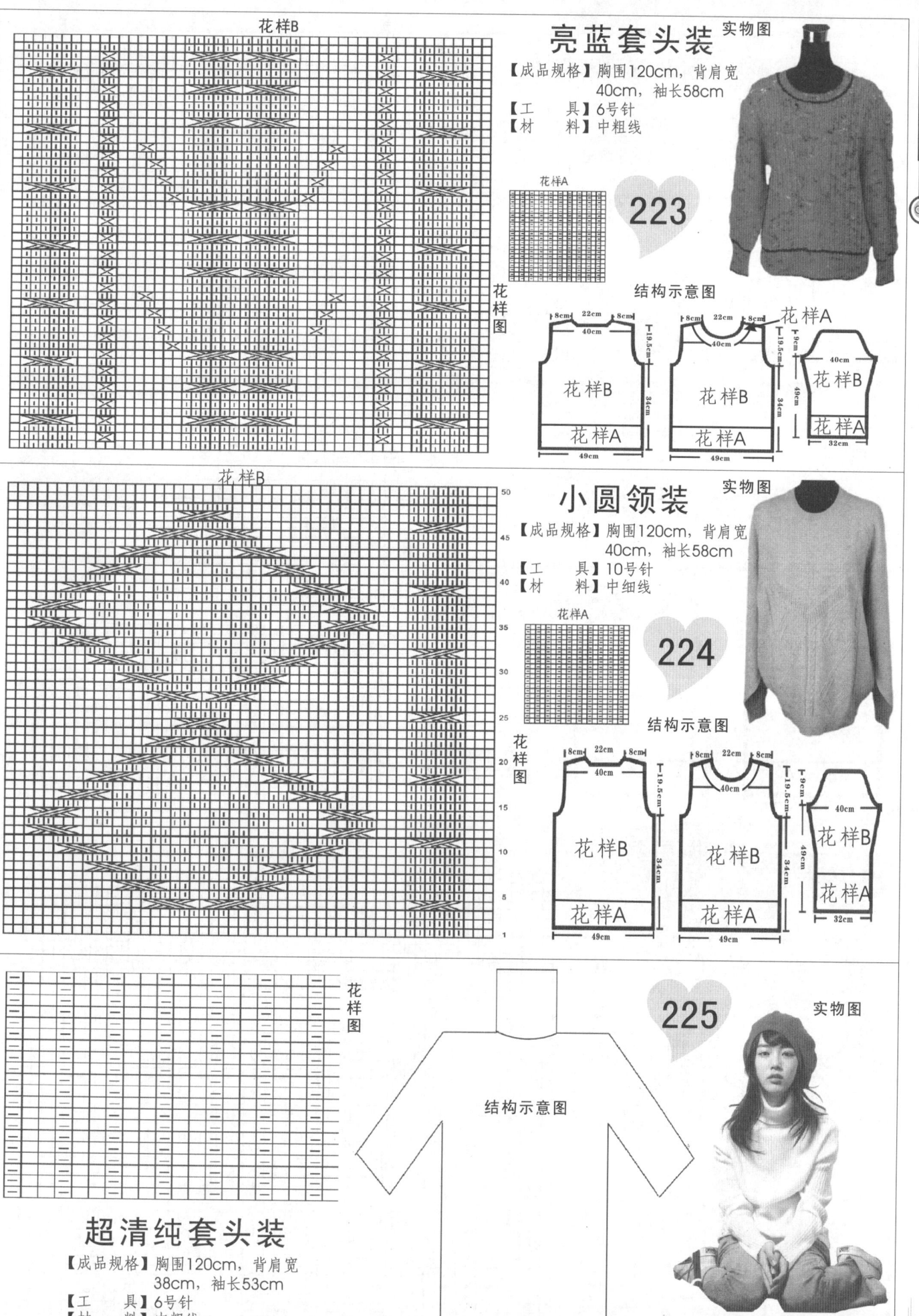

花样B

亮蓝套头装

实物图

【成品规格】胸围120cm，背肩宽
40cm，袖长58cm
【工　　具】6号针
【材　　料】中粗线

花样A

223

结构示意图

8cm 22cm 8cm
40cm
花样B
花样A
49cm

8cm 22cm 8cm 花样A
40cm
花样B
花样A
49cm

40cm
花样B
花样A
32cm

花样图

花样B

50
45
40
35
30
25
20
15
10
5
1

小圆领装

实物图

【成品规格】胸围120cm，背肩宽
40cm，袖长58cm
【工　　具】10号针
【材　　料】中细线

花样A

224

结构示意图

8cm 22cm 8cm
40cm
花样B
花样A
49cm

8cm 22cm 8cm
40cm
花样B
花样A
49cm

40cm
花样B
花样A
32cm

花样图

花样图

225

结构示意图

实物图

超清纯套头装

【成品规格】胸围120cm，背肩宽
38cm，袖长53cm
【工　　具】6号针
【材　　料】中粗线

小圆翻领装

实物图

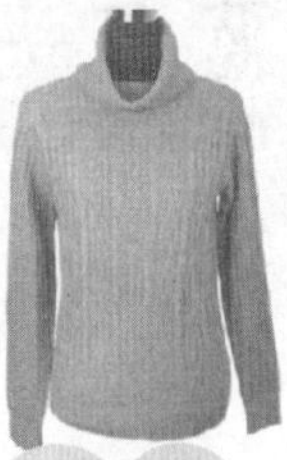

【成品规格】胸围120cm，背肩宽
40cm，袖长58cm
【工　　具】6号针
【材　　料】中粗线

226

结构示意图

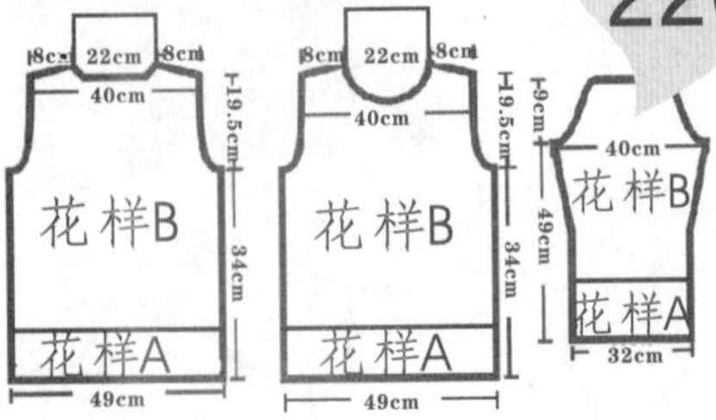

花样B
花样图

花样B
花样A
花样B

花样A
花样A

小圆翻领装

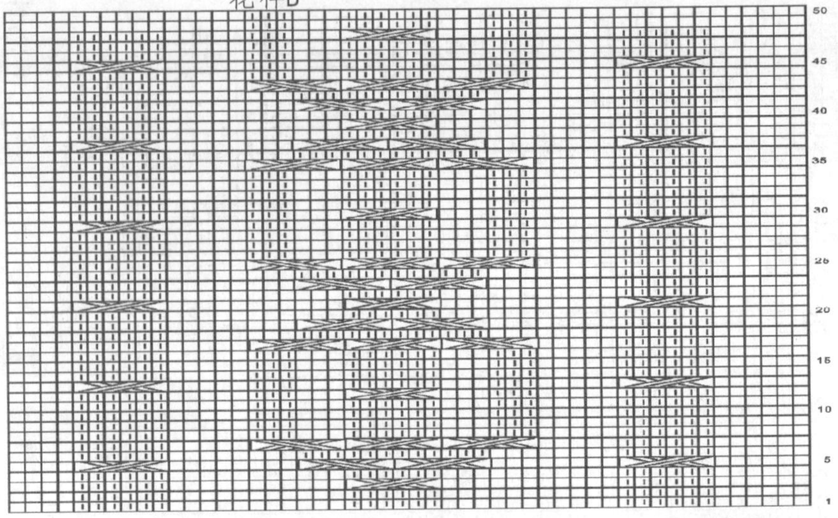

227

【成品规格】胸围120cm，背肩宽
40cm，袖长58cm
【工　　具】10号针
【材　　料】中细线

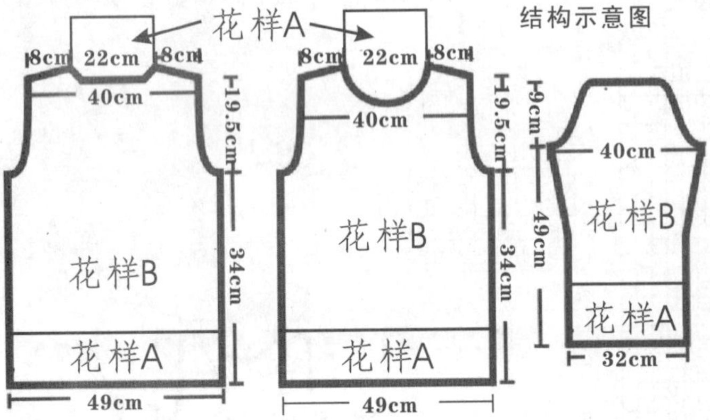

花样图　　花样A 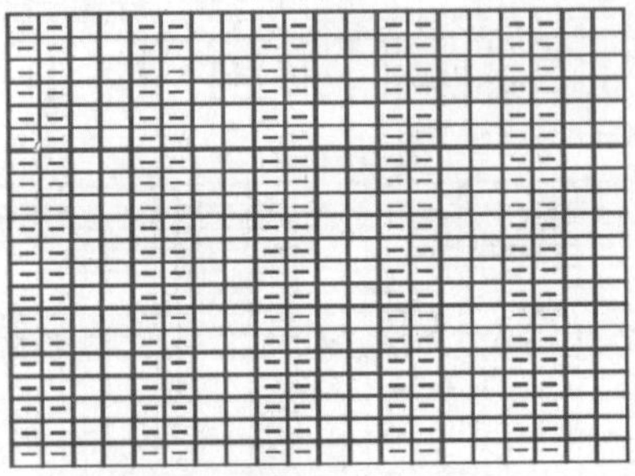　　　　实物图

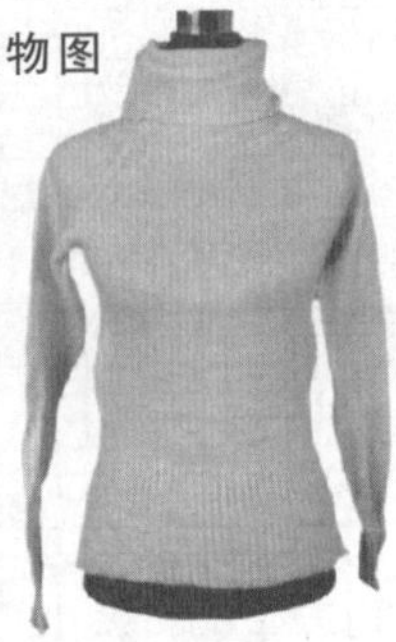

花样A

结构示意图

花样B
花样B
花样B

花样A
花样A
花样A

花样B

典雅圆领装

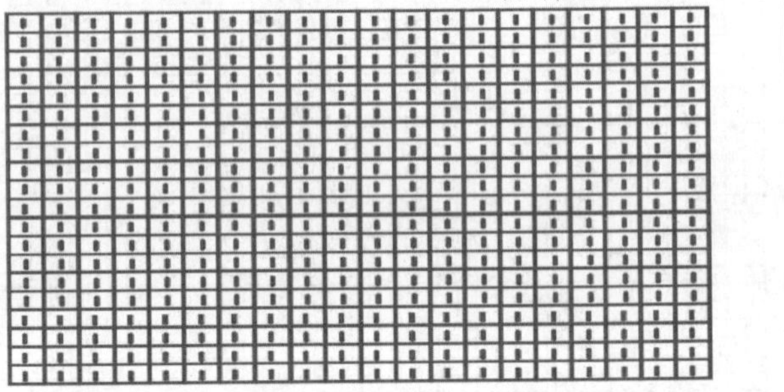

228

【成品规格】胸围120cm，背肩宽
40cm，袖长58cm
【工　　具】6号针
【材　　料】中粗线

实物图

花样图
花样A

结构示意图

花样B

花样B
花样B
花样B

花样A
花样A
花样A

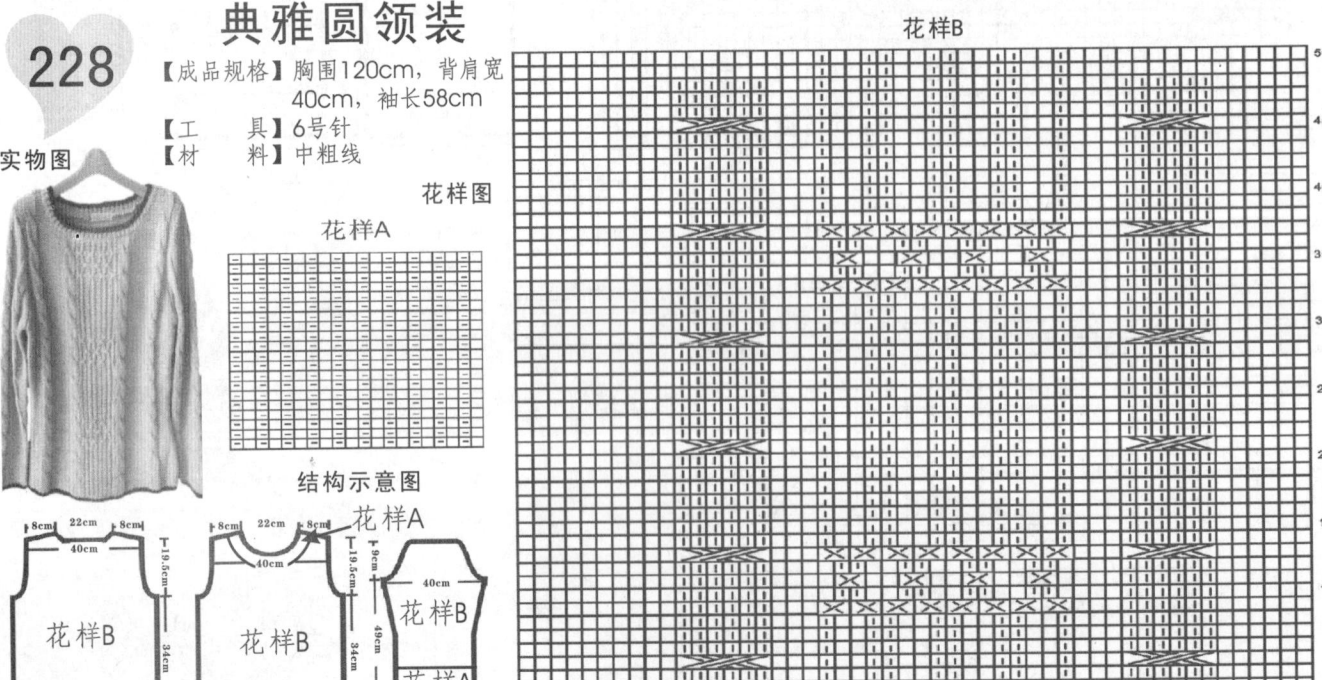

148

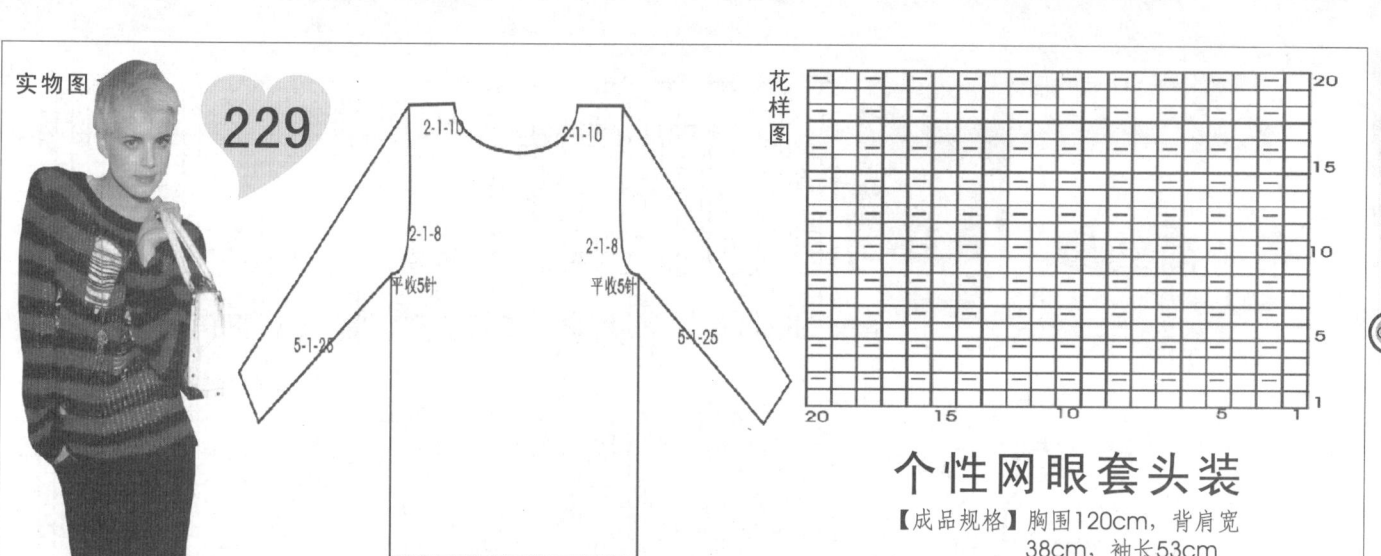

个性网眼套头装

【成品规格】胸围120cm，背肩宽
　　　　　38cm，袖长53cm
【工　　具】6号针
【材　　料】中粗线

花样图

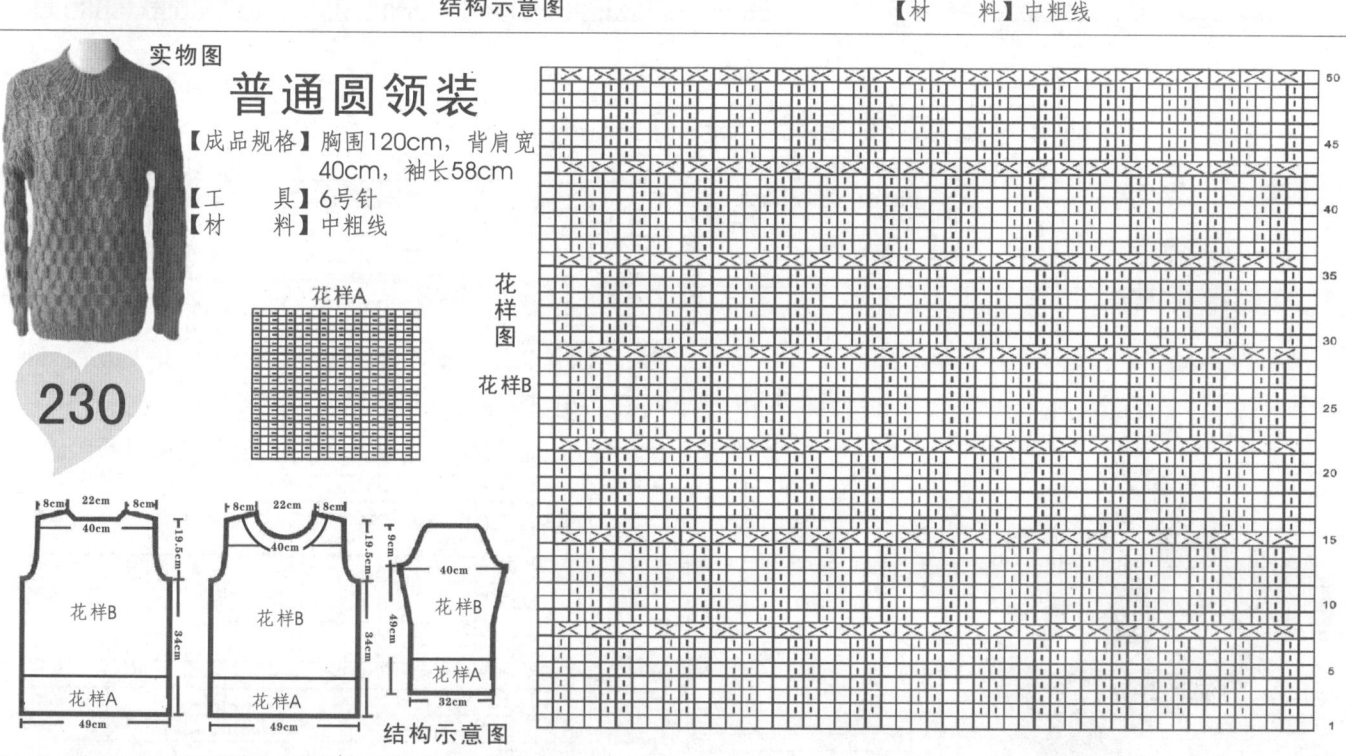

普通圆领装

【成品规格】胸围120cm，背肩宽
　　　　　40cm，袖长58cm
【工　　具】6号针
【材　　料】中粗线

花样A

花样图
花样B

结构示意图

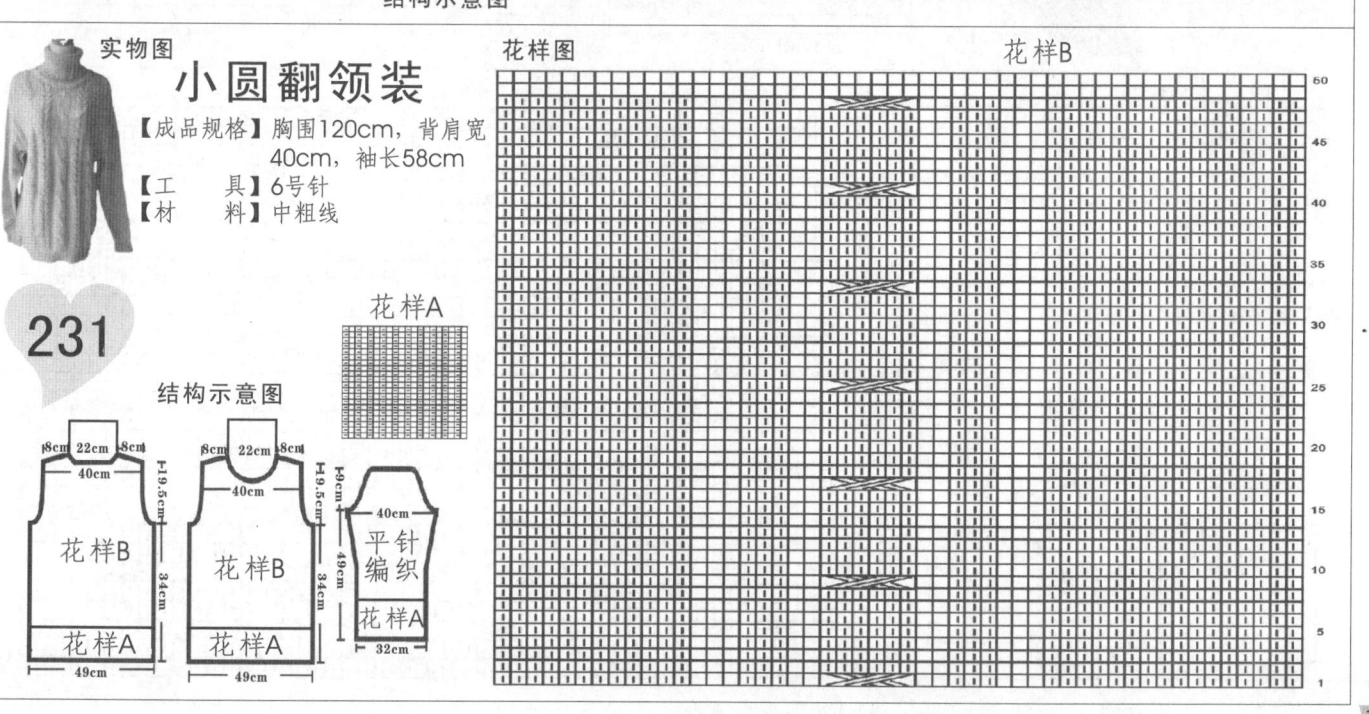

小圆翻领装

【成品规格】胸围120cm，背肩宽
　　　　　40cm，袖长58cm
【工　　具】6号针
【材　　料】中粗线

花样A

结构示意图

花样图　　　　　花样B

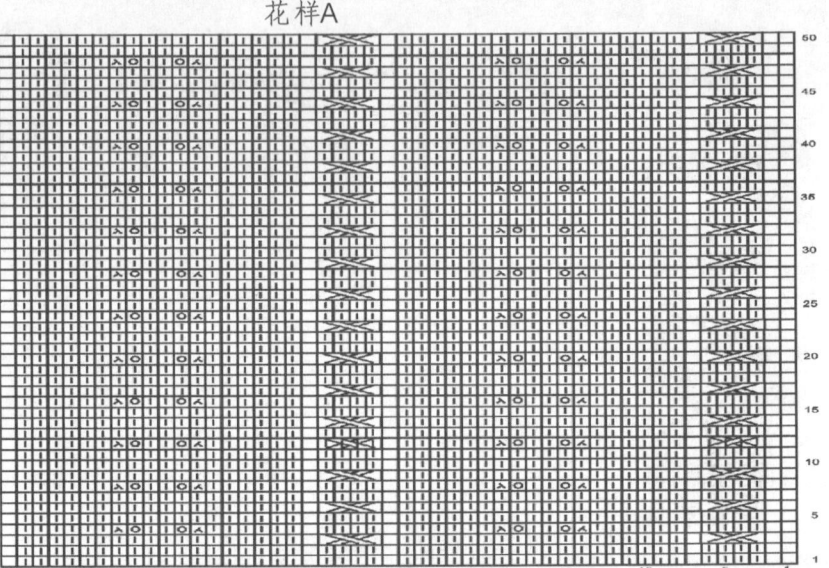

花样A

232

亮丽简约装

实物图

【成品规格】胸围120cm，背肩宽40cm，袖长58cm

【工　具】10号针

【材　料】中细线

花样图

结构示意图

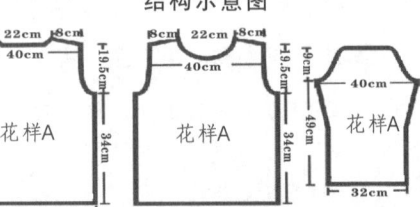

花样A

花样A

花样A

233

实物图

简洁浪漫套头装

【成品规格】胸围120cm，背肩宽38cm，袖长53cm

【工　　具】6号针

【材　　料】中粗线

花样图

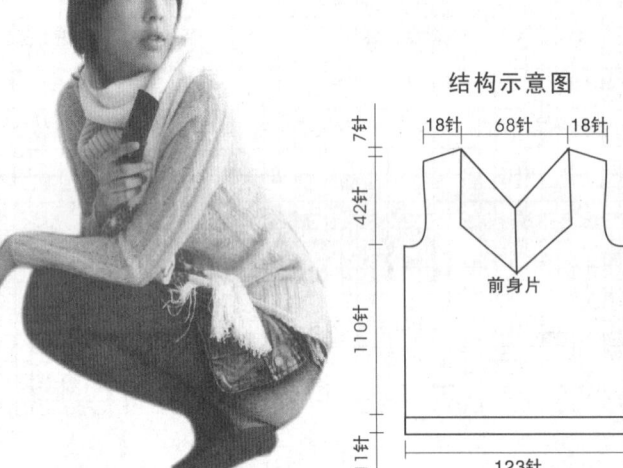

结构示意图

18针　68针　18针

前身片

123针

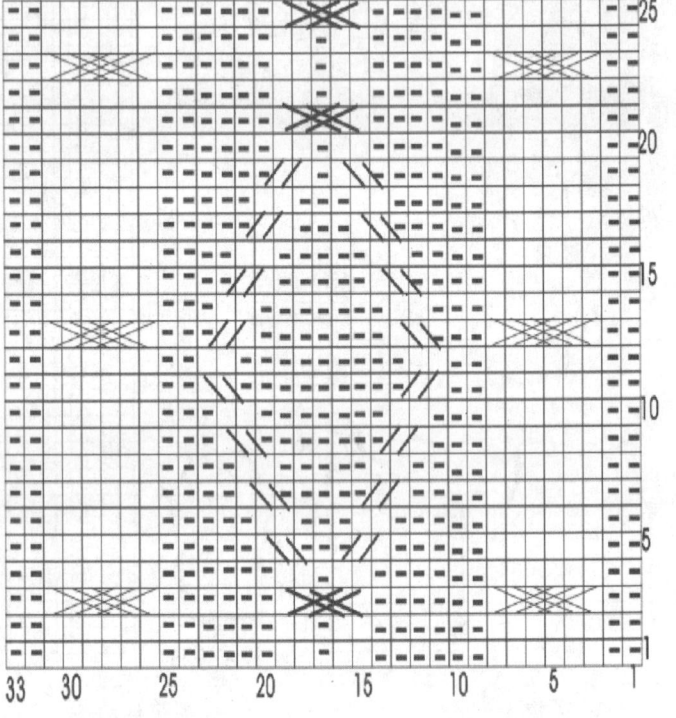

234

实物图

粉色浪漫装

【成品规格】胸围120cm，背肩宽40cm，袖长58cm

【工　具】6号针

【材　料】中粗线

花样图

花样A

结构示意图

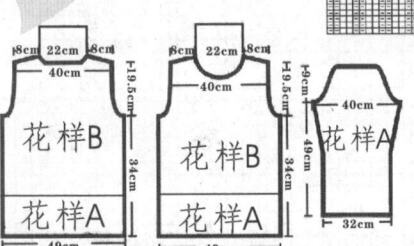

花样B

花样B

花样B

花样A

花样A

花样A

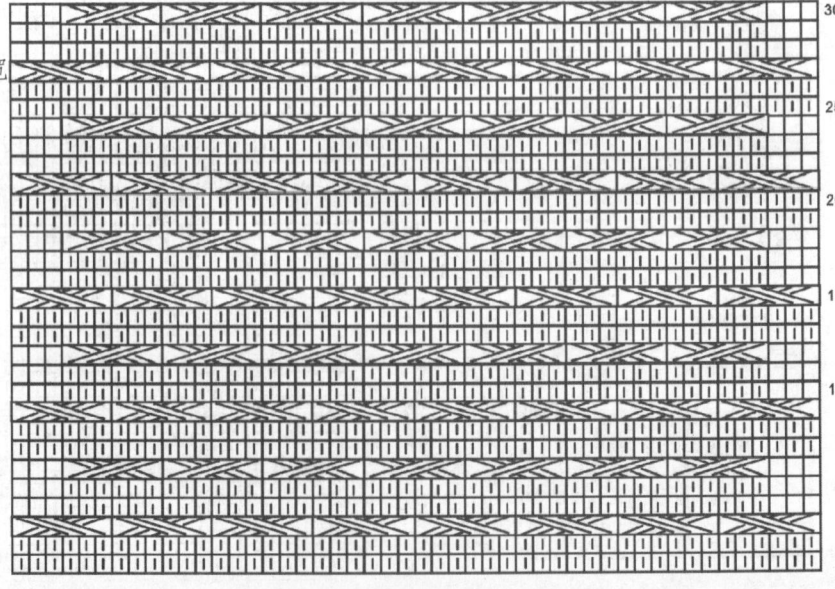

花样B

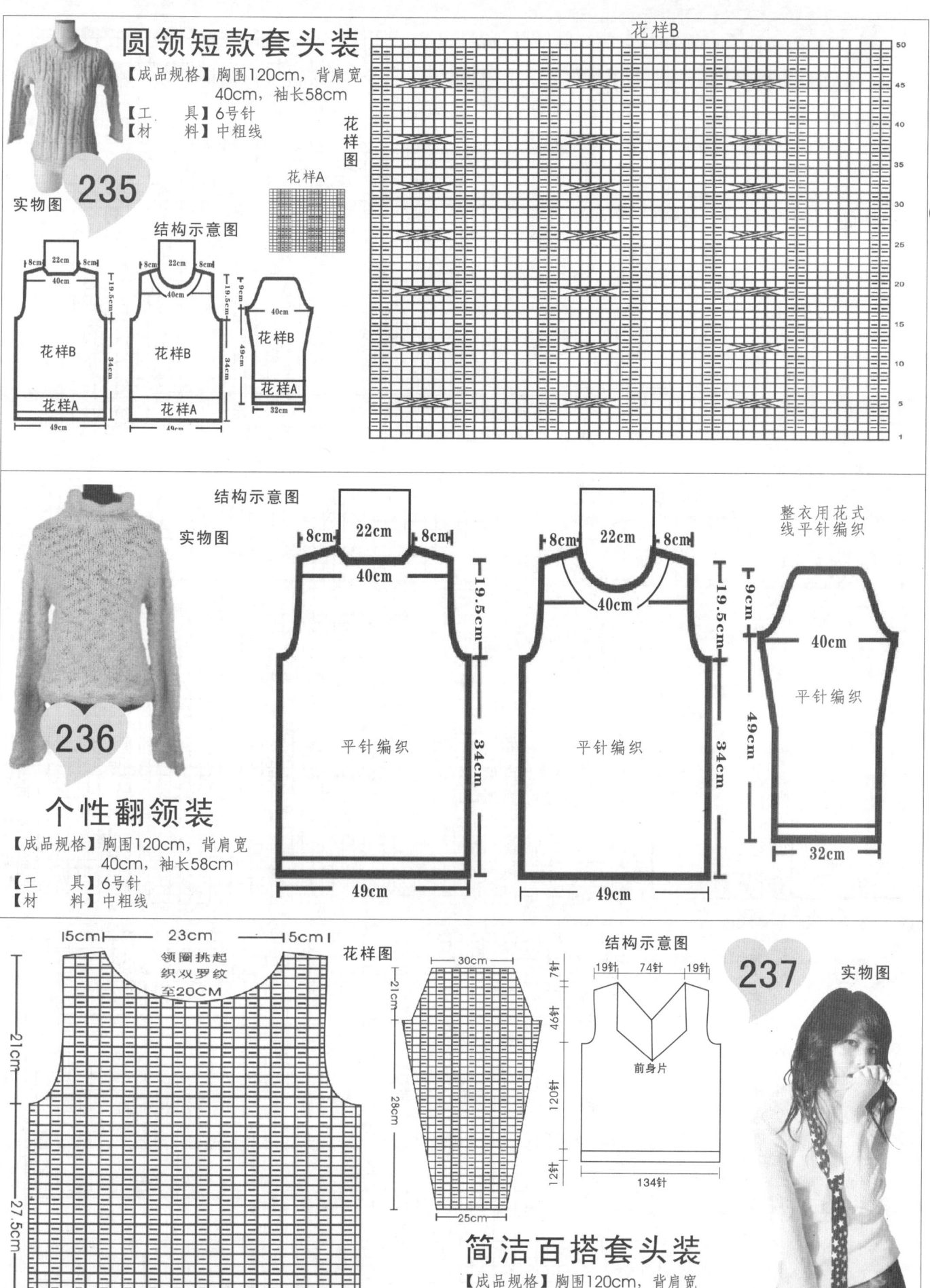

圆领短款套头装

【成品规格】胸围120cm，背肩宽40cm，袖长58cm

【工　　具】6号针

【材　　料】中粗线

花样B

花样A

235

实物图

结构示意图

8cm 22cm 8cm
40cm
花样B
花样A
49cm

8cm 22cm 8cm
40cm
花样B
花样A
49cm

40cm
花样B
花样A
32cm

19.5cm 34cm

9cm 49cm

236

个性翻领装

【成品规格】胸围120cm，背肩宽40cm，袖长58cm

【工　　具】6号针

【材　　料】中粗线

结构示意图

实物图

整衣用花式线平针编织

8cm 22cm 8cm
40cm
平针编织
49cm

8cm 22cm 8cm
40cm
平针编织
49cm

40cm
平针编织
32cm

19.5cm 34cm

9cm 49cm

15cm 23cm 5cm
领圈挑起织双罗纹至20CM

21cm 27.5cm

44cm

花样图

30cm
21cm 28cm
25cm

结构示意图

19针 74针 19针
前身片
134针

7针 46针 120针 12针

237

实物图

简洁百搭套头装

【成品规格】胸围120cm，背肩宽38cm，袖长53cm

【工　　具】10号针

【材　　料】中细线

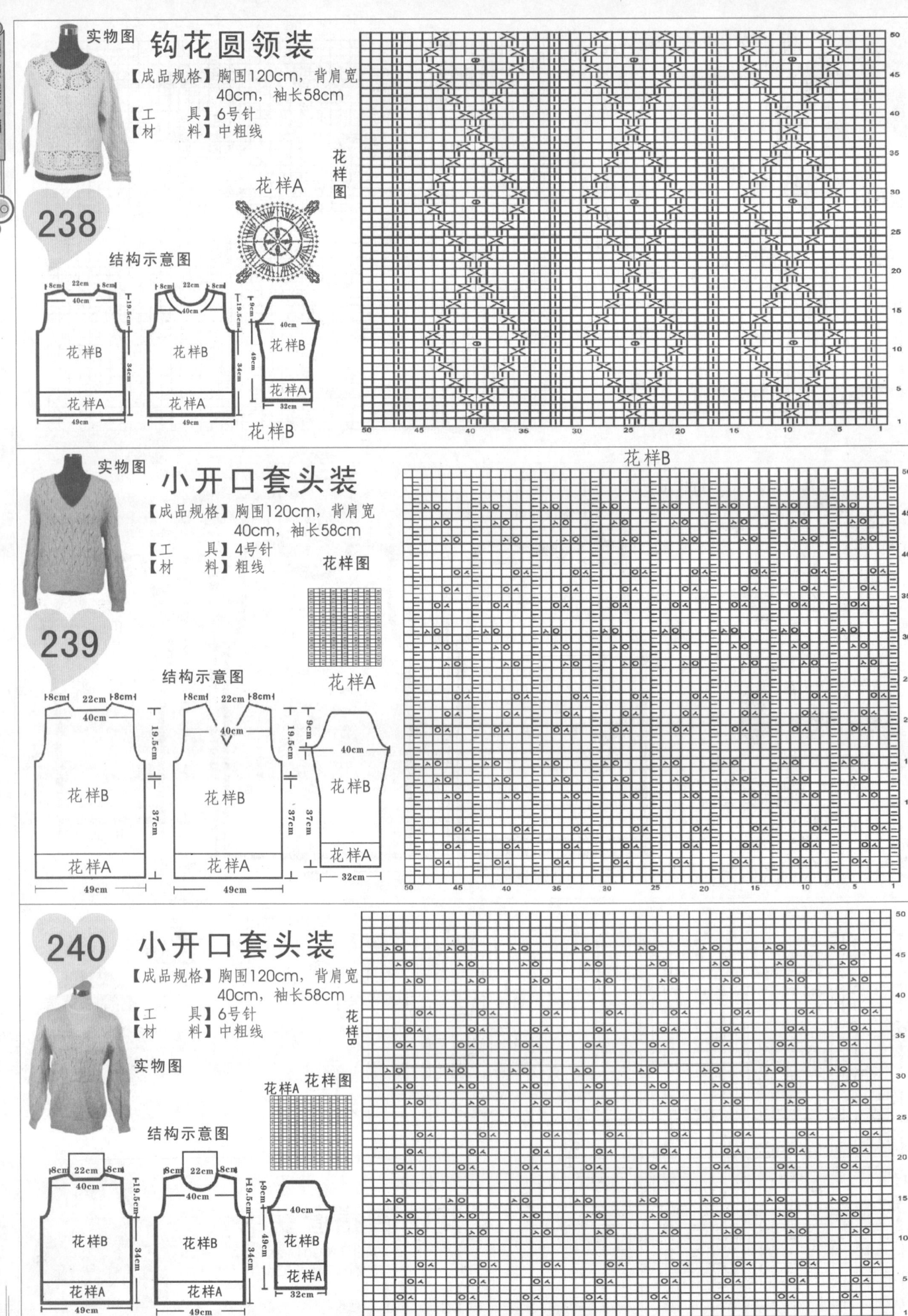

钩花圆领装

【成品规格】胸围120cm，背肩宽40cm，袖长58cm
【工　具】6号针
【材　料】中粗线

实物图

238

花样A

花样图

结构示意图

花样B

小开口套头装

【成品规格】胸围120cm，背肩宽40cm，袖长58cm
【工　具】4号针
【材　料】粗线

实物图

239

花样图

花样A

结构示意图

花样B

240 小开口套头装

【成品规格】胸围120cm，背肩宽40cm，袖长58cm
【工　具】6号针
【材　料】中粗线

实物图

结构示意图

花样A 花样图

花样B

流行韩式毛衣汇编1888

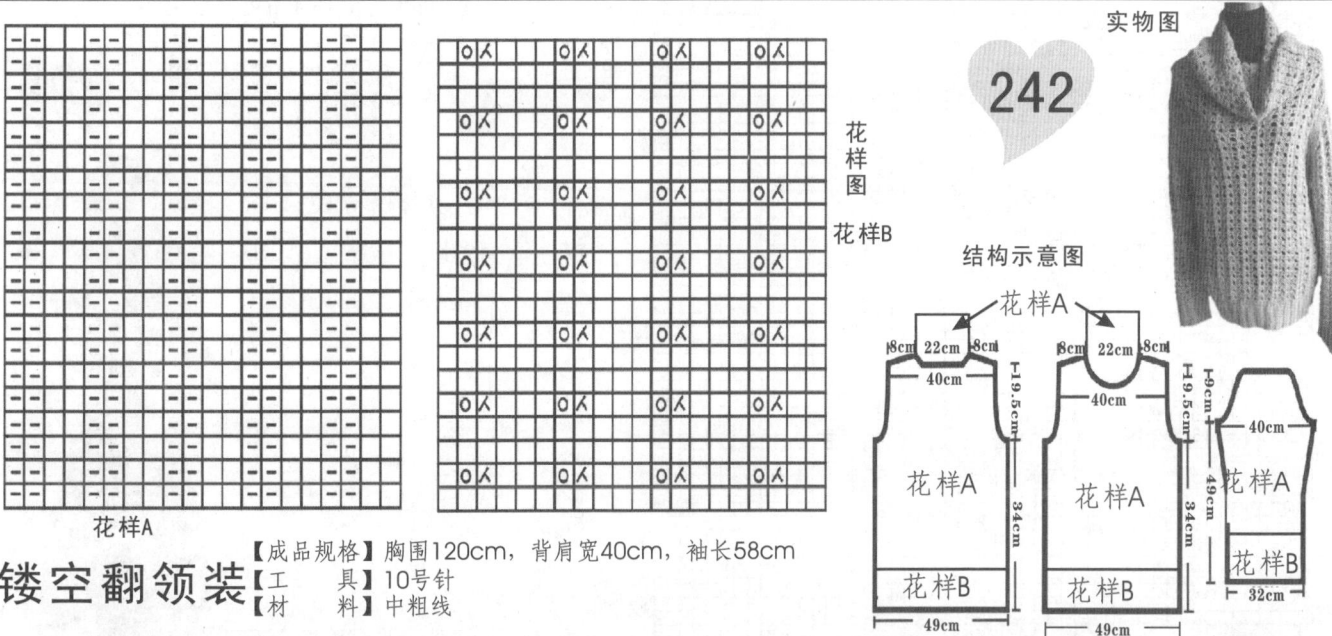

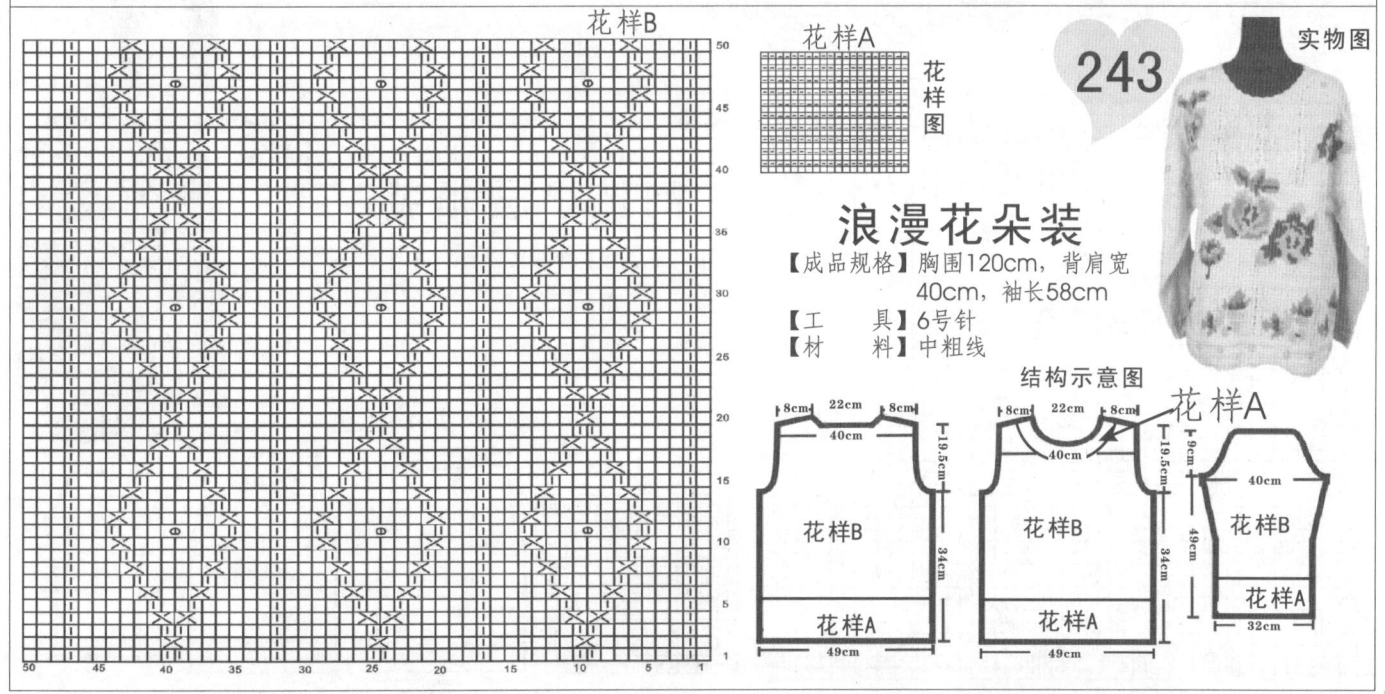

修身短袖装

实物图

【成品规格】胸围120cm，背肩宽
　　　　　　40cm，袖长28cm
【工　　具】6号针
【材　　料】中粗线

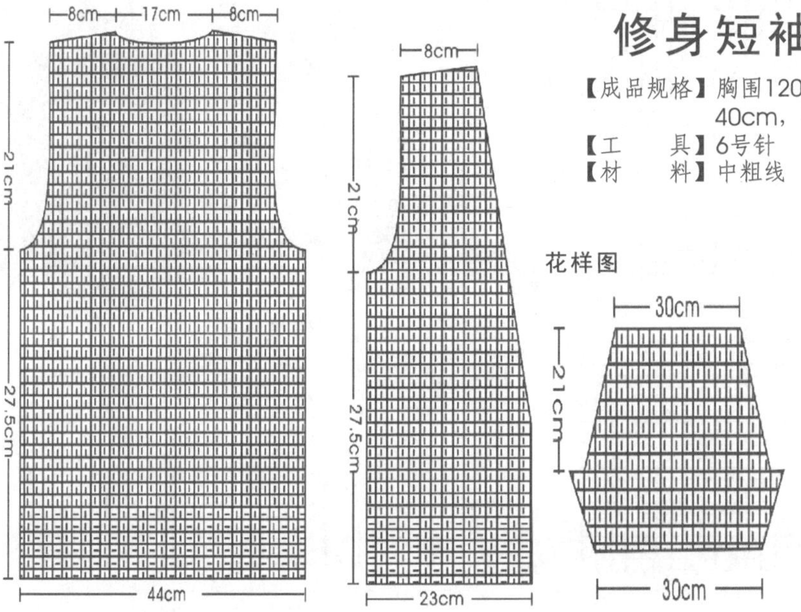

8cm　17cm　8cm

21cm

27.5cm

44cm

8cm

21cm

27.5cm

23cm

花样图

30cm

21cm

30cm

结构示意图

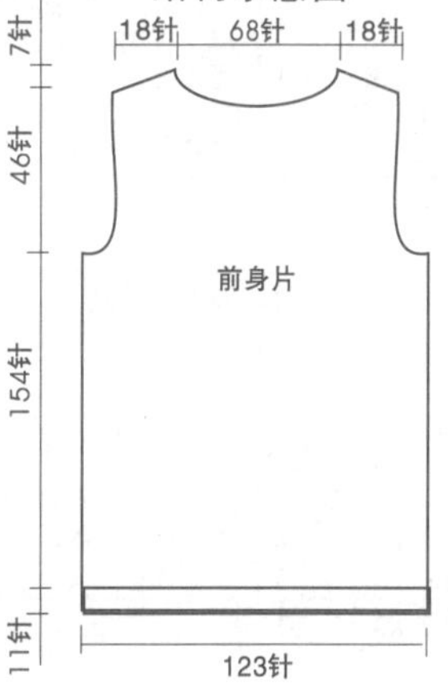

18针　68针　18针

7针

46针

154针

前身片

11针

123针

镂空翻领装

实物图

242

花样图
花样B

花样A

【成品规格】胸围120cm，背肩宽40cm，袖长58cm
【工　　具】10号针
【材　　料】中粗线

结构示意图

花样A

8cm　22cm　8cm
40cm
19.5cm

花样A

34cm

花样B

49cm

8cm　22cm　8cm
40cm
19.5cm

花样A

34cm

花样B

49cm

9cm

40cm

花样A

49cm

花样B

32cm

浪漫花朵装

实物图

243

花样B

50

45

40

35

30

25

20

15

10

5

1

50　45　40　35　30　25　20　15　10　5　1

花样A

花样图

【成品规格】胸围120cm，背肩宽
　　　　　　40cm，袖长58cm
【工　　具】6号针
【材　　料】中粗线

结构示意图

花样A

8cm　22cm　8cm
40cm
19.5cm

花样B

34cm

花样A

49cm

8cm　22cm　8cm
40cm
19.5cm

花样A

花样B

34cm

花样A

49cm

9cm

40cm

花样B

49cm

花样A

32cm

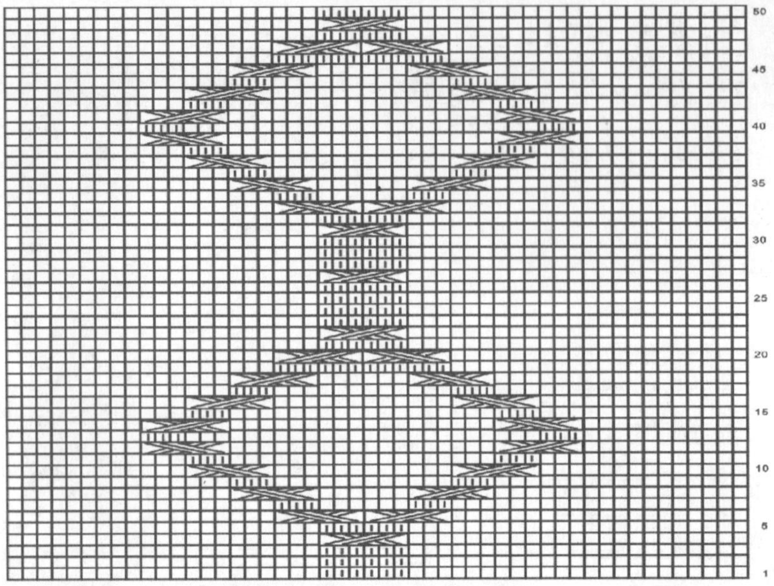

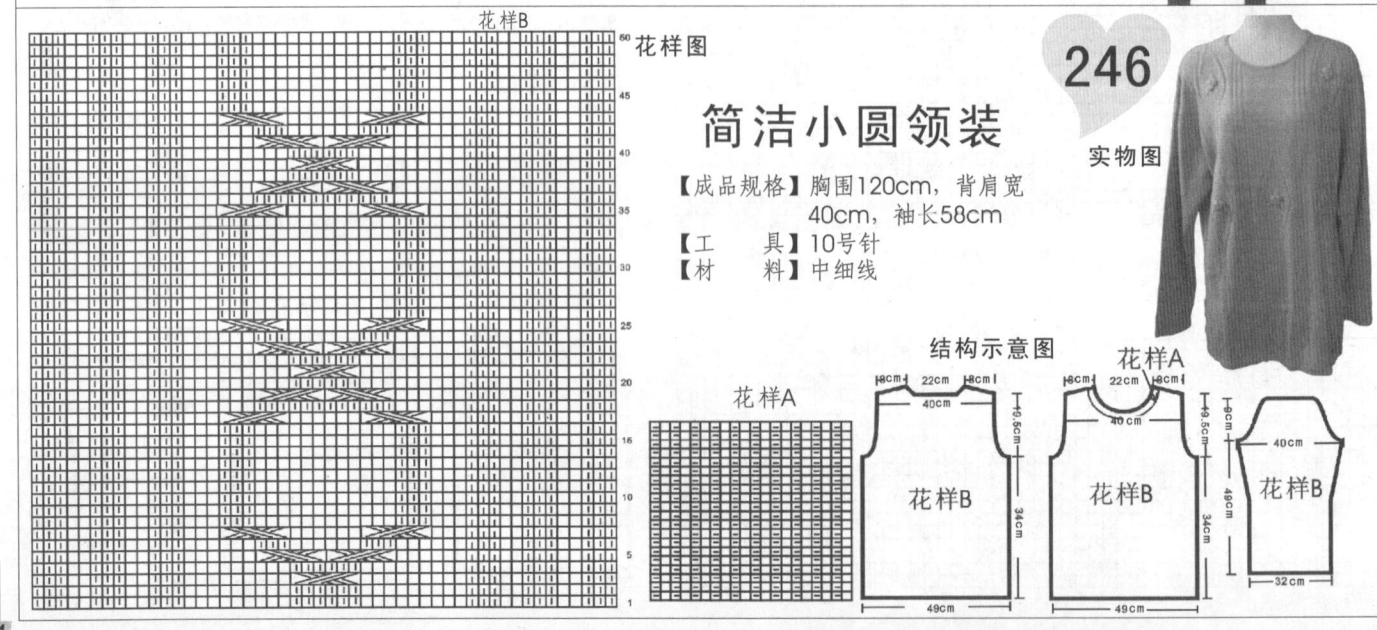

流行韩式毛衣汇编1888

花样图

244 小圆翻领装

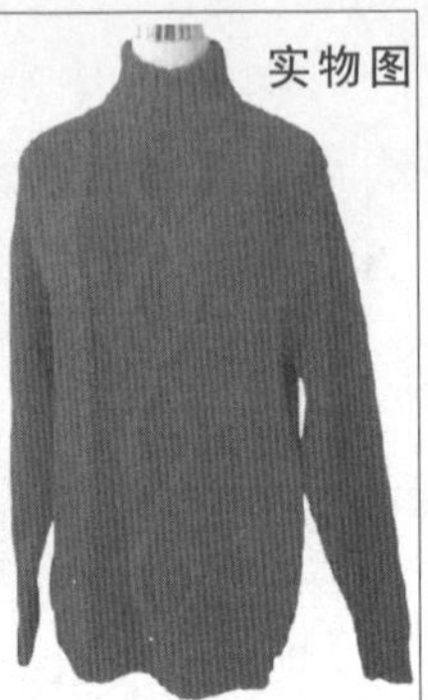

【成品规格】胸围120cm，背肩宽40cm，袖长58cm
【工　具】6号针
【材　料】中粗线

实物图

结构示意图

花样图

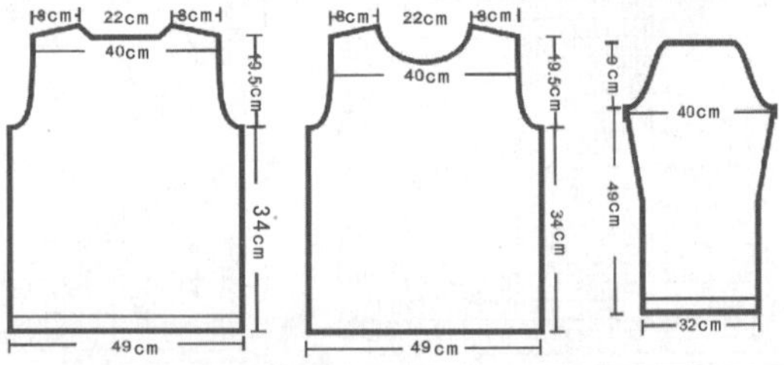

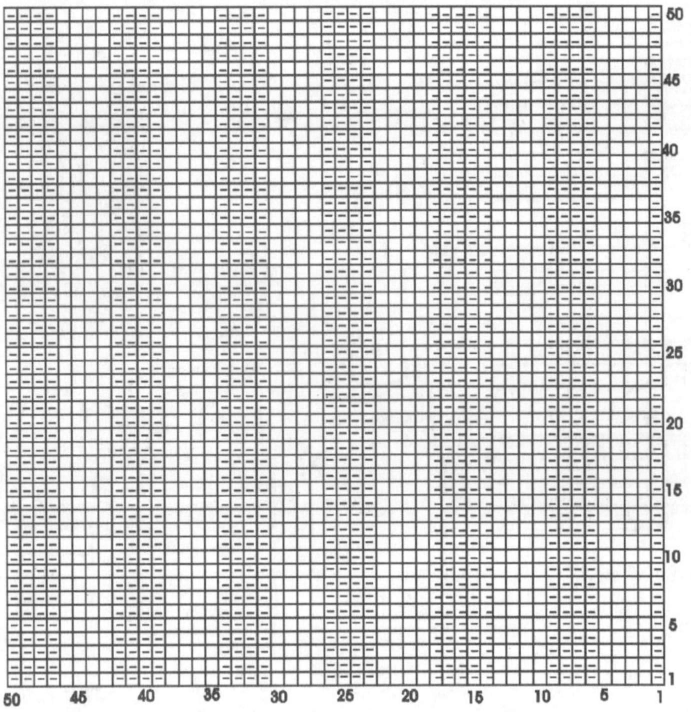

亮丽休闲套头装

【成品规格】胸围120cm，背肩宽38cm，袖长53cm
【工　具】10号针
【材　料】中细线

245

结构示意图

实物图

19针　74针　19针

7针

46针

120针

前身片

12针

134针

花样B　花样图

246 简洁小圆领装

【成品规格】胸围120cm，背肩宽40cm，袖长58cm
【工　具】10号针
【材　料】中细线

实物图

结构示意图

花样A

花样A

花样B

花样A

花样B

花样B

花样B

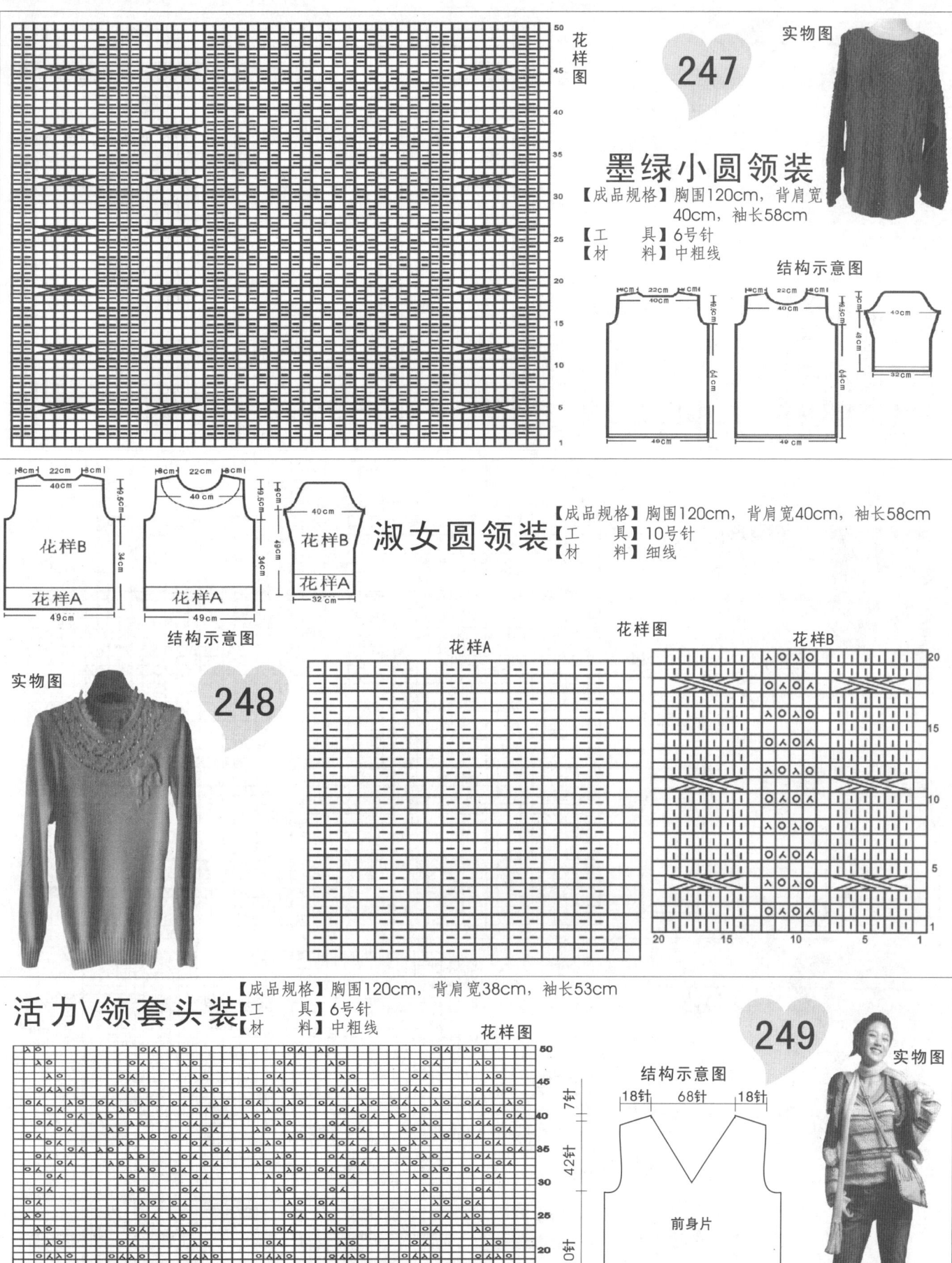

花样图

247

实物图

墨绿小圆领装

【成品规格】胸围120cm，背肩宽40cm，袖长58cm

【工　　具】6号针

【材　　料】中粗线

结构示意图

淑女圆领装

【成品规格】胸围120cm，背肩宽40cm，袖长58cm

【工　　具】10号针

【材　　料】细线

花样B

花样A

花样B

花样A

结构示意图

花样A

花样图

花样B

实物图

248

活力V领套头装

【成品规格】胸围120cm，背肩宽38cm，袖长53cm

【工　　具】6号针

【材　　料】中粗线

花样图

结构示意图

249

实物图

18针　68针　18针

前身片

123针

250

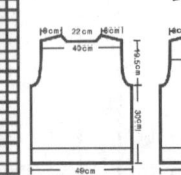

小圆领装

【成品规格】胸围120cm，背肩宽40cm，袖长58cm
【工　　具】10号针
【材　　料】中细线

实物图

结构示意图

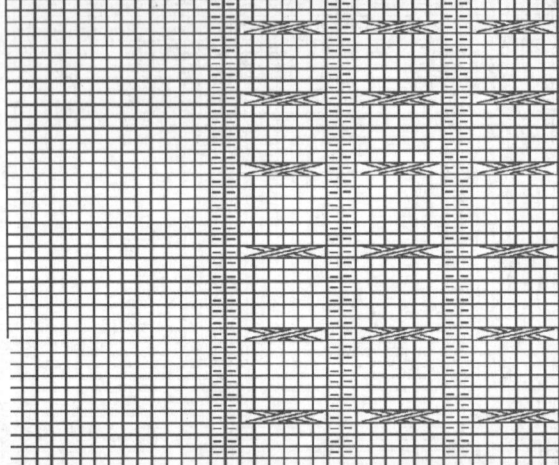

花样图

实物图

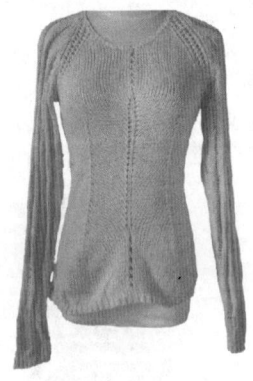

251

深V领套头装

【成品规格】胸围120cm，背肩宽40cm，袖长58cm
【工　　具】钩针
【材　　料】中粗线

结构示意图

花样图

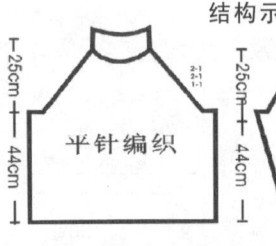
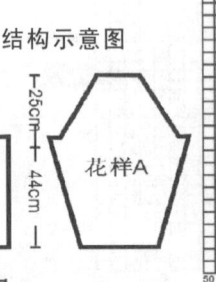

252

实物图

粉色小圆领装

【成品规格】胸围120cm，背肩宽40cm，袖长44cm
【工　　具】6号针
【材　　料】中细线

结构示意图

平针编织　　　　平针编织　　　　花样A

60cm　　　　　　60cm

花样图

花样A

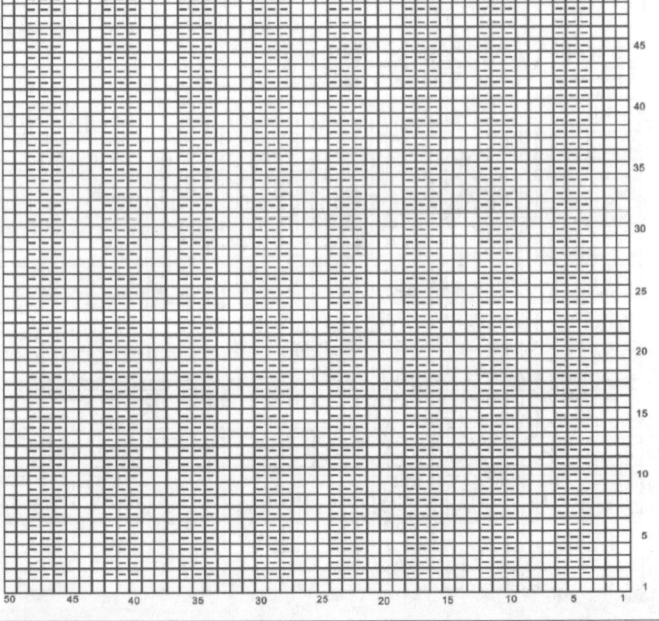

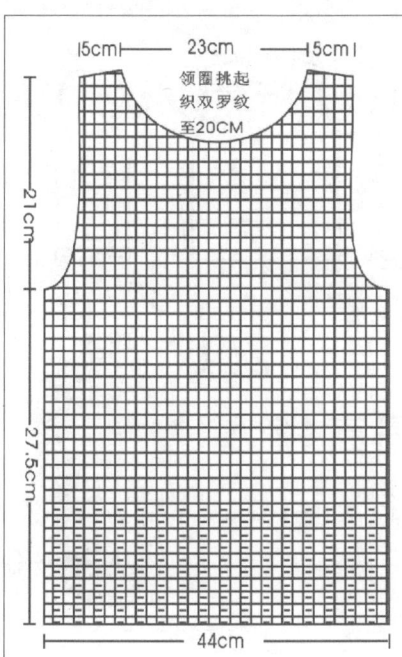

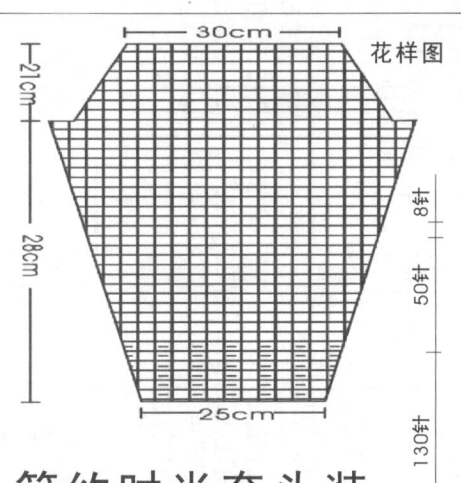

花样图

结构示意图 实物图

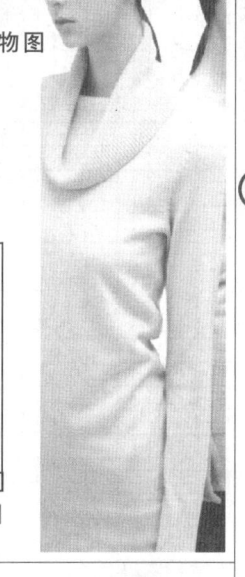

253

简约时尚套头装

【成品规格】胸围120cm，背肩宽
38cm，袖长53cm
【工　　具】10号针
【材　　料】细线

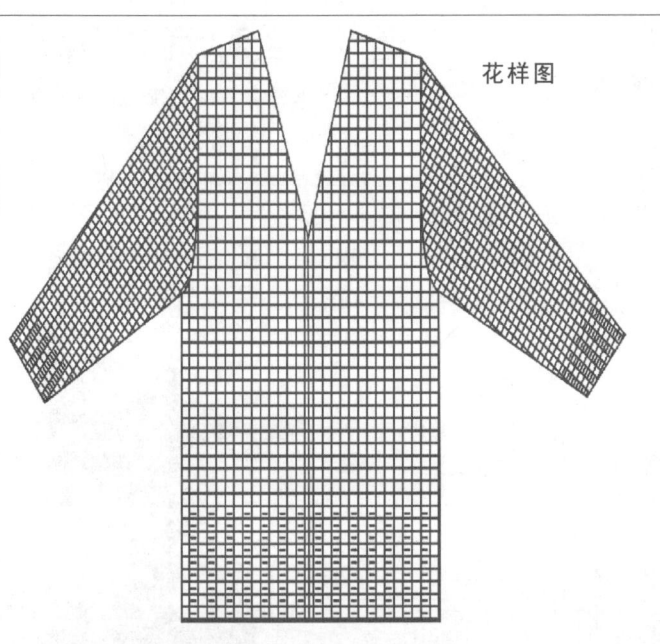

花样图

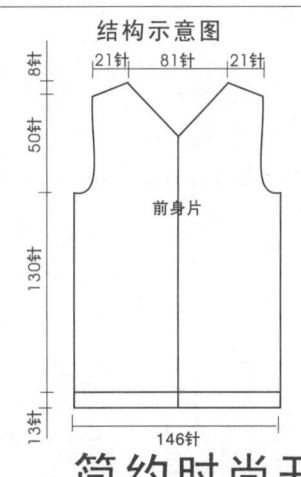

结构示意图

254

实物图

简约时尚开衫

【成品规格】胸围120cm，背肩宽
38cm，袖长53cm
【工　　具】10号针
【材　　料】细线

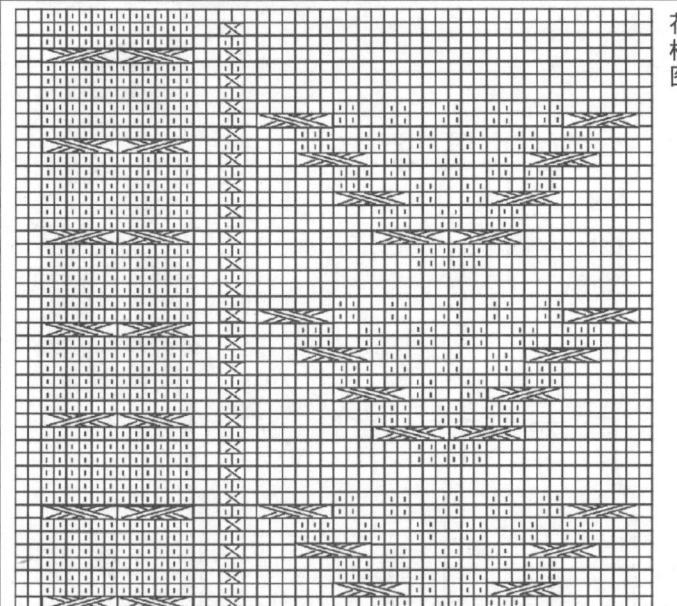

花样图

255

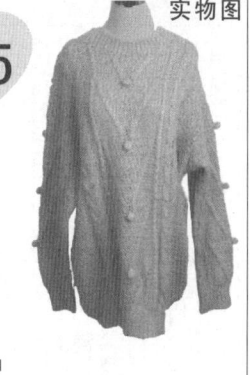

实物图

小球圆领装

【成品规格】胸围120cm，背肩宽
40cm，袖长58cm
【工　　具】6号针
【材　　料】中粗线

结构示意图

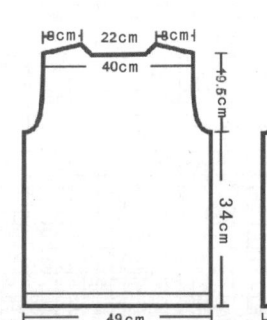

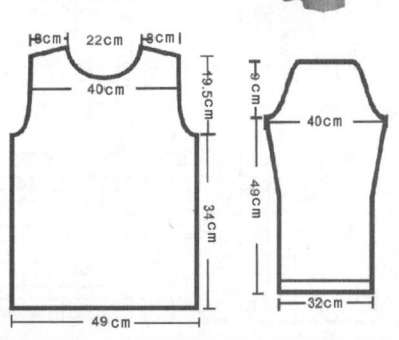

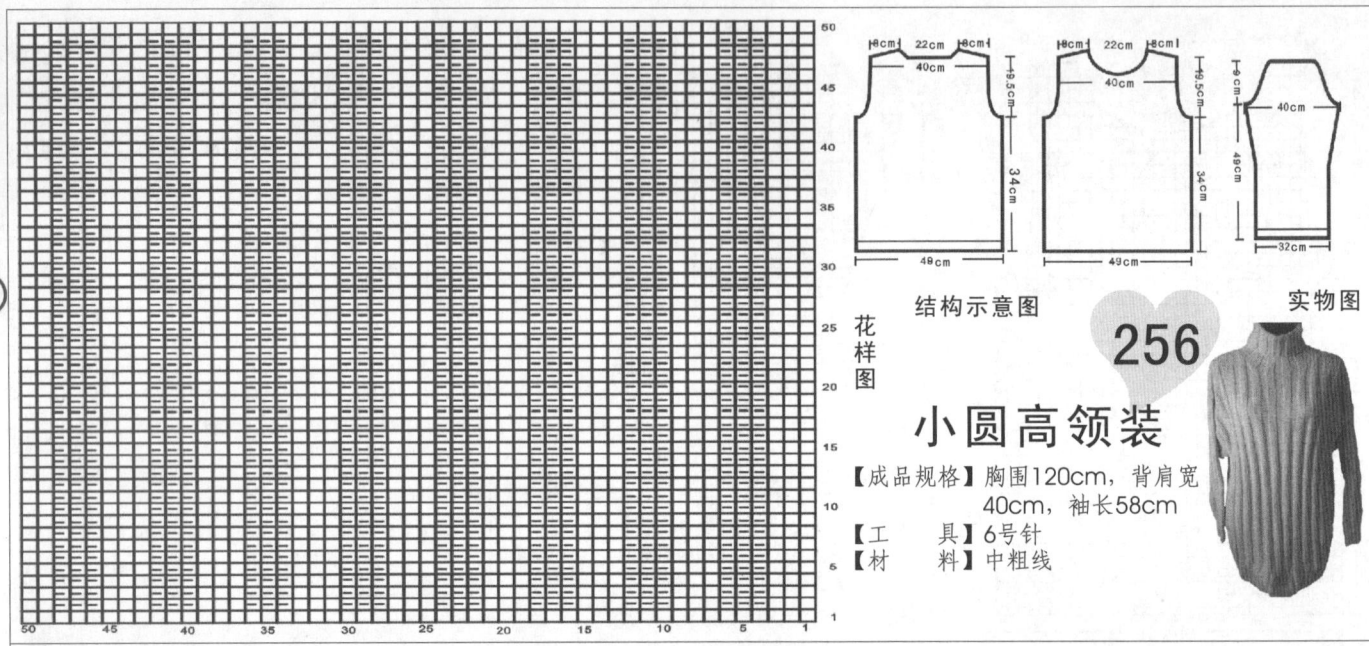

花样图

结构示意图　　实物图

256

小圆高领装

【成品规格】胸围120cm，背肩宽40cm，袖长58cm

【工　　具】6号针

【材　　料】中粗线

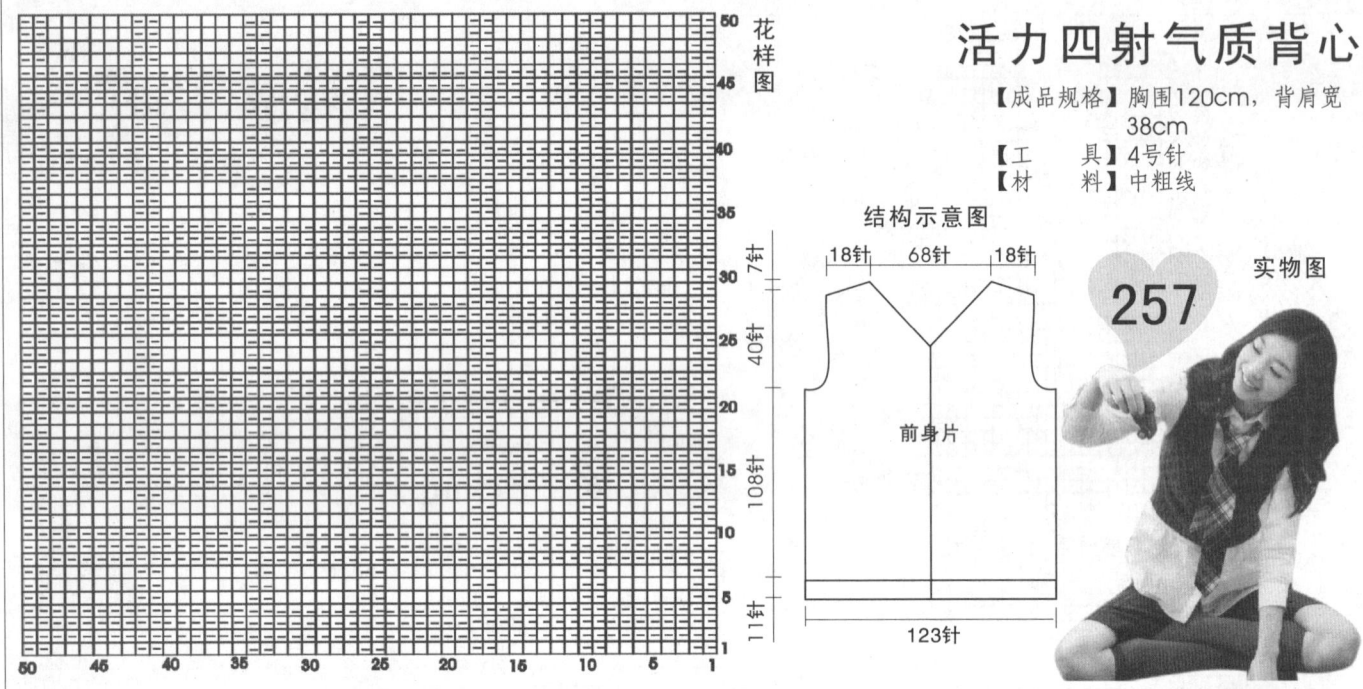

花样图

活力四射气质背心

【成品规格】胸围120cm，背肩宽38cm

【工　　具】4号针

【材　　料】中粗线

结构示意图　　实物图

257

18针　68针　18针

前身片

123针

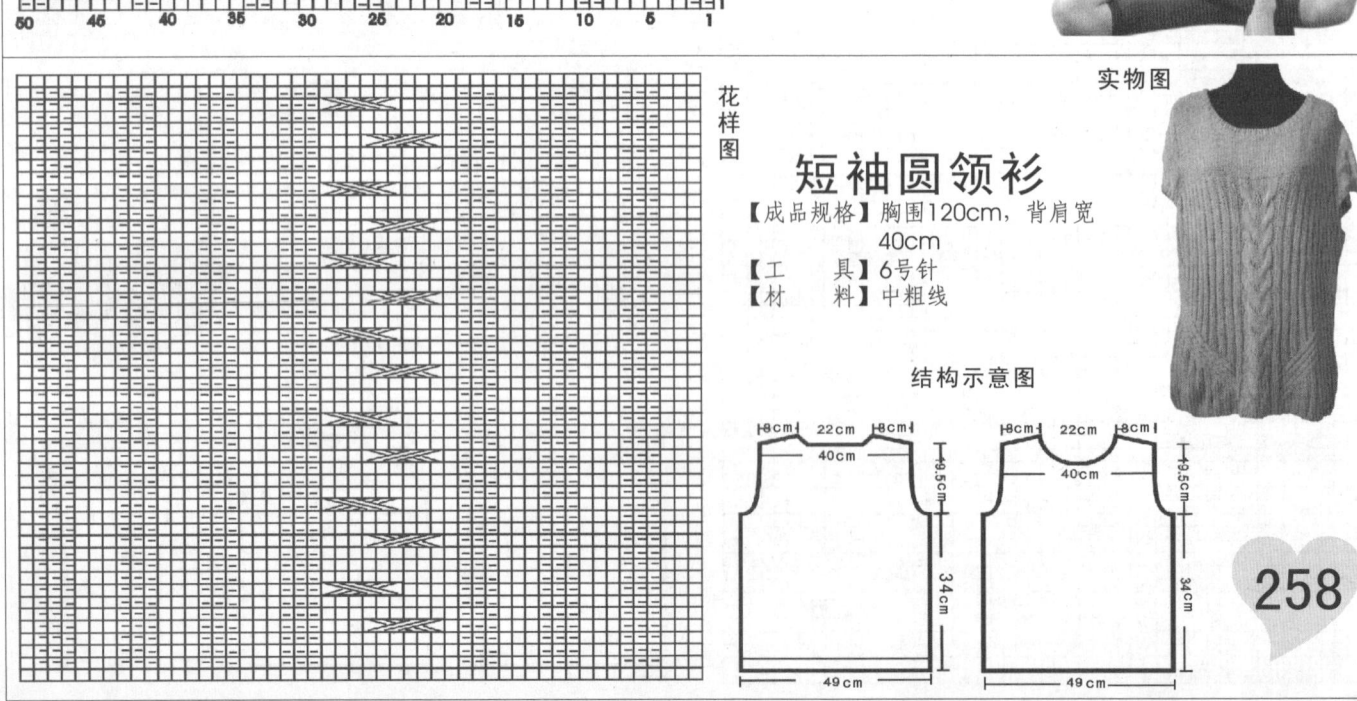

花样图

实物图

短袖圆领衫

【成品规格】胸围120cm，背肩宽40cm

【工　　具】6号针

【材　　料】中粗线

结构示意图

258

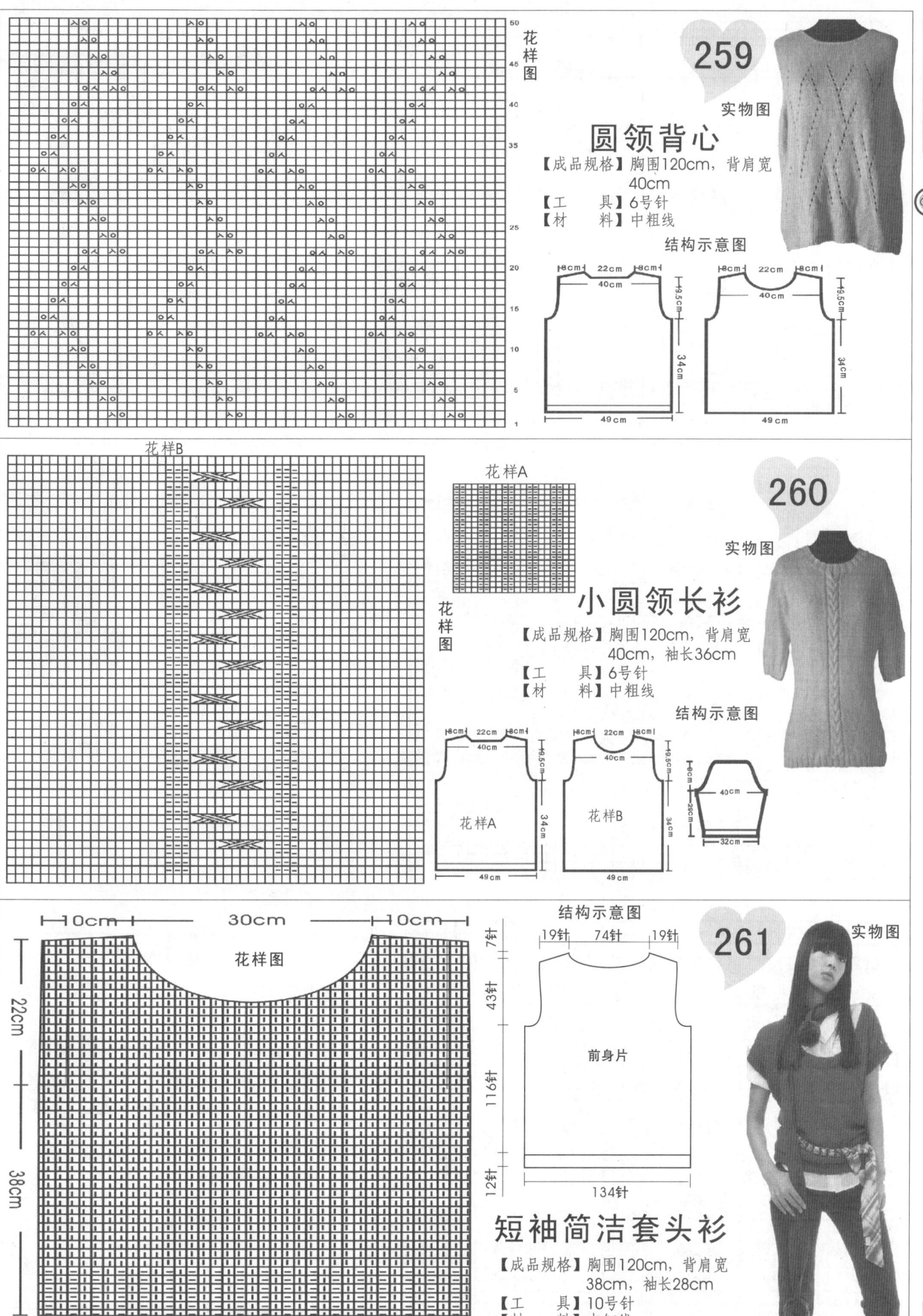

花样图

259

实物图

圆领背心

【成品规格】胸围120cm，背肩宽40cm
【工　　具】6号针
【材　　料】中粗线

结构示意图

8cm　22cm　8cm
40cm
49cm
34cm
19.5cm

8cm　22cm　8cm
40cm
49cm
34cm
19.5cm

花样B

花样A

花样图

260

实物图

小圆领长衫

【成品规格】胸围120cm，背肩宽40cm，袖长36cm
【工　　具】6号针
【材　　料】中粗线

结构示意图

8cm　22cm　8cm
40cm
花样A
49cm
34cm
19.5cm

8cm　22cm　8cm
40cm
花样B
49cm
34cm
19.5cm

8cm
40cm
32cm
28cm

10cm　　30cm　　10cm

花样图

22cm

38cm

50cm

结构示意图

19针　74针　19针

7针
43针
116针
12针

前身片

134针

261

实物图

短袖简洁套头衫

【成品规格】胸围120cm，背肩宽38cm，袖长28cm
【工　　具】10号针
【材　　料】中细线

花样图

262 实物图

典雅圆领长衫

【成品规格】胸围120cm，背肩宽40cm，袖长38cm
【工　　具】6号针
【材　　料】中粗线

结构示意图

花样图

263

色彩背心

实物图

【成品规格】胸围120cm，背肩宽40cm
【工　　具】6号针
【材　　料】中粗线

结构示意图

花样图

264

尖领背心

实物图

【成品规格】胸围120cm，背肩宽40cm
【工　　具】6号针
【材　　料】中粗线

结构示意图

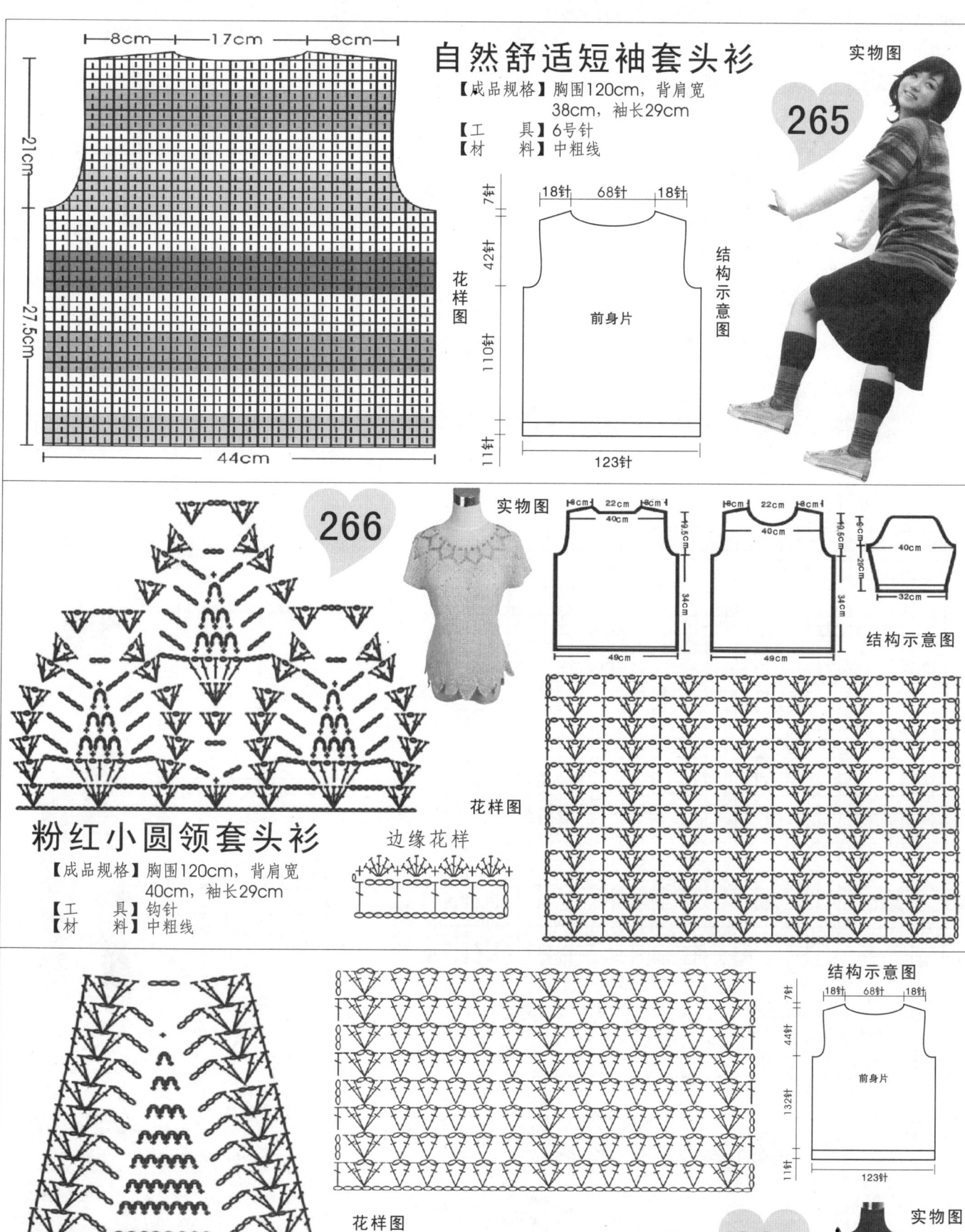

自然舒适短袖套头衫

实物图

265

【成品规格】胸围120cm，背肩宽38cm，袖长29cm
【工　　具】6号针
【材　　料】中粗线

8cm　17cm　8cm

21cm

27.5cm

44cm

花样图

18针　68针　18针

7行　42针　110行　11针

前身片

结构示意图

123针

266

实物图

粉红小圆领套头衫

【成品规格】胸围120cm，背肩宽40cm，袖长29cm
【工　　具】钩针
【材　　料】中粗线

边缘花样

花样图

8cm　22cm　8cm
40cm
49cm
19.5cm
34cm

8cm　22cm　8cm
40cm
49cm
19.5cm
34cm

40cm
20cm
32cm

结构示意图

钩花裙边长衫

267

实物图

【成品规格】胸围120cm，背肩宽38cm，袖长36cm
【工　　具】钩针
【材　　料】中粗线

花样图

8cm

结构示意图

18针　68针　18针

7行　44针　132行　11针

前身片

123针

精致钩花背心

【成品规格】胸围120cm，背肩宽40cm
【工　具】钩针
【材　料】中粗线

花样图

结构示意图

实物图

268

边缘花样

花样图

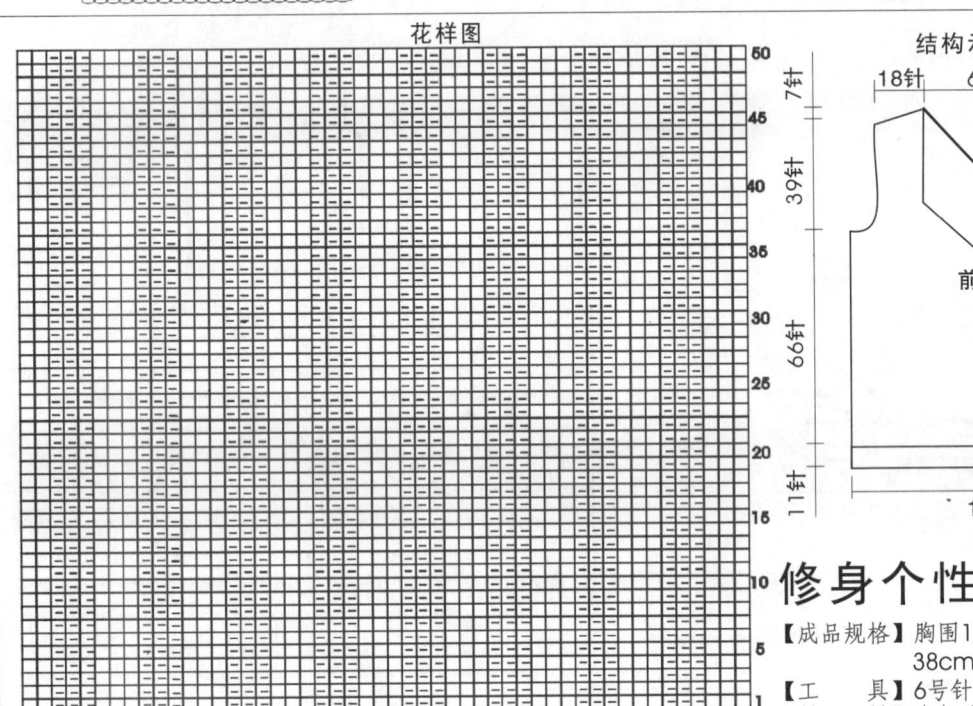

结构示意图

18针　68针　18针

前身片

123针

修身个性小坎肩

【成品规格】胸围120cm，背肩宽38cm，袖长38cm
【工　具】6号针
【材　料】中粗线

实物图

269

花样图

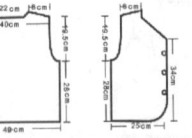 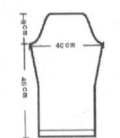 结构示意图

花样图

实物图

亮丽小坎肩

【成品规格】胸围120cm，背肩宽40cm，袖长58cm
【工　具】钩针
【材　料】粗线

边缘花样

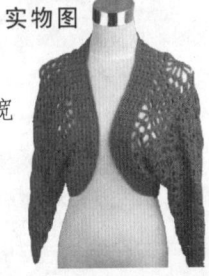

270

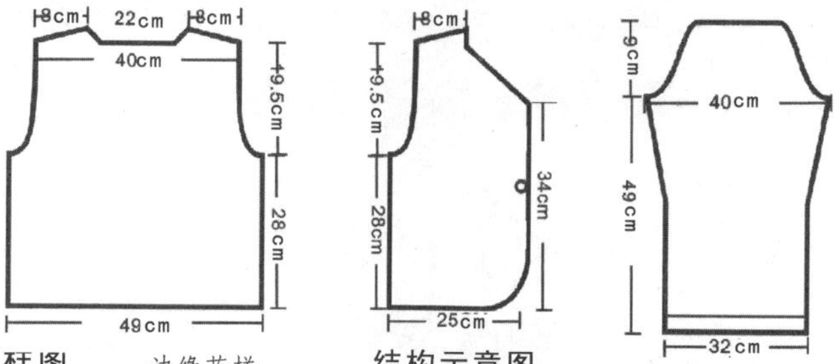

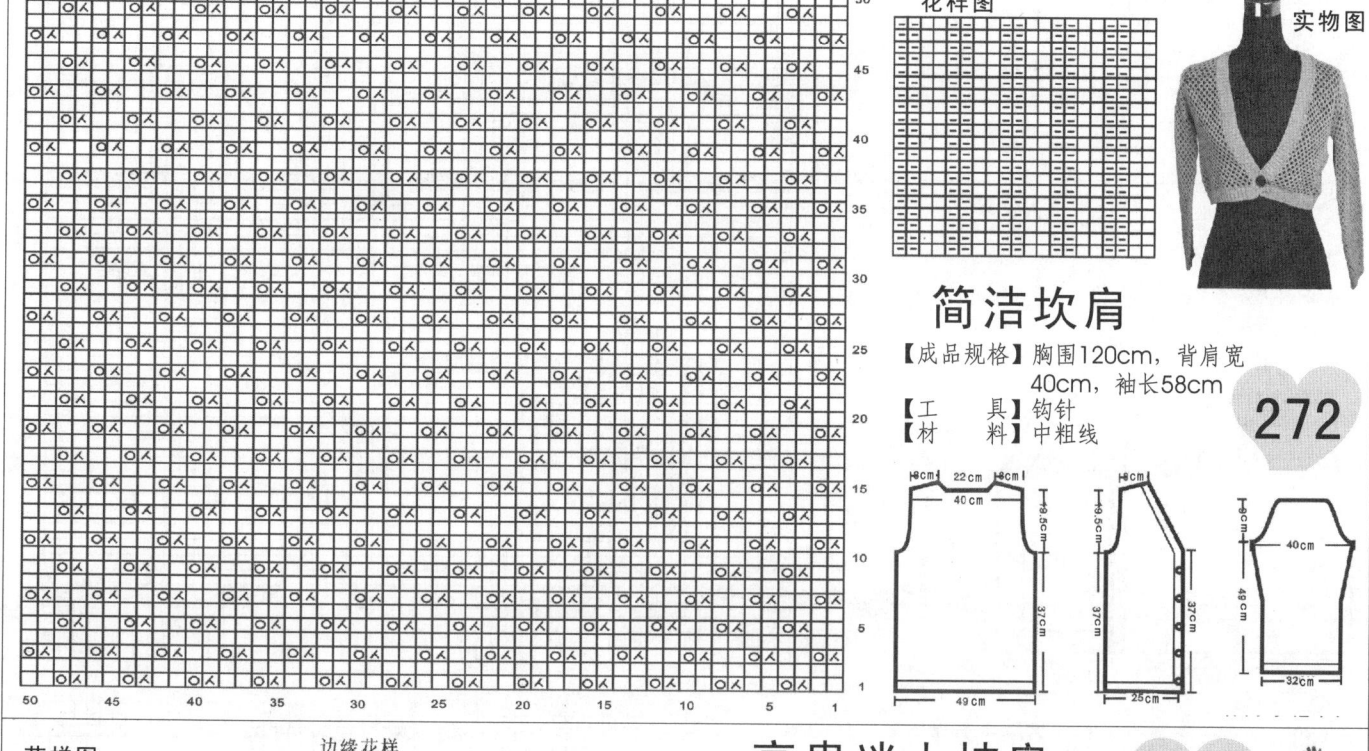

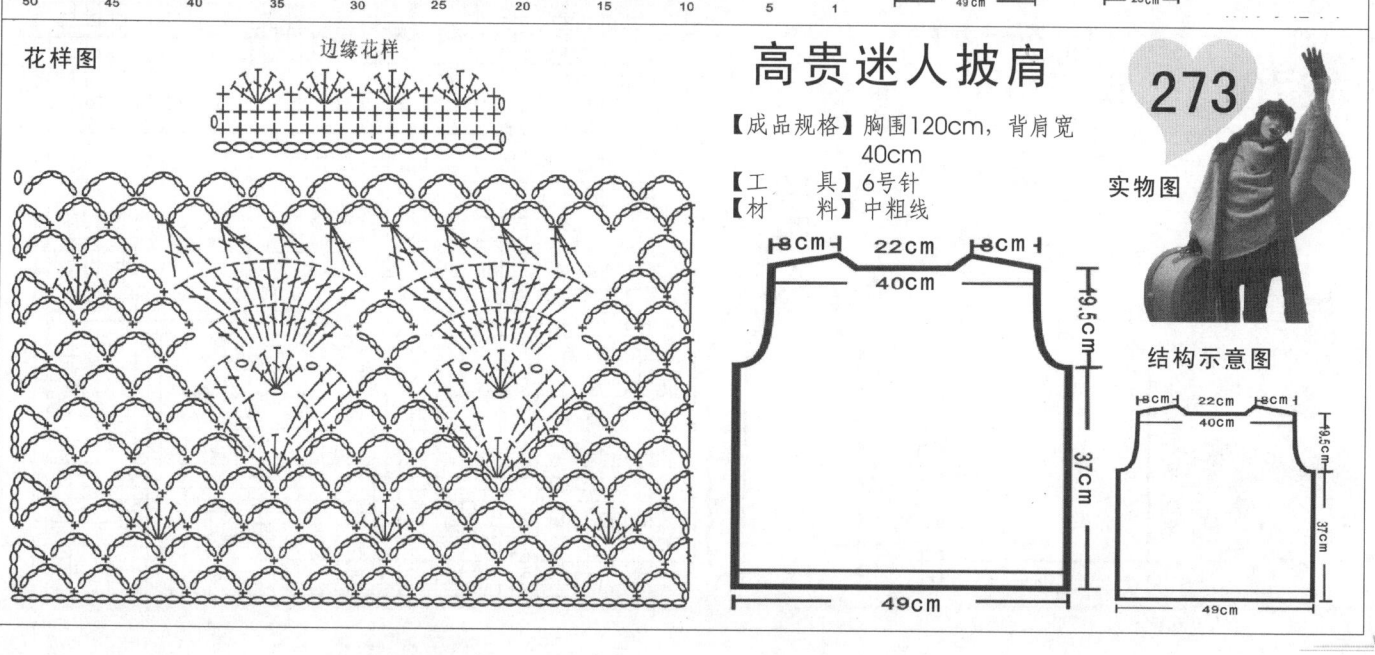

花样图　　边缘花样　　结构示意图

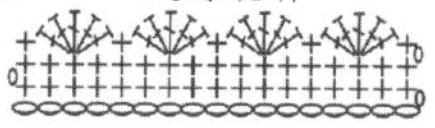

271

花边小坎肩

【成品规格】胸围120cm，背肩宽
40cm，袖长58cm
【工　具】钩针
【材　料】中粗线

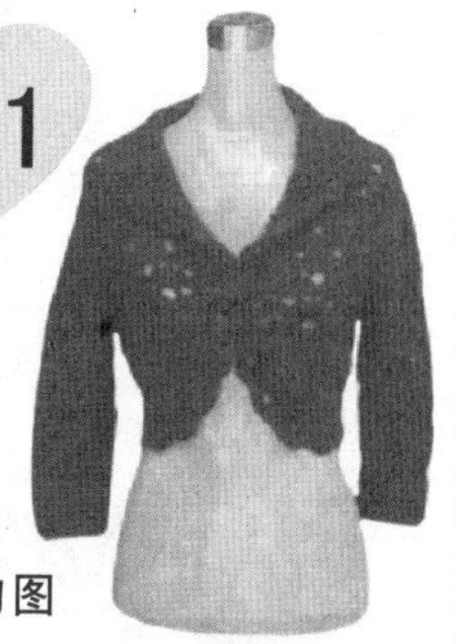

实物图

花样图　　　　　　　　　　实物图

简洁坎肩

【成品规格】胸围120cm，背肩宽
40cm，袖长58cm
【工　具】钩针
【材　料】中粗线

272

花样图　　　　　边缘花样

高贵迷人披肩

【成品规格】胸围120cm，背肩宽
40cm
【工　具】6号针
【材　料】中粗线

273

实物图

结构示意图

274

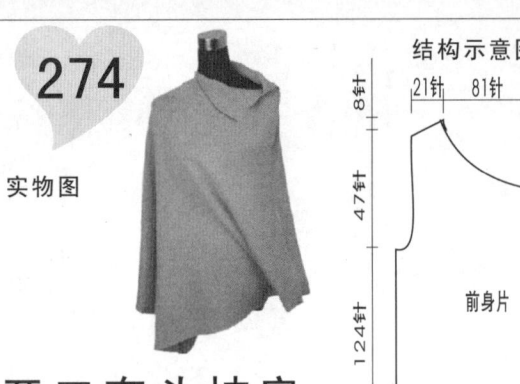

实物图

大开口套头披肩

【成品规格】胸围120cm，背肩宽
38cm
【工　　具】10号针
【材　　料】细线

结构示意图

21针　　81针　　21针

前身片

146针

花样图

实物图

别致披肩

【成品规格】胸围120cm，背肩宽
40cm，袖长58cm
【工　　具】10号针
【材　　料】中细线

275

花样图

结构示意图

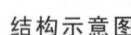

8cm　22cm　8cm
40cm
19.5cm
37cm
49cm

8cm
19.5cm
37cm
25cm

9cm
40cm
49cm
37cm
32cm

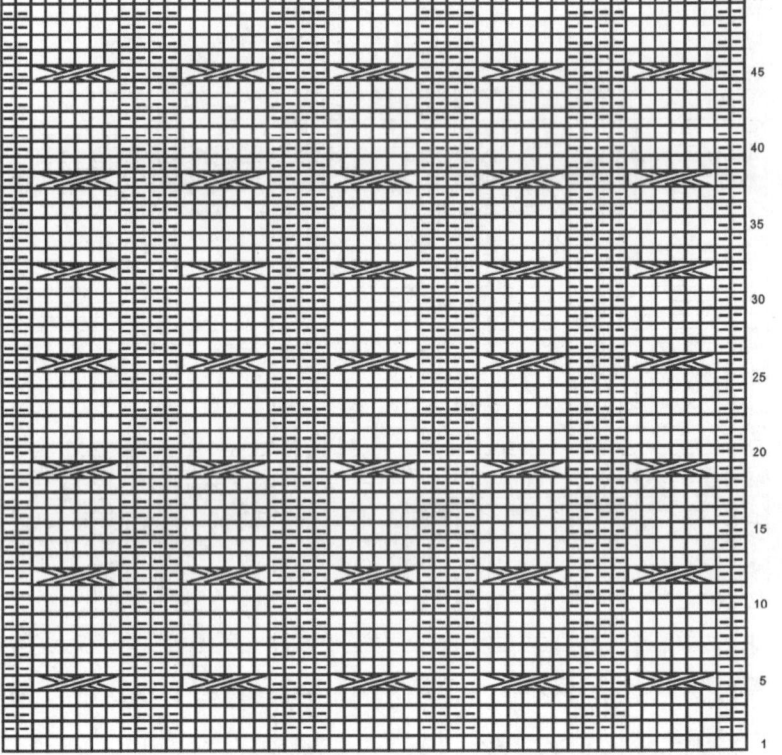

276

别致披肩

【成品规格】胸围120cm，背肩宽
40cm，袖长53cm
【工　　具】10号针
【材　　料】中细线

结构示意图

实物图

花样图

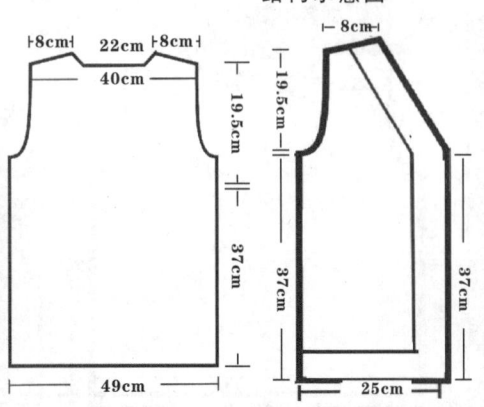

8cm　22cm　8cm
40cm
19.5cm
37cm
49cm

8cm
19.5cm
37cm
25cm

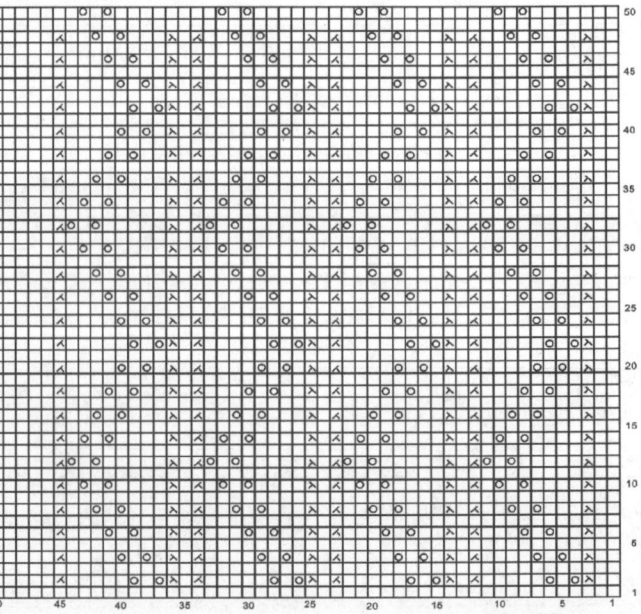

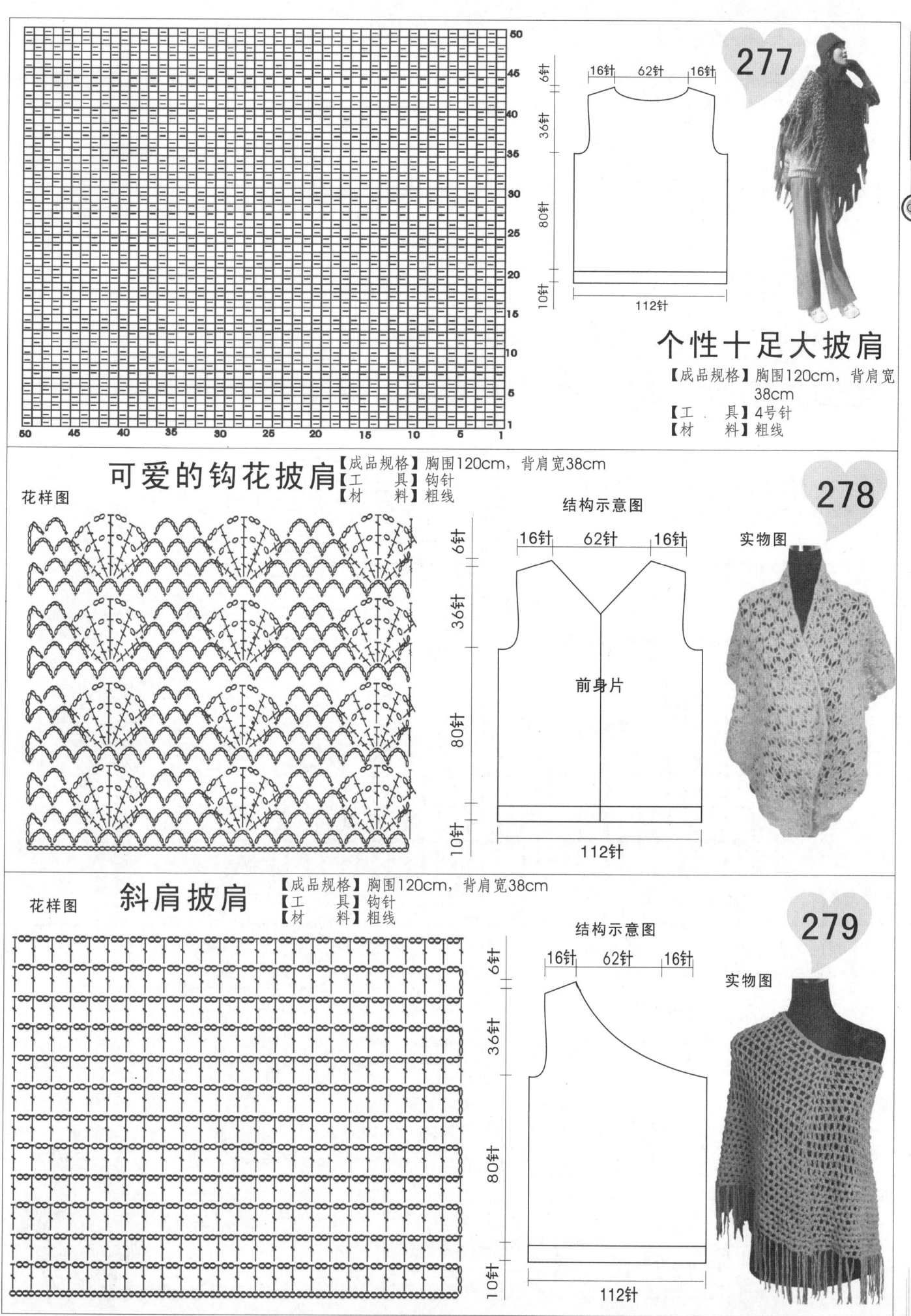

277

个性十足大披肩

【成品规格】胸围120cm，背肩宽38cm

【工　　具】4号针

【材　　料】粗线

可爱的钩花披肩　【成品规格】胸围120cm，背肩宽38cm
【工　　具】钩针
【材　　料】粗线

花样图

结构示意图

实物图

前身片

278

斜肩披肩　【成品规格】胸围120cm，背肩宽38cm
【工　　具】钩针
【材　　料】粗线

花样图

结构示意图

实物图

279

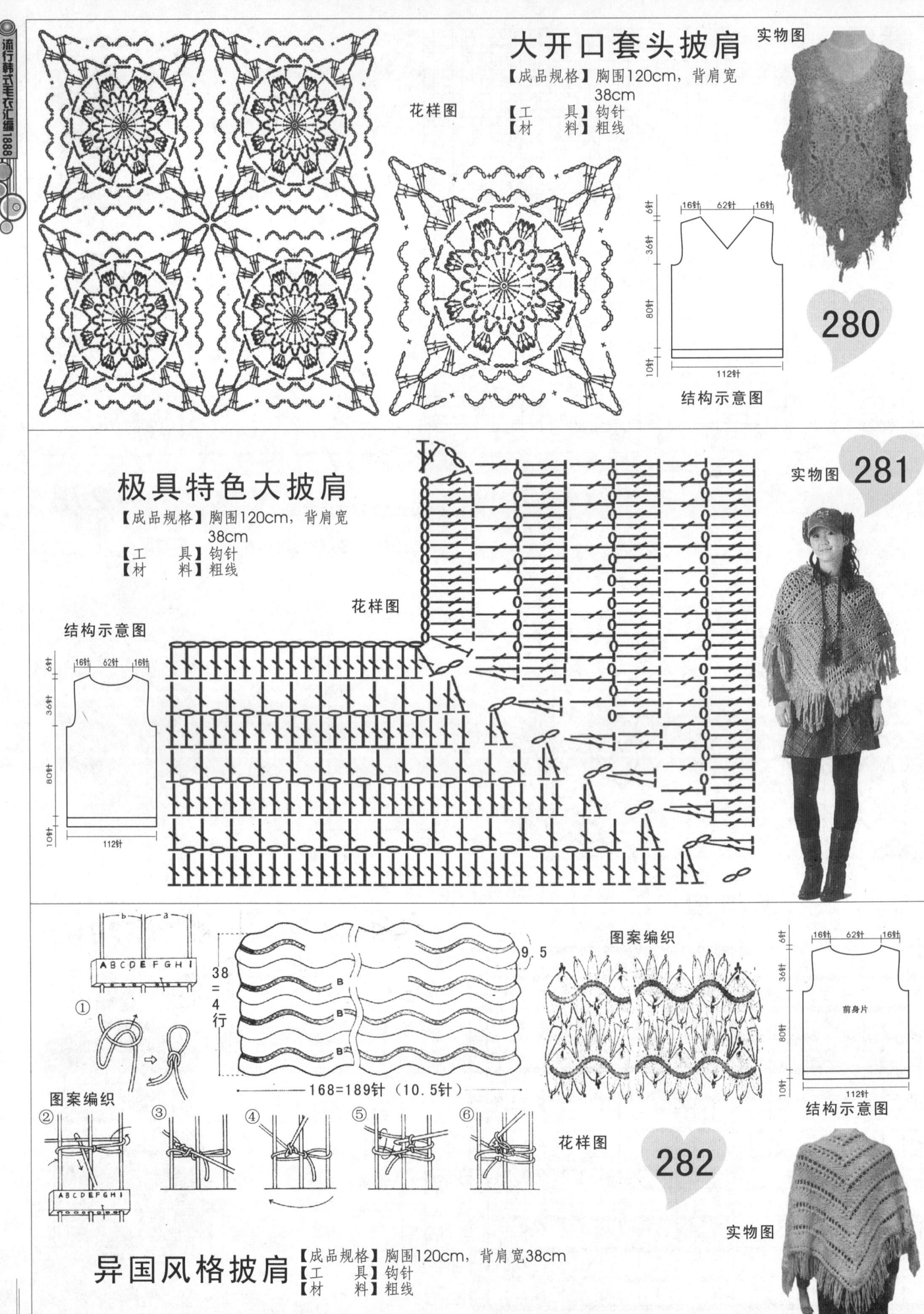

流行韩式毛衣汇编1888

大开口套头披肩

【成品规格】胸围120cm，背肩宽38cm

| **【工　具】** | 钩针 |
| **【材　料】** | 粗线 |

花样图

实物图

结构示意图

280

极具特色大披肩

【成品规格】胸围120cm，背肩宽38cm

| **【工　具】** | 钩针 |
| **【材　料】** | 粗线 |

花样图

结构示意图

实物图 281

图案编织

图案编织

前身片

结构示意图

花样图

282

38 = 4 行

168=189针（10.5针）

异国风格披肩

【成品规格】胸围120cm，背肩宽38cm

【工　具】钩针

【材　料】粗线

实物图

283

花样图

56=177
(44针+1针)
26=25针
7=7针
19=21针
145=22针
225=22针

173针
2~5
85~1
1针

4针1花样

图案编织

结构示意图

实物图

6针
16针 62针 16针
36针
前身片
80针
10针
112针

浪漫披肩

【成品规格】胸围120cm，背肩宽38cm
【工　　具】钩针
【材　　料】粗线

图案编织

花样图

图案编织

图案编织

284

实物图

6针
16针 62针 16针
36针
前身片
80针
10针
112针

结构示意图

别致披肩

【成品规格】胸围120cm，背肩宽38cm
【工　　具】钩针
【材　　料】粗线

花样图

实物图

285

7针
18针 68针 18针
39针
前身片
66针
11针
123针

结构示意图

超简洁披肩

【成品规格】胸围120cm，背肩宽38cm
【工　　具】钩针
【材　　料】中粗线

宫廷风披肩

【成品规格】胸围120cm，背肩宽38cm
【工　　具】钩针
【材　　料】中粗线

286

实物图

结构示意图

花样图

18针　68针　18针

7针
40针
108针
11针

前身片

123针

花样图

圆心　圆心

圆心　圆心

荷叶边披肩

【成品规格】胸围120cm，
背肩宽38cm
【工　　具】钩针
【材　　料】粗线

花样图

实物图

287

结构示意图

16针　62针　16针

6针
36针
80针
10针

前身片

112针

玫瑰花披肩

288

【成品规格】胸围120cm，背肩宽
38cm
【工　　具】钩针
【材　　料】粗线

花样图

实物图

结构示意图

16针　62针　16针

6针
36针
80针
10针

前身片

112针

棒针编织符号说明

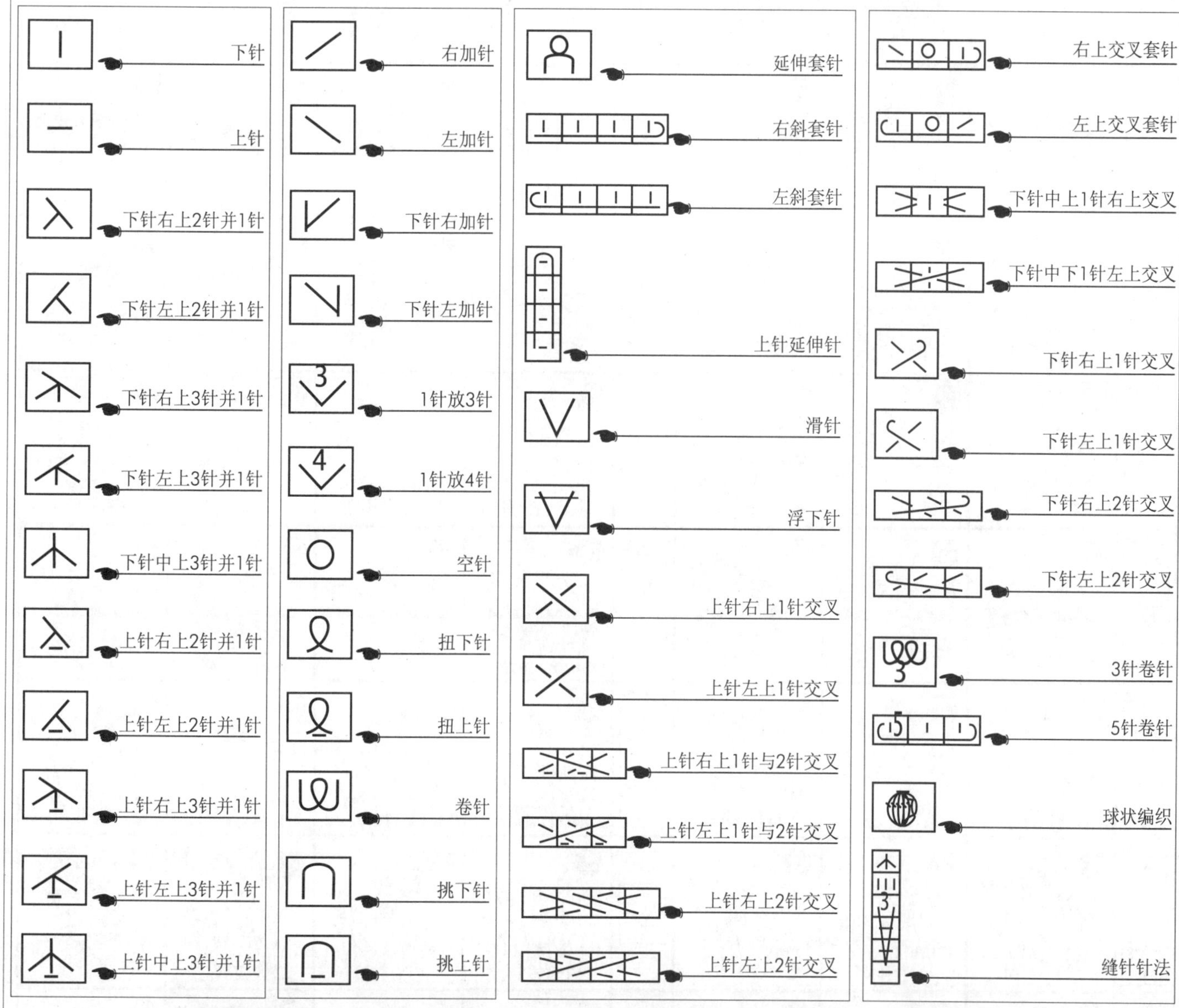

I	下针	/	右加针
−	上针	\	左加针
人	下针右上2针并1针	V	下针右加针
人	下针左上2针并1针	\	下针左加针
木	下针右上3针并1针	3	1针放3针
木	下针左上3针并1针	4	1针放4针
木	下针中上3针并1针	O	空针
入	上针右上2针并1针	Q	扭下针
入	上针左上2针并1针	Q	扭上针
木	上针右上3针并1针	W	卷针
木	上针左上3针并1针	∩	挑下针
木	上针中上3针并1针	∪	挑上针

人	延伸套针
右斜套针	
左斜套针	
	上针延伸针
V	滑针
V	浮下针
X	上针右上1针交叉
X	上针左上1针交叉
	上针右上1针与2针交叉
	上针左上1针与2针交叉
	上针右上2针交叉
	上针左上2针交叉

	右上交叉套针
	左上交叉套针
	下针中上1针右上交叉
	下针中下1针左上交叉
入	下针右上1针交叉
X	下针左上1针交叉
	下针右上2针交叉
	下针左上2针交叉
3	3针卷针
5	5针卷针
	球状编织
3	缝针针法

棒针基本针法详细图解

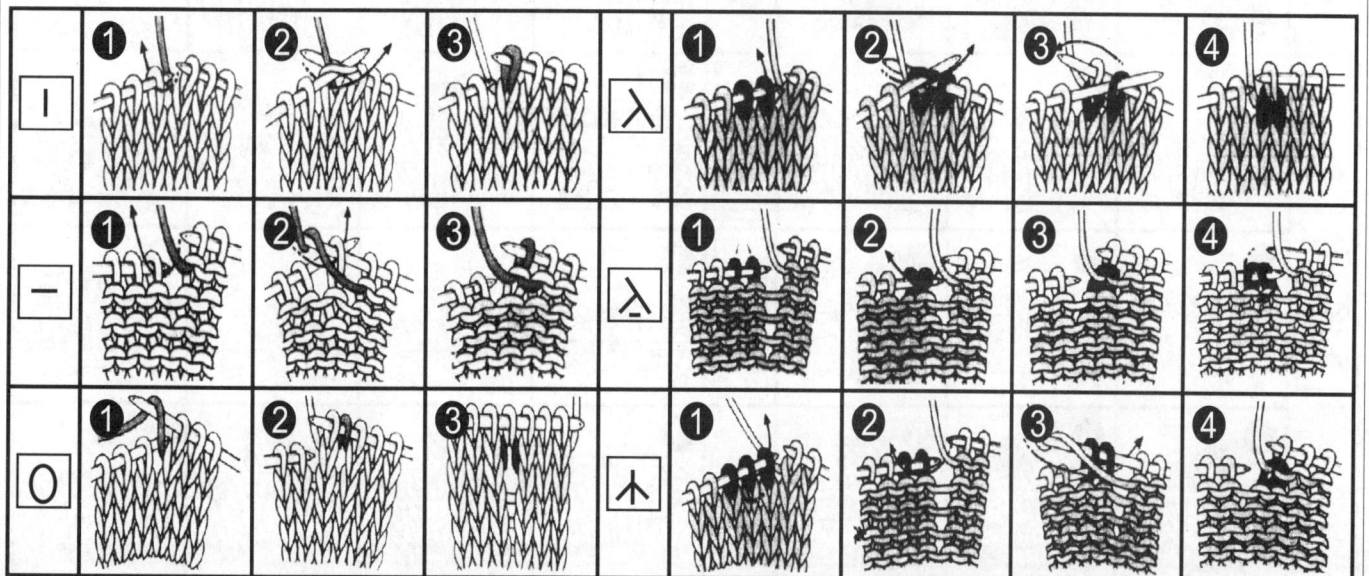

169

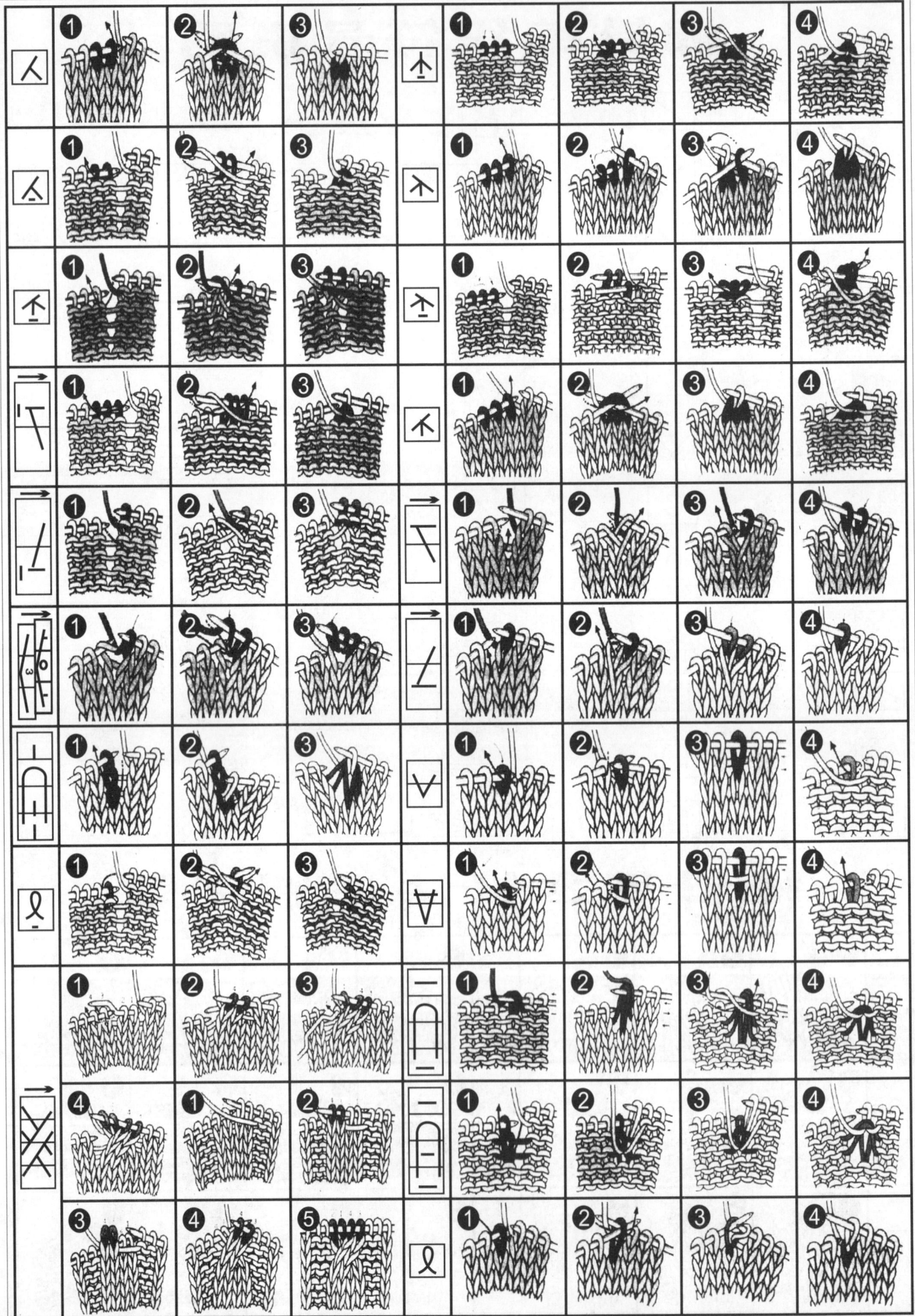

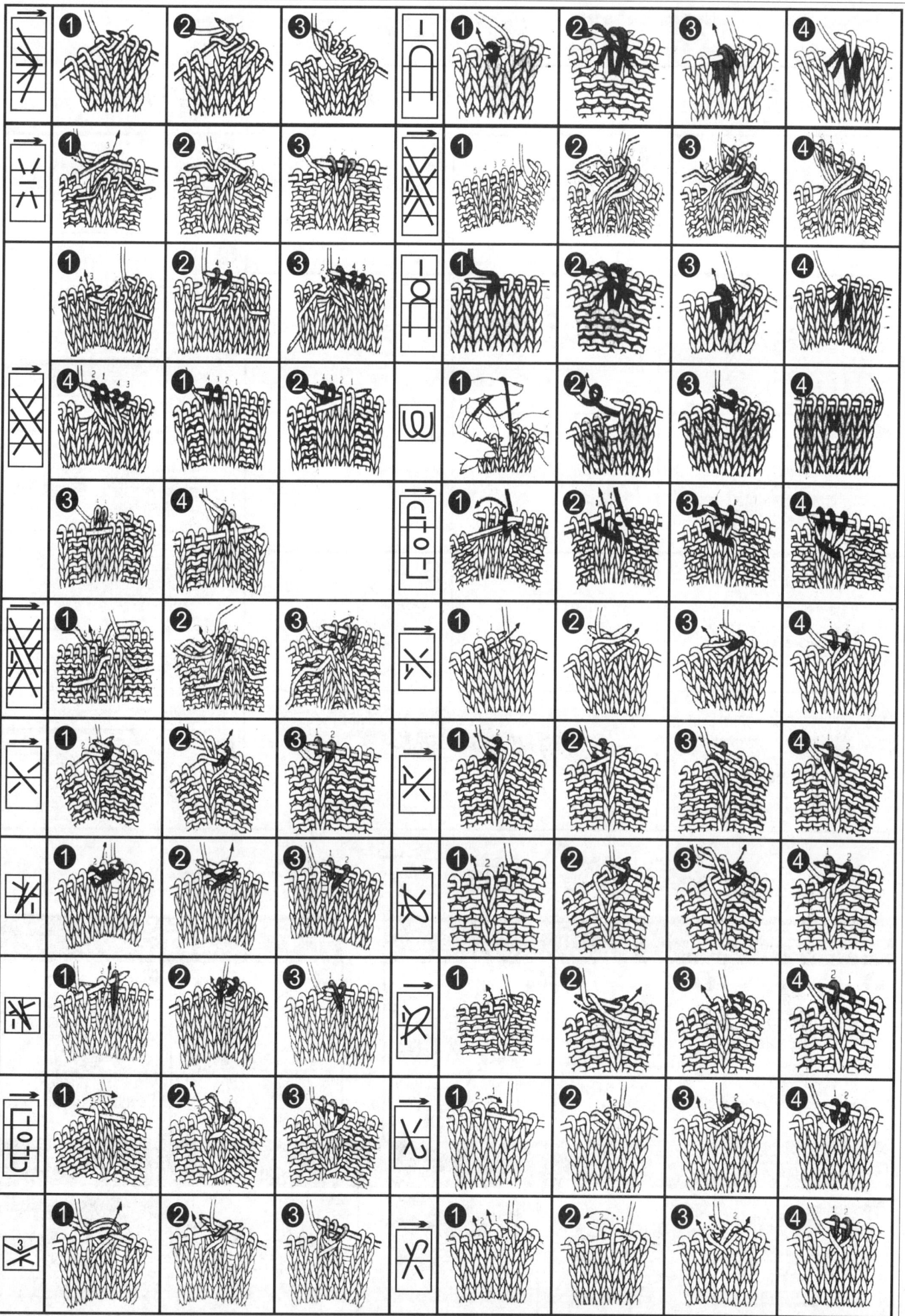

常 见 起 针 方 法

单罗纹起针方法	手绕起针方法	双罗纹起针方法

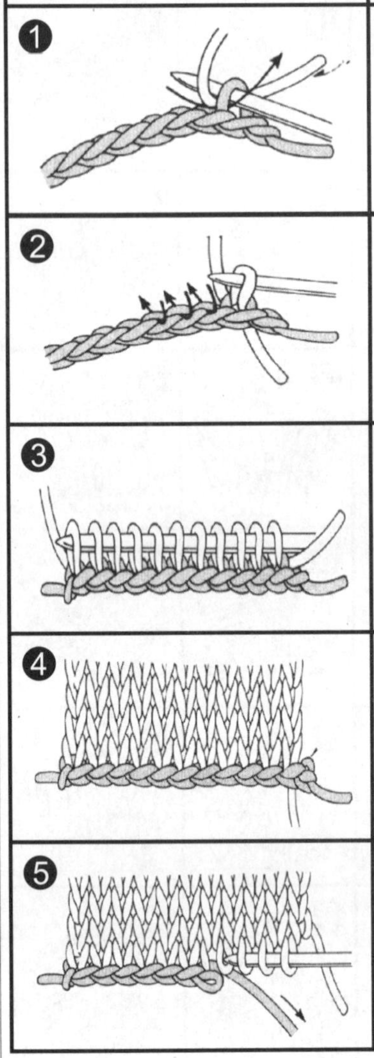

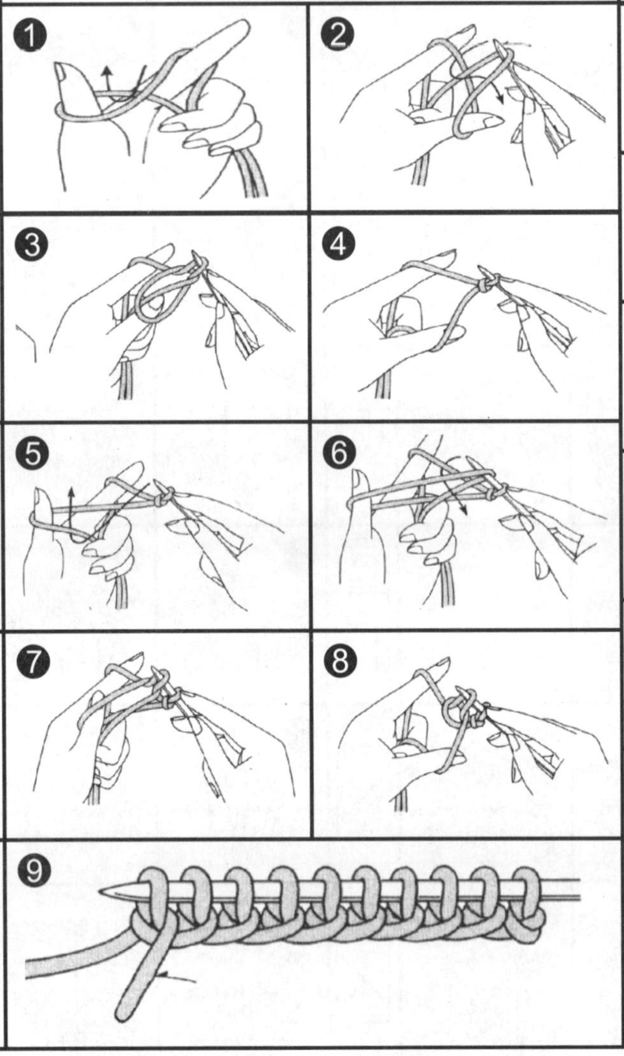

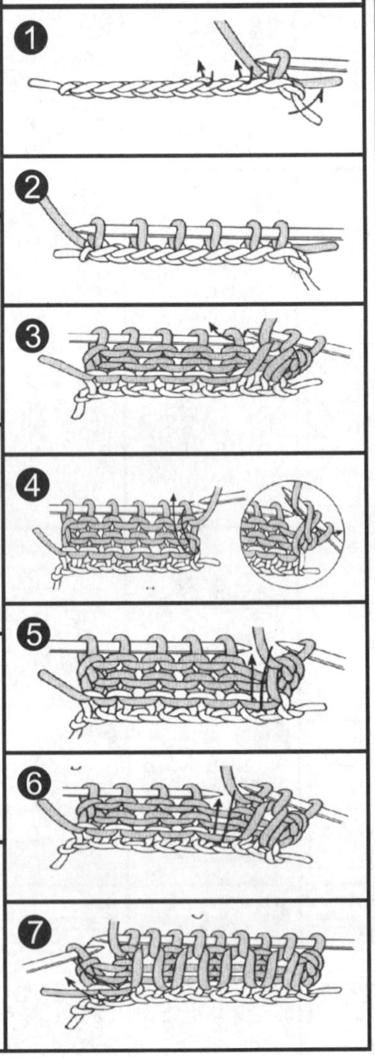

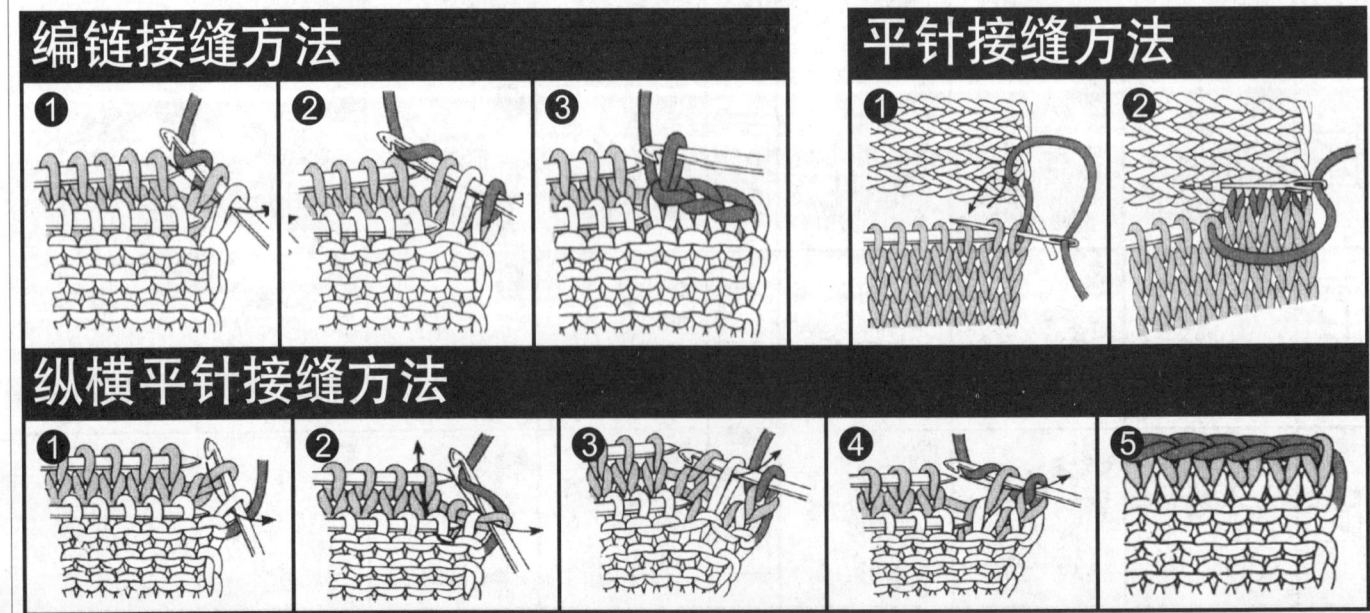

接 缝 编 织 方 法

编链接缝方法

平针接缝方法

纵横平针接缝方法

基 本 收 边 方 法

单罗纹收边法

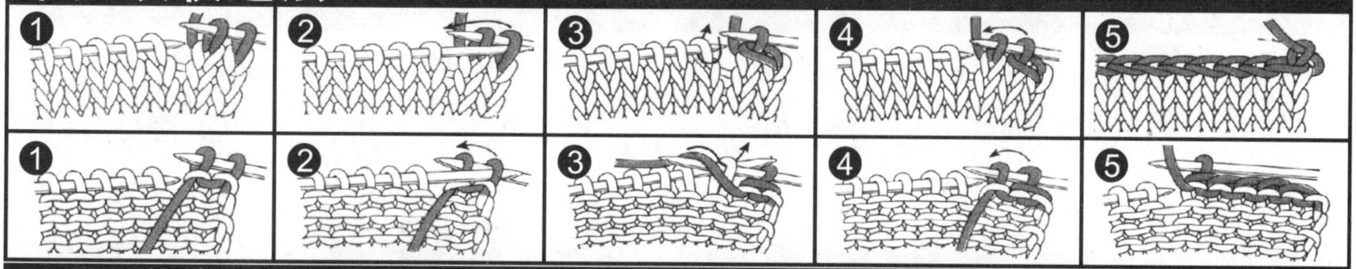

双罗纹收边法

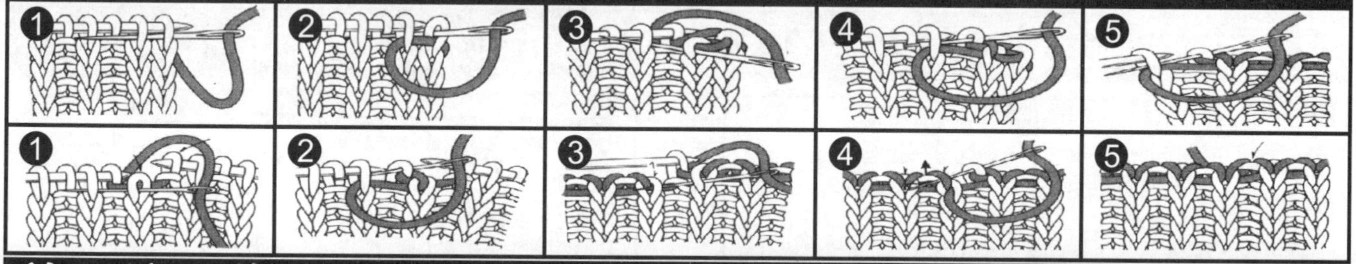

单罗纹双收法

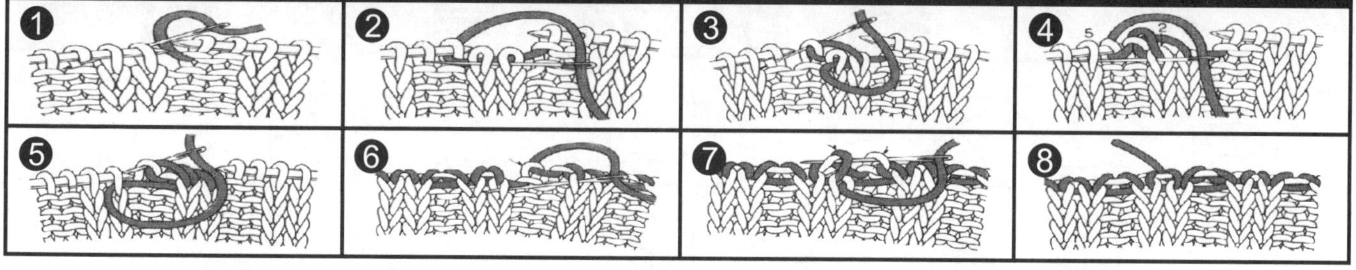

挂 肩 往 返 编 织 法

右侧

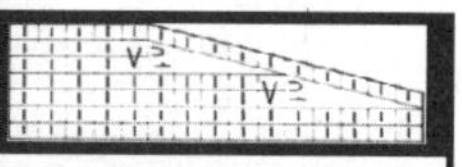

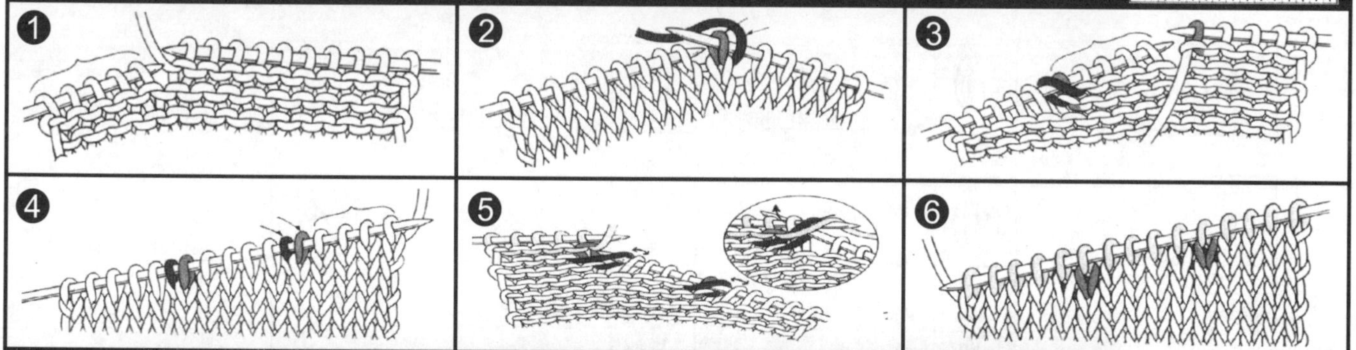

左侧

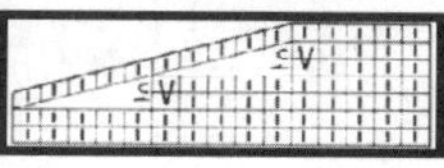

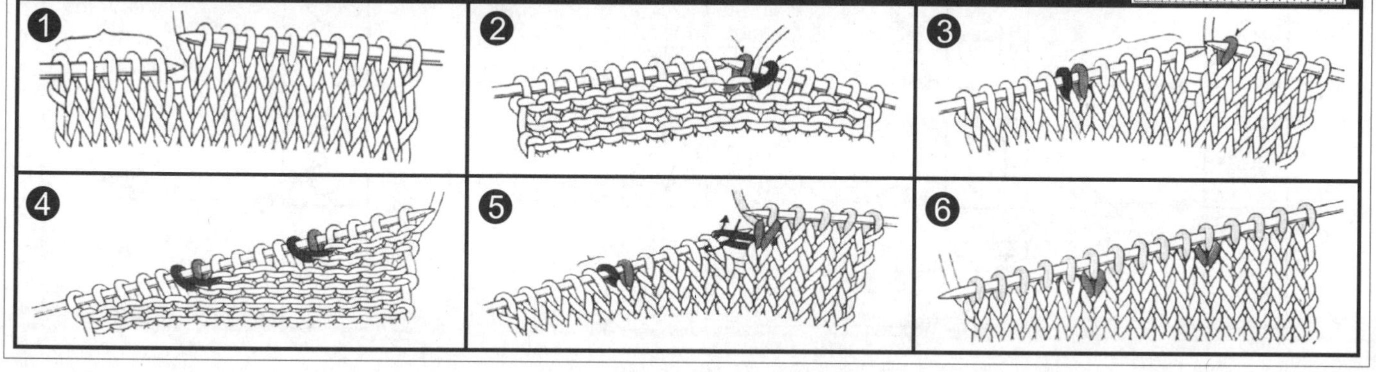

串 接 缝 方 法

正面串接缝方法

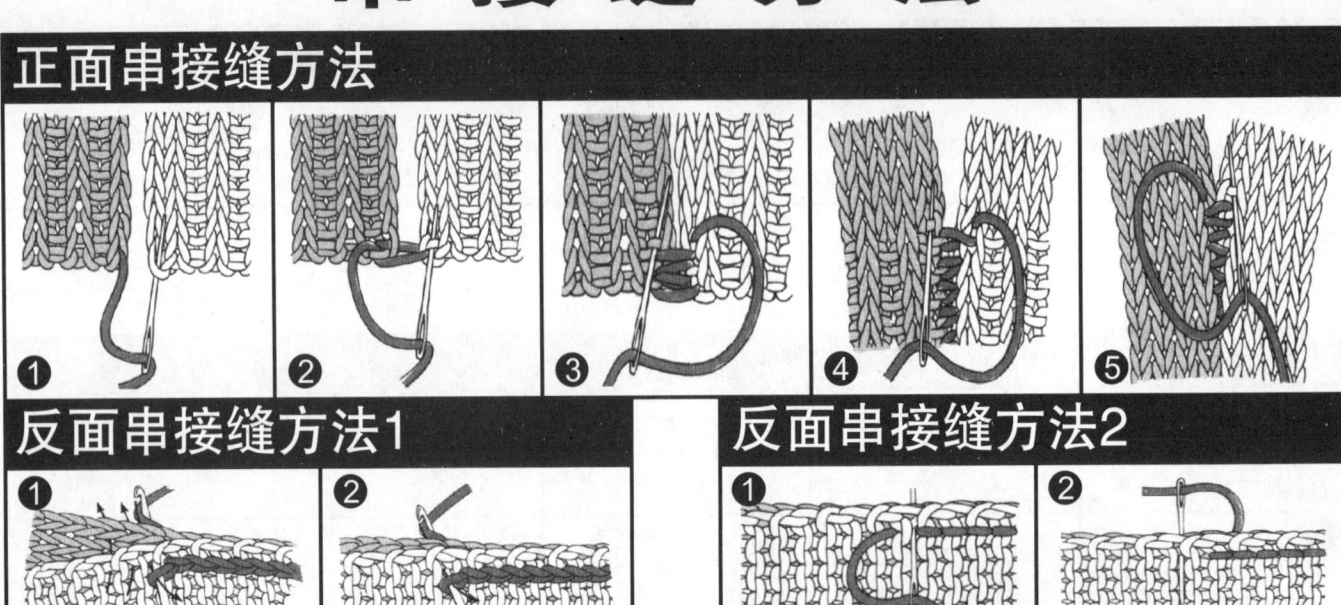

反面串接缝方法1

反面串接缝方法2

钩 针 编 织 符 号 说 明

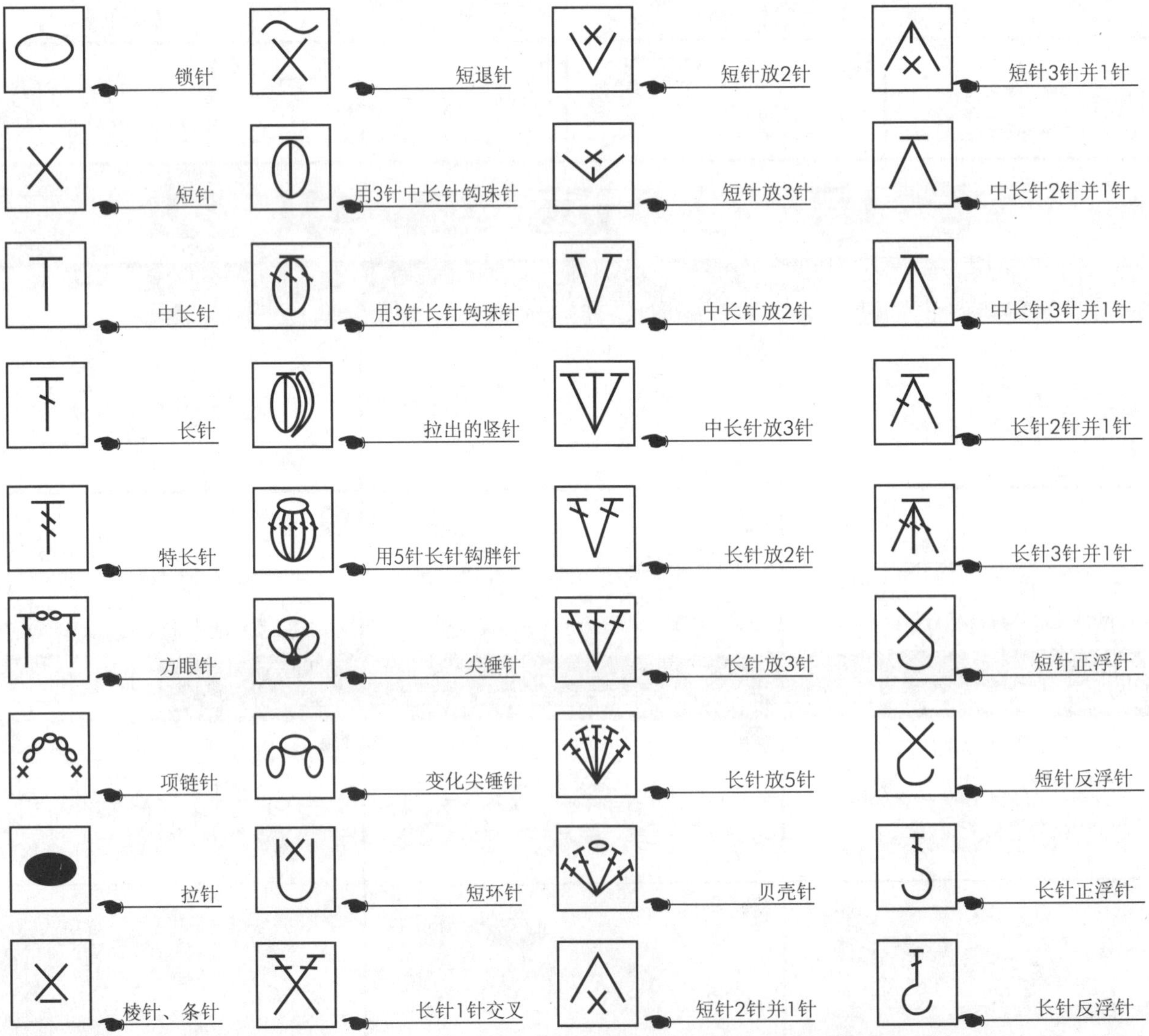

锁针	短退针	短针放2针	短针3针并1针
短针	用3针中长针钩珠针	短针放3针	中长针2针并1针
中长针	用3针长针钩珠针	中长针放2针	中长针3针并1针
长针	拉出的竖针	中长针放3针	长针2针并1针
特长针	用5针长针钩胖针	长针放2针	长针3针并1针
方眼针	尖锤针	长针放3针	短针正浮针
项链针	变化尖锤针	长针放5针	短针反浮针
拉针	短环针	贝壳针	长针正浮针
棱针、条针	长针1针交叉	短针2针并1针	长针反浮针

钩针基本针法详细图解

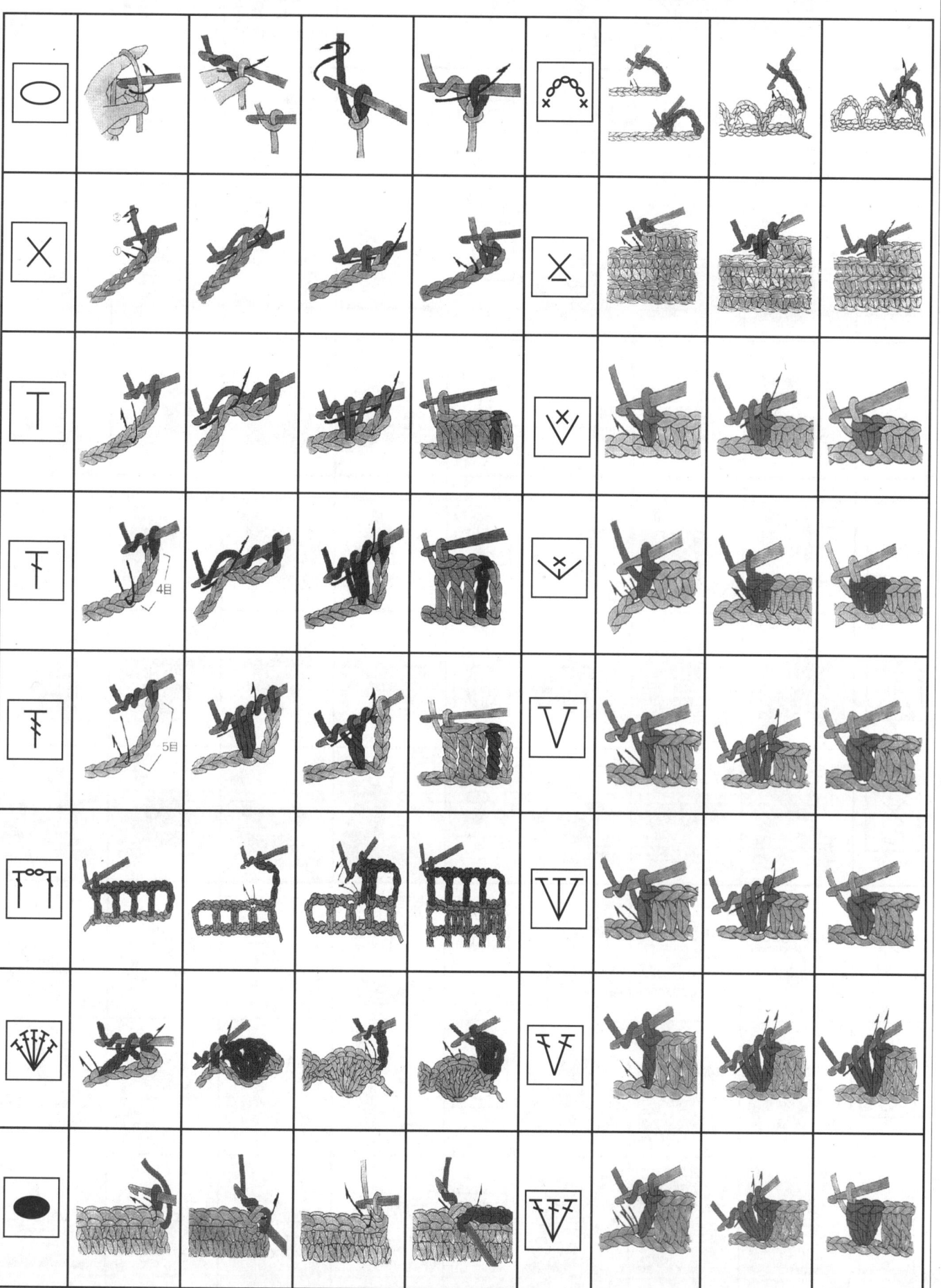

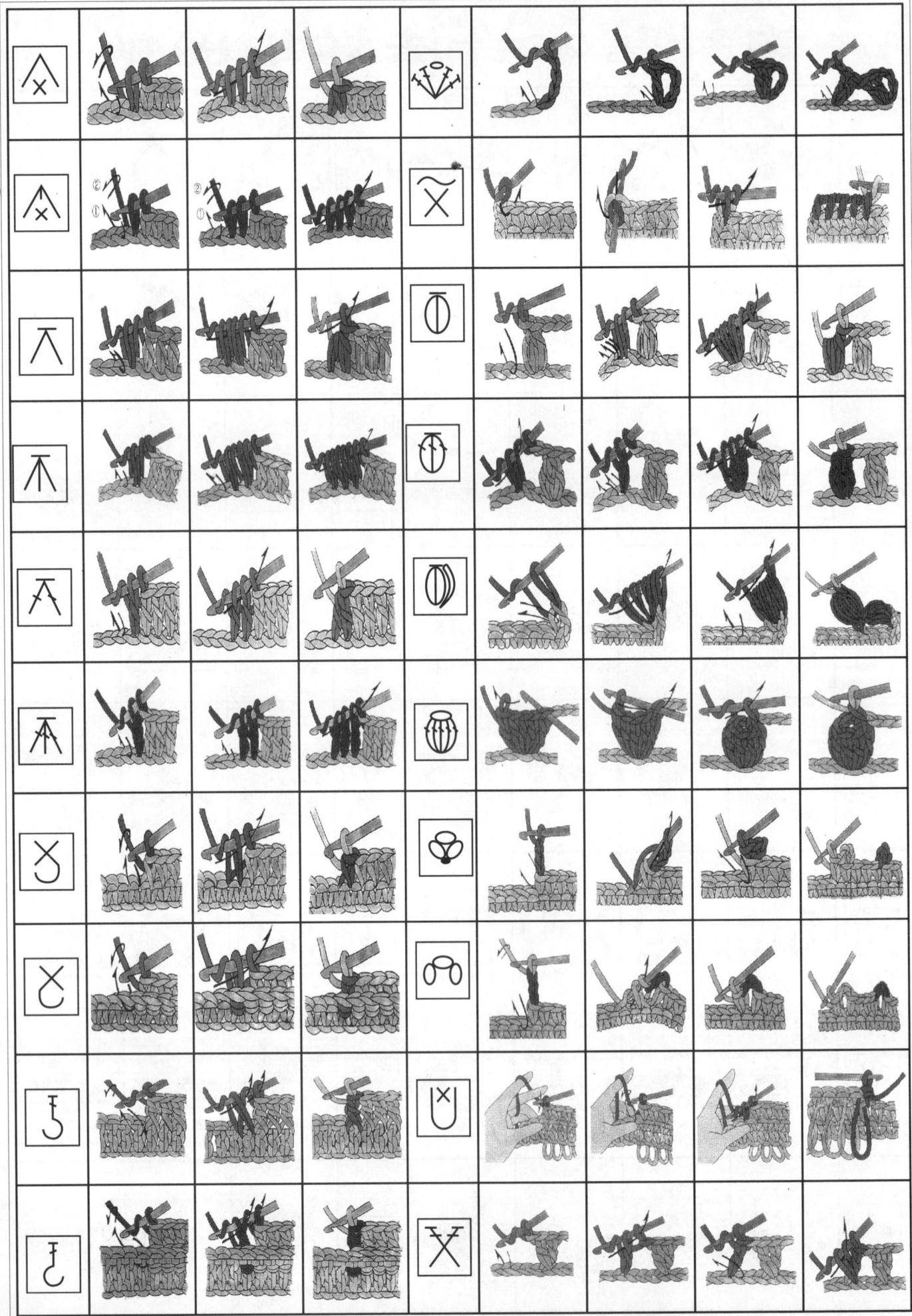